KB274168

환경의 역습

환경의 역습

저자_ 박정훈

1판 1쇄 인쇄_ 2004. 9. 3.
1판 6쇄 발행_ 2008. 2. 11.
2판 1쇄 발행_ 2008. 9. 1.
2판 5쇄 발행_ 2020. 2. 26.

발행처_ 김영사
발행인_ 고세규

등록번호_ 제406-2003-036호
등록일자_ 1979. 5. 17.

경기도 파주시 문발로 197(문발동) 우편번호 10881
마케팅부 031)955-3100, 편집부 031)955-3200, 팩스 031)955-3111

값은 뒤표지에 있습니다.
ISBN 978-89-349-1659-8 03510

홈페이지 www.gimmyoung.com   블로그 blog.naver.com/gybook
페이스북 facebook.com/gybooks   이메일 bestbook@gimmyoung.com

좋은 독자가 좋은 책을 만듭니다.
김영사는 독자 여러분의 의견에 항상 귀 기울이고 있습니다.

책으로 만든

환경의 역습

박정훈 지음

김영사

화학물질과의 전쟁을 시작해야 할 때

나이 40이 넘어서 새로 생긴 나의 꿈은 사람들의 생활과 생각을
근본적으로 변화시킬 수 있는 환경프로그램을 제작하는 것이었다.
그것으로 내 생의 마지막을 장식할지도 모른다고 생각했다.
그래도 나는 후회하지 않으리라. 40대 후반이면 살 만큼 살지 않았나.

다큐멘터리 〈환경의 역습〉을 방송하고 나니까 일부에서 상황을 너무
과장하는 것 아니냐며 반론을 제기했다. 6년 전 다큐멘터리 〈잘먹고
잘사는 법〉을 방송했을 때의 거센 역풍이 생각났다. 당시에는 훨씬
반대가 심해서 어떤 이는 "못 먹고 일찍 죽는 법을 알려주어 국민을
호도하고 있다"는 극언을 서슴지 않았고, 전문가들 중에는 우리의 영
양 섭취가 아직도 부족하므로 동물성 음식을 더 많이 먹어야 한다고
주장하는 사람들도 있었다.

그러나 6년이 지난 지금, 〈잘먹고 잘사는 법〉에서 경고했던 대량
동물사육시스템이 필연적으로 초래한 신종 질병들과 항생제 남용,
동물성 영양분 과잉의 폐해를 온 국민이, 아니 전 세계인이 몸으로
경험하고 있다. 세상 사람들은 이제 우리가 무엇을 덜 먹고 혹은 더
먹고 살아야 하는지 상식으로 알고 있다.

우리의 환경이 그렇게 심각한 위기 상황이 아니라고 말하는 사람
들에게 나는 이런 말을 꼭 해주고 싶다. 환경의 역습을 받는 첫 번째
대상은 바로 우리 주변의 약자들이라는 사실을 알아달라고. 그들은
우리 자녀들과 임신한 나의 누이와 뱃속의 조카이고 우리의 노부모

이며, 현재 몸이 아픈 환자들과 알레르기 소인 등을 가지고 있는 수많은 잠재적 환자들이라고.

환경을 지킨다는 것은 바로 이런 약자들이 안심하고 살 수 있는 환경을 만드는 것이다. 지금 당장 내 몸이 괜찮다고 해서 음식, 집, 자동차 등에서 나오는 각종 발암물질과 농약, 항생제, 중금속을 과도하게 먹고 마셔댈 수밖에 없는 환경을 우리가 계속 용서하는 한, 언젠가 나의 아이가 혹은 나의 부모가 먼저 쓰러질지도 모른다.

이 책은 내가 이 땅에서 혹은 이국 땅에서 새로운 문화와 문명을 접하고 좋은 사람들을 만나며 공유해온 생각들을 모은 것이다. 과거 어느 대통령이 자신을 보통 사람이라고 말했지만, 나는 내가 진짜 보통 사람의 부류에 속한다고 생각한다. 내가 생각하는 보통 사람이란 이 세상을 살아가는 데 모자람이 많은 평범한 사람을 말한다. 외형적 조건뿐 아니라 이 세상을 살아가는 삶의 태도가 허점투성이라는 것, 좋지 않은 머리와 적당한 게으름과 이상과 현실 사이에서 적당히 현실과 타협하는 생활태도를 갖고 산다는 것, 게다가 내가 추구하는 삶의 목표가 그다지 크지도 화려하지도 않다는 점 등이 나를 보통 사람으로 확인시켜주고 있다.

환경 전문가도 아닌 내가 이런 책을 쓰는 모순에 대해 변명하자면, 내가 보통 사람으로서 가지고 있는 환경에 대한 생각과 정보들을 남들과 나누어 갖고 싶기 때문이다. 세상의 큰 흐름을 만들어가는 것은 특별한 사람들이 아니라 보통 사람들이다. 나처럼 속물 근성이 가득 차고 평균 이하의 생각을 갖고 있는 사람이 말하는 환경 이야기가 고상한 사람들이 주장하는 환경 이야기보다 어쩌면 더 설득력이 있을지도 모른다고 생각한다. 나는 이 책에서 고상하게 학술적으로 환경을 논하려는 생각이 없다. 내게 환경이란 전문 분야가 아니라 보통 사람들과 함께 우리의 미래에 대해 생각해야 하는 삶의 문제이기 때문이다.

인간의 건강과 환경은 떼놓고 생각할 수 없는 두 개의 수레바퀴와 같다. 인간으로 인해 환경이 나빠지기도 하고 좋아지기도 한다. 또한 환경으로 인해 인간의 건강이 결정되기도 한다. 그동안 우리는 이 양자의 관계를 따로 생각하는 오류를 범해왔는데, 나는 이 문제를 이 책에서 하나로 정리하려고 한다. 환경으로 인해 우리가 모르는 사이 우리의 건강과 삶의 질이 얼마나 나빠지고 있는지를 우리는 이제 똑똑히 알아야 하기 때문이다.

환경은 자연환경만이 아니라 사람이 먹고 잠자고 공부하고 일하고 휴식하는 모든 조건을 포함한다. 우리는 병의 원인을 어느 특정한 세균이나 음식, 불규칙한 습관, 유전자, 스트레스 등에서 찾는 경향이 있다. 그러나 명확한 인과관계를 입증하기 어려워서 그렇지,

우리가 먹고 마시는 음식물과 공기의 질적 저하 등에 환경이 미치는 영향은 간과할 수 없을 만큼 크다.

내가 수년간 보고 배우고 취재하며 느낀 것들을 정리한 이 책에는 세상의 그 어떤 책에도 나와 있지 않은 새로운 내용들이 많이 들어 있다. 독자들은 내 아이들의 몸과 머리가 나빠지는 것이 내가 살고 있는 환경, 더 구체적으로 말하면 내가 살고 있는 집에서 나오는 환경 호르몬을 포함한 각종 화학물질 때문일 가능성이 높다는 사실, 그리고 중금속, 자동차 배기가스 등 인간이 만들어낸 문명의 부산물들이 우리에게 지대한 영향을 미치고 있다는 사실을 알게 될 것이다.

불량 만두 파동 같은 것은 우리가 처해 있는 환경의 위기에 비하면 그야말로 빙산의 일각에 불과하다. 대도시에서 살다 병들어 죽는 사람들은 대부분 암으로 죽는데, 그 원인은 우리가 발암물질과 하루 종일 접촉하며 사는 생활방식을 선택했기 때문이다. 마시는 공기에도, 먹는 음식에도, 입고 있는 옷에도, 잠자는 방 안의 가구와 침대에도 발암물질이 가득하다.

환경운동은 이 시대의 약자들을 위한 생존운동이며 궁극적으로는 바로 나의 삶을 위한 생활운동으로 구체화되어야 한다. 내가 〈환경의 역습〉을 만들게 된 동기는, 한마디로 화려한 도시에서 우리가 그동안 잊고 살아온 '삶의 기본'을 되살리자는 것이었다. 우리가 마시고 사는 실내 공기에서 바깥 공기, 먹는 음식물, 사용하는 각종 소비재에 이르기까지 도시인들의 일상적 삶 속에서 과연 환경의 문제는 어떤 것이고 그 해결책은 무엇인가를 찾고자 한 것이다. 도시에 사는 '나'의 생활방식을 자연의 질서를 거스르는 방향으로 지속하는가, 아니면 잃어버린 '삶의 기본'으로 다시 선회시키는가에 따라 우리 아이들의 미래에 절망과 희망이 교차하고 있기 때문이다.

이 책은 우리나라에서는 처음으로 화학물질과 중금속, 미세먼지 등 3대 물질의 공격으로부터 우리의 미래를 방어하기 위해 쓰여졌다. 나는 이 책에서 21세기 최대의 위기는 바로 화학물질의 남용에 있으며, 이제 깨어 있는 독자들과 함께 화학물질과의 전쟁을 시작해야 할 때가 되었음을 강조하고자 한다. 유해 화학물질에는 건축자재, 자동차에서 나오는 물질은 물론 농약, 살충제, 중금속, 플라스틱에서 나오는 환경호르몬도 포함된다. 이제 환경문제가 그 어떤 경제적 이득보다도 공동체 사회의 가치로서 최우선으로 고려되어야 할 시점이 되었다. 이러한 위기의식을 아이들과 공유하기 위해 가급적 쉽게 쓰려고 노력했다.

끝으로 이 책을 쓰게 되기까지 나에게 귀중한 정보를 주고 영감을 준 의학·환경·미생물·중금속·항생제·농업·건축 분야의 여러 전문가 선생님들, 그리고 김영사 박은주 사장님과 백지선 님께 감사를 드린다. 또한 〈환경의 역습〉을 제작하는 데 1년이라는 짧지 않은 시간과 기회를 준 SBS와 헌신적인 노력을 해준 정희선 작가, 이명진 작가, 임찬묵 PD, 호주의 윤필립 선배님, 이호일 씨, 일본의 박융이 씨, 미국의 이철영 씨, 독일의 김복중 씨 그리고 김홍재 촬영감독을 비롯한 제작진과 환경운동연합, 자연농업협회, 윤호섭 교수님 등 출연자 여러분께도 다시 한 번 감사의 마음을 전하고 싶다.

2008년 8월

박정훈

차 례

머리말 4

1 집이 사람을 공격한다

환경의 역습, 꿈과 현실 14 | 집 속에 숨어 있는 적들 17 | 실내 공기가 생명을 좌우한다 23 | 새집증후군이 몰려온다 31 | 새집증후군 아이들의 회복작전 43 | 실내 공기가 원흉이었다 48 | 새 학교에서 생긴 일 53 | 건강한 학교 연대 63 | 이리에 남매의 비극 67 | 알루미늄 포일로 감싼 집 75 | 향수 냄새에 분노하는 사람들 85 | 화학물질과 민증 환자들의 휴양 호텔 104 | 인간이 화학실험동물로 이용되고 있다 114 | 건강주택 바람이 불다 124

2 우리는 왜 자동차를 용서하는가

현대인의 우상, 자동차 132 | 어느 장수촌의 몰락 138 | 누구나 실천할 수 있는 무병장수 비법 141 | 프레즈노의 비극 148 | 대기를 악화시킨 국가는 배상하라 151 | 천식의 새로운 원인 155 | 자동차의 역습 162 | 인간을 위한 자동차문화 172 | 카 셰어링을 아십니까 179 | 태아들이 가출하고 있다 185 | 나무를 사랑하면 건강해진다 189 | 냉장고의 이중성 201

3 보이지 않는 괴물들

당신의 입 안에 괴물이 있다? 208 | 아말감을 빼고 불치의 피부병이 낫다 211 | 아말감은 독인가 217 | 생선의 수은이 당신의 아이를 노린다 231 | 아이들의 영구치가 없다 239 | 아이들의 뇌를 공격하는 괴물들 250 납이 아이들 곁에 있다·머리를 나쁘게 만드는 환경호르몬 | 아름다운 여인 다이앤 듀마노스키 270 | 병에 걸려도 쓸 약이 없다 277 | 소비가 오히려 환경을 살린다? 287

4 기본으로 돌아가자

Back to the Basis! 294 | 어느 교장선생님 298 | 오염을 극복하는 대안이 있다 302 | 한국 도시의 삶, 무엇이 우리를 슬프게 하나 306 | 가장 시급한 환경문제 312

맺음말 318

1

기분 좋게 마련한 집. 그러나 집이 나의 가족을
노리고 있었다. 먹는 음식을 잘 고르는 것보다
집을 잘 가꾸어 공기를 관리하는 것이 건강에
더 중요하다는 것을 깨닫자 병이 사라졌다.

집이 사람을 공격한다

환경의 역습, 꿈과 현실

내가 환경문제에 관심을 갖게 된 것은 부끄럽게도 몇 년 되지 않는다. 어떤 일에 관심을 갖게 되는 계기는 사람마다 천차만별이지만 환경에 대한 나의 의식을 일깨워준 것은 다름 아닌 소였다.

내가 소를 좋아하는 이유는 소가 평화를 좋아하는 동물이기 때문이다. 도살장에 끌려가도 크게 저항하기보다는 침묵의 눈물을 삼킬 줄 아는 속 깊은 모습은 소가 태생적으로 평화주의자이기 때문이라고 생각한다. 미국의 환경운동가 제러미 리프킨은 황소를 남성성의 상징으로 해석했지만, 요즘 황소들은 대개 거세당하여 얼굴도 암소 얼굴로 변했고 표정도 온순하다. 다큐멘터리 〈잘먹고 잘사는 법〉을 기획하게 된 계기 중 하나도 불쌍한 소들의 생존환경을 접하고 충격을 받고서부터다.

나의 몸은 최근 들어 누적된 육체적 정신적 피로가 겹쳐 만성피로 증세를 보이고 있다. 음식을 조심해 먹는 덕분인지 수년째 혈뇨와 단백뇨가 나오는 면역글로브린 A 신증의 증세는 없어졌지만, 여전히 위장 안의 4mm 종양이 계속 위협을 가하고 있고 홍반성 위염과 역류성 식도염도 남아 있다. 이런 증세들은 프로그램 제작을 시작하면 악화되었다가 제작을 마치면 다시 정상에 가깝게 호전되곤 한다.

방정맞은 소리라고 늘 욕을 먹지만 나는 내가 살아서 이 땅에 있을 시간이 얼마 남지 않았음을 느낀다. 그래서인지 나이 마흔을 넘어서부터 한 가지 결심을 하게 되었다. 인생을 서서히 정리하기로 한 것이다.

그런 생각을 하니까 눈떠 있는 하루하루가 나에겐 매우 경이로운 시간들이 되었다. 한순간도 편안히 있을 시간적 여유가 없었고, 항상 내 생애의 마지막 프로그램이라는 각오로 제작에 임하게 되었다. 이렇게 정신 무장을 하고 좋은 스태프를 만난 덕분에 제작하는 프로그램마다 결과가 나쁘지 않았던 것 같고, 언제 세상을 떠나더라도 후회 없이 떠나겠다는 마음을 먹으니 중년 남자들을 지배하는 부와 출세에 대한 부담도 어느 정도 덜해졌다. 그렇다고 내가 세속적 욕심으로부터 초월한 것은 아니다. 다만 그동안 이 땅에 살면서 나로 인해 망가진 환경에 무언가 보답을 하고 가고 싶었다. 이것이 나이 마흔을 넘으면서 내가 정리한 생각들이다.

〈환경의 역습〉도 내 인생의 마지막 작품이라 생각하고 기획한 프로그램이었다. 그런데 본격적인 환경프로그램을 제작한다고 주변에

이야기했더니 박정훈이 드디어 무덤을 파는구나 하는 반응들을 보였다. "환경프로는 재미없어. 누가 그걸 보나. 아마 시청률에서부터 큰코다칠걸……."

'이번엔 망한다?' 솔직히 이런 불안감이 한동안 나의 뇌리를 떠나지 않았다. 나에게 시청률은 일반인들의 환경의식을 뿌리부터 변화시키기 위해서 필요한 기본적 바탕이었다. 만약 시청자들의 호응과 관심을 끌지 못하면 나의 계획은 수포로 돌아갈 것이었다. '사회에 조금이나마 기여하고 죽고자 하는 나의 마지막 계획은 허무하게 끝날 것인가?'

그러나 운 좋게도 첫 편 방송 후 시청자들의 반응은 폭발적이었고 지금까지 그 여파가 이어지고 있다. 주거환경에 대한 시청자들의 인식이 달라지면서 각종 법규가 탄력을 받아 시행되고 있고 건설시장 전체에 친환경적인 변화가 대대적으로 이루어지고 있다. 또한 〈잘먹고 잘사는 법〉에 이어 친환경 농산물에 대한 소비자들의 인식을 바꾸어가고 있다. 웰빙이다 뭐다 해서 이기적으로 잘 먹고 잘 살려는 문화가 확산된 것도 사실이지만 나는 그런 흐름을 결코 부정적으로 보지 않는다. 환경친화적인 삶의 방식이 일상에서 뿌리내리기 위한 과도기적 진통으로 생각하기 때문이다.

나의 애초 목표는 기대 이상으로 현실에서 실현되고 있다. 그러나 그것은 특별한 삶이 아니라 인간이 살아야 하는 최소한의 기본 조건들일 뿐이다. 산업화사회를 거치면서 우리가 잃어버린 것 중 가장 소중한 것들을 조금씩 찾아오는 것, 그것이 내가 추구하는 다큐멘터리 정신이다.

집 속에 숨어 있는 적들

지금으로부터 약 2년 전. 20년 가까이 된 낡은 아파트를 구입해 실내 공사를 시작했다. 좀 무리를 해서라도 토굴같이 칙칙한 내부를 완전히 개조하는 소위 '올(all) 수리'라는 것을 큰맘 먹고 하기로 했다. 집수리를 한다니까 환경운동 하는 이진아 선생이 몸이 안 좋아질 수 있다며 걱정해주었지만 그때는 한 귀로 듣고 한 귀로 흘렸었다. 실내 건축자재에서 화학물질이 많이 나온다는 사실을 조금은 알고 있었지만, 건강한 내 몸에 충격을 줄 수도 있을 거라고는 전혀 생각하지 못했기 때문이다.

안방과 아이 방 모두 침대 옆의 벽 한쪽 전체에 붙박이장을 설치했다. 벽에는 온통 실크 벽지를 바르고, 방문은 페인트칠을 새로 하고 장판도 새것으로 깔았다. 거실 바닥에는 나무 모양의 필름을 얇게 접착제로 붙인 마루를 깔았고 집 안의 기둥은 합판으로 감싸고 페인트칠을 했다. 아이의 공부방이자 나의 서재에는 무늬목으로 만든 책꽂이와 책상을 새로 들여놓았다.

창문에는 유행대로 알루미늄 새시를 새로 맞추어 공기의 이동을 완전히 차단했다. 난방 효율을 높이기 위해서였다. 사람들이 새 차에서 나는 냄새를 좋아하듯이 새집 냄새가 진동하는데도 나는 그저 뿌듯하기만 했다. 그러나 아내는 냄새를 오래 맡으면 어지럽다며 여름과 가을 내내 열심히 환기를 했다. 그리고 5개월이 지나자 겨울이

왔다. 나의 가족은 남들처럼 겨울에도 여름옷 차림으로 지내며 문명의 혜택과 깔끔한 실내 모습을 만끽했다.

"역시 돈이 들어가니까 다르네……."

그러나 그런 호강은 얼마 가지 못했다. 가족 모두가 병을 앓기 시작한 것이다.

나는 6개월 정도 지나면 유독물질이 있더라도 어느 정도 다 빠져나가는 줄 알았었다. 여름엔 하루 종일 문을 열어놓고 사니까 큰 문제가 없었지만 문제는 문을 닫고 살아야 하는 겨울이었다. 겨울의 어느 날 가족 중에서는 그나마 가장 건강한 나부터 기침이 나기 시작했다. 감기가 아니었다. 자고 일어나면 머리가 띵하고 피곤이 영 풀리지가 않았다. 또한 아이의 코에서 콧물이 흐르고 아내의 피부에 마른버짐과 유사한 원형의 피부질환이 군데군데 생기기 시작했다. 왜 이러지?…….

기관지염은 겨울이 다 끝날 때까지 두 달이 넘도록 나를 괴롭혔다. 또 밖에 있으면 멀쩡하던 몸이 집에만 들어오면 한두 시간 안에 가렵기 시작했다. 긁다 보면 온몸에 벌건 두드러기가 생겼다. 앉아서도 긁고 누워서도 긁고……. 긁고 기침하면서 뭔가 잘못되고 있다는 생각이 들기 시작했지만, 그 원인이 집수리에 있다는 생각이 들기까지는 더 시간이 필요했다. '새집증후군'(Sick House Syndrome)일까. 새집이나 새 빌딩에 들어오면 눈과 목이 답답하고 머리가 띵하다가 건물 밖에만 나가면 다시 정상으로 돌아오는 증세. 책에서 지나치며 봤던 그 단어가 떠올랐다. '그렇지. 증세가 더 심해지면 알레르기성 비염, 천식 등의 증세로 악화되는 신종 질병이지!'

그러나 깨달아봤자 아무 소용이 없었다. 나와 가족의 증세는 점점 심해지고 있었다. 새집이 나의 가족을 공격한 것이다.

내가 만든 다큐멘터리들은 대부분 우리의 잘못된 생활문화를 바로잡으려고 만든 것들이다. 잊고 사는 '기본'에 대해 일깨우며 사람들의 생각과 행동에 변화의 단초를 던져주는 것이 목적이다. 지금 세상에서 많은 사람들의 변화를 한순간에 이끌어내는 일은 막강한 파워를 가진 방송만이 할 수 있다고 생각한다. 이것은 대통령도 종교 지도자도 국회의원도 대기업 회장도 할 수 없는 일이다. 왜냐하면 그들이 뭐라 한마디만 해도 여러 가지 이해관계가 얽혀 있어서 반대하는 사람들이 너무 많기 때문이다. 그러나 정성들여 만든 다큐멘터리 한 편은 극소수의 이해 당사자들만 반대할 뿐 대부분 마음속으로 받아들이고 행동으로 옮겨간다. 그 이유는 시청자들의 인생에 도움이 되기 때문이다.

별 볼일 없는 가정에서 태어나 머리도 좋지 못하고 몸도 특별히 건강치 못하며 정말 별 볼일 없이 살 수도 있는 내게 찾아온 이런 절호의 기회를 내가 어찌 포기할 수 있단 말인가. 살면 얼마나 살겠다고……. 1년의 제작기간이라는 것이 끝없는 고행길임을 잘 알면서도 나는 다시 한 번 도전장을 던지기로 했다. 내가 겪은 특별한 경험에다 평소 고민하며 자료 조사를 해온 자동차, 항생제, 중금속 문제 등을 기초로 하여 '환경의 역습'이라는 다소 자극적인 제목의 환경 프로그램을 만들기로 했다.

도시에 사는 사람들의 가장 큰 꿈은 아마 아파트 한 채를 장만하

는 것이리라. 그러나 지금부터 이 아파트들이 사람이 살 만한 공간인
가를 따져볼 필요가 있다. 먼저 층과 층 사이의 콘크리트 두께가 얇
아 아래층과 위층의 소음이 그대로 전달되고 조용한 밤이면 부부의
대화 소리까지 들리는 정도는 애교에 속한다. 아파트 한 층을 지어
올릴 때마다 그것을 굳히는 데 충분한 시간이 필요한데 요즘 이런 것
을 지키며 집을 짓는 회사는 없다고 해도 과언이 아니다. 결국 사람
들이 들어와 살면서 난방을 통해 건조시키는 일이 자주 벌어진다.

마르지 않은 콘크리트에서는 시멘트 독
이라는 것이 나온다. 발암물질인 라돈가스
도 방출된다. 게다가 실내를 장식하고 있는
각종 건축자재와 가구, 마루 재료들은 그야
말로 독가스를 뿜어내는 흉기들이다. 발암
물질인 포름알데히드를 뿜어내는 가구의
표면은 보기에는 번드르르하지만 그 재료인 무늬목은 포르말린(포
름알데히드의 40% 수용액)으로 소독된 것이다.

새 아파트의 실내 공기 오염도를 측정해보면, 포름알데히드가 산
업현장기준치를 두 배에서 열 배나 초과하고 또 다른 발암물질인 휘
발성유기화합물은 산업현장기준치를 다섯 배에서 열 배 이상 초과
한다. 집 안의 벽지, 커튼, 페인트, 단열재, 불연재, 접착제 등은 인
체에 유해한 휘발성유기화합물을 갖고 있는데, 이것은 기관지염, 천
식, 알레르기 등 호흡기질환을 일으키는 원인물질로 알려져 있다.

여기서 산업현장기준치를 평가 기준으로 삼은 것은 주택에 대한
기준치가 아직 우리에겐 없기 때문이다. 산업현장기준치는 일상생
활 공간의 기준치보다 일반적으로 관대하게 설정되어 있는데 이 수

치를 무려 열 배 이상 넘은 것이다. 이런 곳에 들어가 사니 눈이 따갑고 기침이 나오지 않을 수 없다. 이런 물질들은 모든 사람에게 똑같이 영향을 주는 것이 아니라, 특히 몸이 약한 사람들에게 더 큰 타격을 준다. 비염, 아토피, 천식 등 알레르기성 질환을 약간이라도 갖고 있거나 알레르기 소인을 갖고 있는 사람들이 1차 표적이 된다. 그래서 가족 중 다른 사람들은 멀쩡한데 이들이 먼저 아프게 된다.

주택에 의한 새집증후군 환자나 화학물질과민증 환자가 약 50만 명 이상으로 추정되는 일본의 경우, 이미 수년 전부터 정부 각 부처와 학계가 중심이 되어 공동으로 대책 마련에 들어갔다.

요즘 자연주의라는 말이 꽤 유행이다. 그런데 도시인들이 자연주의에 가깝게 사는 방법은 이런 식이다. 농약을 안 친 사과는 껍질째 먹을 수 있어서 영양 섭취는 물론 치아 훈련에도 좋고 뇌에도 좋은 영향을 준다. 그러나 우리는 농약을 치고 껍질을 깎아 먹는 게 일상화되어 있다. 사과에다가 칼을 들이대는 순간 이미 자연주의로 사는 것이 아니다. 사람에게 칼을 들이대고 상처를 내면 피가 나듯이 사과도 칼을 타고 즙이 흐른다. 사과가 아파 소리 없는 비명을 지르는 것이다. 당연히 순간적으로 고농도의 스트레스를 받은 사과는 자기 몸에서 인간에게 유익한 비타민을 파괴해버리는 것으로 보복한다. 믹서의 날카로운 칼날 앞에서는 더 많은 비타민이 파괴된다. 생명체를 믹서에 간다고 상상해보라. 얼마나 끔찍한가.

나는 자연주의로 사는 것이 이런 것이라 생각한다. 가급적 인간이 만든 도구를 가하지 않고 태양과 땅과 비를 먹고 자란 음식을 자연 상태로 먹고 사는 것이 자연주의로 사는 기본을 실천하는 것이다.

자연에 가까운 삶의 방식은 인간의 건강에 이롭다. 구태여 비교하자면(날것으로 먹는 것이 더 자연에 가까움은 말할 것도 없지만) 고기를 구워 먹는 것보다 물에 삶아 먹는 것이 더 자연주의적이다. 불을 이용한 조리 방법은 물을 이용한 조리 방법보다 더 과격하다. 물에 넣어 끓이면 타지 않지만 불에서 구우면 조금만 한눈을 팔아도 탄다. 삶으면 피가 없어지고 골고루 익지만, 자연적이지 못한 육식문화에서는 칼로 고기를 썰어 앞뒷면을 태우고 가운데 피가 그대로 남아 있게 하는 남성적인 요리법이 발달했다. 눈앞에서 잔인하게 칼로 썰고 포크로 찔러 피를 뚝뚝 떨어뜨려가며 먹는 야성적 매력이 육식문화에서는 아름다움이 되었다. 탄수화물과 섬유질 위주로 섭취하는 것이 인간의 기본 식사인데, 이런 원칙을 무너뜨리는 것 또한 자연 상태에서 벗어난 삶이다.

자연주의로 사는 데 두 번째로 중요한 것이 주거공간이다. 현대인들은 대부분 인공적인 도시에 살고 있다. 그것도 몸에 아주 좋지 않은 콘크리트 구조물을 하늘 높이 세워놓고 층층이 한 칸씩 차지하고 산다. 그러나 모든 생명체는 땅에서 벗어나면 잘 살 수가 없다. 바닷속 생명체도 바다 밑바닥 생명체들의 도움을 받으며 살고 하늘을 나는 새도 땅을 딛고 서야 풍족한 먹이를 얻을 수 있다. 나 역시 아파트에 살지만, 아파트는 정말 생명체의 주거공간으로서 문제가 한두 가지가 아니다. 이제부터 시청자들의 폭발적인 관심을 집중시켰던, 요즘 아파트 내부에서 벌어지는 일들을 자세히 기록하겠다.

실내 공기가 생명을 좌우한다

새집증후군을 말하기 전에, 좀 딱딱한 얘기지만 실내 공기와 관련해서 미리 알아두어야 할 것들이 있다.

실내의 각종 건축자재에서 나오는 화학물질은 휘발성유기화합물(VOCs), 포름알데히드 등 300여 종에 이른다. 각종 도료에서는 기화수은이, 콘크리트와 석고보드에서는 라돈이 나온다. 또한 가구나 마루에 붙이는 무늬목에는 시체 부패 방지용으로 주로 쓰이는 독극물인 포르말린이 방부제로 사용되고 있다(대부분의 선진국에서는 포르말린 방부 작업이 금지되어 있지만 우리는 아무런 단속도 하지 않는다). 이 밖에도 질소아민류, 포름알데히드, 유기물질의 불완전 연소시(예를 들어 고기를 구울 때 등) 나오는 다환방향족탄화수소류(PAHs) 등이 있다. 아동기에 이런 물질들에 노출되면 발암 위험이 더 커진다.

취재진이 경기도 부근의 한 무늬목 공장을 취재했을 때 그곳의 공장장이 해준 말은 우리 사회의 환경 불감증을 그대로 대변하고 있었다. "무늬목에 포르말린을 쓰지 않으면 표면에 곰팡이가 핍니다. 지난 30년 동안 제조하는 사람도, 정부도, 파는 사람도, 사서 쓰는 사람도 아무 말 안 하니까 그냥 써온 거지요"라고 그는 당연하다는 듯이 말했다. 어이가 없지만 그것이 우리의 엄연한 현실이다.

실내 공기를 악화시키는 대표적 물질이라 할 수 있는 포름알데히드는 0.25~0.3ppm 정도가 되면 호흡기에 문제를 일으키기 시작한다(WHO 허용기준치는 0.08ppm). 붙박이장, 주방의 싱크대, 벽지, 장판, 나무마루의 접착제, 카펫 등에 많이 이용되는 포름알데히드는 천식을 일으키거나 간, 신장, 신경조직 등에 해를 주며 두통, 비염, 기침, 피로 등을 유발한다. 그런데 문제는 어린이의 경우 0.04ppm만 되어도 아토피가 재발하거나 새로 발병할 수 있고 기관지염이나 천식에도 직·간접적인 영향을 준다는 것이다.

이런 물질의 실내 농도가 기준치 이내로 들어오려면 3년 이상이 소요된다. 그러나 5~6년이 지나도 적은 양이나마 오염물질들이 계속 나오므로, 특히 하루의 대부분을 집 안에서 지내는 가정주부들은 조심해야 한다. 좁은 실내에서 방출되는 오염물질은 실외보다 고농도로 직접 인체기관에 영향을 주기 때문이다.

프로그램 제작 중 장소 섭외가 안 되어 고민하다, 프로그램을 위해서라면 물불을 안 가리는 정희선 작가의 새로 입주한 집을 측정했다. 신축 아파트이긴 했지만 입주 후 3개월이나 지난 집에서 기준치의 11배나 되는 VOCs와 2배 이상의 포름알데히드가 검출되었다.

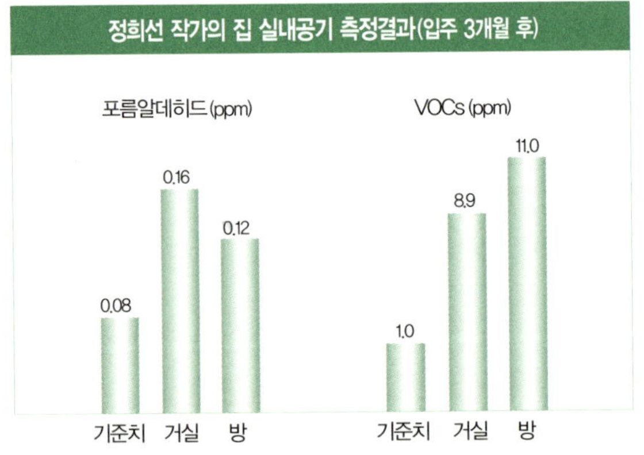

실태가 이런데도 국내에는 허용 기준조차 없는 실정이다.

이런 물질은 환기를 잘하는 여름보다 실내 오염 농도가 최고 25배에 이르는 겨울철에 집중적으로 인체를 공격하여 각종 호흡기질환의 원인이 되고 있다. 한양대 김윤신 교수의 연구에 따르면, 국내에서 가정집, 사무실, 식당의 VOCs 농도를 조사한 결과 겨울철이 여름철에 비해 약 1.9배에서 25배 이상이나 높게 검출됐다고 한다.

환절기만 되면 동네 소아과와 내과에 환자가 차고 넘친다. 사람들은 흔히 환절기의 기온차로 인해 환자가 급증하는 것으로 알고 있지만, 집과 직장, 교통수단, 음식점, 술집 등의 실내 공기 오염이 주요 원인 중 하나라는 사실을 모르고 있다. 담배연기 하나만 해도 일산화탄소, 미세먼지, VOCs 등 200여 개의 독성물질과 약 4,000종의 화학물질이 포함되어 있어 흡연자뿐 아니라 비흡연자까지도 각종 암에 노출시키고 있다. 또한 마감재와 건축자재, 호화 내장재 등에서 배출되는 수백 종의 실내 화학물질들이 멀쩡한 사람들을 아주 천천히 죽이고 있다.

새집에 입주하기 전이나 인테리어 공사를 한 경우에는 입주 전 약 일주일 정도는 하루 8시간 이상 보일러 온도를 30도 이상으로 높여서 VOCs 등 화학물질을 방출시키는 것이 좋다(이런 방법을 구워낸다는 뜻의 베이크 아웃[Bake Out]이라고 한다). 무엇보다 확실한 방법은 환기를 자주 하는 것이다. 공기청정기니 광촉매니 하는 것들은 어디까지나 보조적 수단에 불과함을 알아야 한다.

요즘 짓는 상업용, 주상복합 건물들은 건물을 밀폐시킨 상태에서 강제 환기시설에 의존하고 있는데, 환기시스템을 제대로 설계하지 못

했거나 혹은 비용을 아끼려고 시스템 가동을 제한한다든가 전기가 들어오지 않을 때는 짧은 시간 안에 독가스실의 환경이 조성된다.

또한 집, 백화점, 지하철역, 상가, 학교 교실, 대형 병원 등 사람들이 모이는 곳에는 화학물질뿐 아니라 곰팡이, 레지오넬라균 등 세균들이 득실거린다. 한국소비자보호원에서 공기 중 미생물 오염에 대해 조사한 결과에 따르면, 일부 대형 유통매장과 지하철 환승역에서 기관지 질환 등을 일으키는 세균들이 발견되었는데 그중 가장 심한 곳은 일반 주택이었다. 일반 주택의 세균 수는 백화점 등 대형 유통매장의 3배에 이르고 있다.

공기 중 세균 및 곰팡이 수(단위:cfu/m³)

	세균	곰팡이
주택	420	130
백화점	150	57
빌딩, 공원	169	110
지하철 환승역	560	72

조사기관 : 한국소비자보호원(2000)

이런 물질들 역시 환기만 잘 해도 절반 정도는 감소시킬 수 있다.

실내 공기의 질에서 중요성이 간과되는 것이 습도다. 습도가 너무 높으면 곰팡이가 생기고 진드기가 늘어나지만 인플루엔자 바이러스의 활동을 막으려면 습도를 최저 40%에서 최고 60% 정도로 유지해야 한다. 겨울철에 난방을 하면 코와 기관지 점막이 건조해지기 때문에 습도를 조절해주어야 한다. 내가 몇 년 동안 감기에 걸리지 않은 비결 중 하나가 바로 적정한 습도를 유지해주는 것이었다. 인테리어 공사를 새로 한 집에 이사하면서 몇 차례 혹독하게 겪은 기관지염 외에는 습도를 적절히 유지해준 덕분에 지난 4~5년간 격무에 시달리면서도 감기에 걸린 적이 없다. 감기 예방에는 식생활 개선과 더불어 습도 조절이 큰 역할을 했을 것으로 생각한다.

습도 조절은 낮에는 거실에 빨래를 널어두고 잘 때는 수건에 물을 흠뻑 적셔 침대 옆 방바닥에 깔아두는 것으로 그만이다.

실내 공기 오염원 중에는 우리가 구입하는 새 물건들도 포함된다. 새것일수록 더 많은 화학물질을 뿜어낸다. 그중 대표적인 것이 파티클보드·시멘트보드 등 건축재료, 부유입자상물질, 접착제, 복사기, 바닥재, 톨루엔·벤젠으로 인쇄하는 벽지, 가구, 가습기, 담요, 석유난로, 랩과 포일, 플라스틱 용기, 바퀴벌레약, 개미약, 장난감, 화장지, 방향제, 공기청정제, 가죽 소파에 뿌리는 방부제인 붕산염, 색을 내는 염화메틸렌 등이다. 담배연기, 조리용 가스레인지에서 나오는 일산화탄소·이산화황 등도 문제다. 무엇보다 10㎛ 이하의 아주 작은 입자인 미세먼지(PM10)를 많이 마실 경우 천식과 심장질환에 걸릴 위험이 높아지고 폐기능도 약화된다. 이렇게 실내환경을 오염시키는 유해물질은 줄잡아 200여 종이나 된다.

이런 환경에서 살아도 아무런 문제를 느끼지 못하는 사람들은 내가 너무 문제를 과장하는 것이 아닌가 하고 의문을 가질 수도 있을 것이다. 그러나 문제는 이런 물질들이 복합적으로 작용하기 시작하면 우리 몸이 느끼는 부담감이 어떤 식으로든 가중될 수밖에 없다는

것이다. 어떤 사람에겐 아토피, 어떤
사람에겐 기관지염 같은 외부적인 증
세로 나타날 수도 있지만, 만성피로 등
잘 드러나지 않는 다양한 문제를 만들
어낼 수도 있다.

실내 공기의 질을 개선하려면 벽
지·바닥재 등은 친환경 소재로 만든
것을 사용하고 실내 인테리어 공사는

유해물질이 다량 나오는 바닥 접착제

가급적 창문을 활짝 열고 할 수 있는 여름에 하며, 새 가구를 들여놓
으면 자주 문을 열어 환기하고 벤저민·고무나무 등 유해물질을 흡
착하는 식물을 키우는 것이 가장 경제적이고 효과적인 방법이다.

최근 선진국들은 21세기의 환경문제 중 실내환경문제를 최우선으
로 다루고 있다. 미국과 유럽에서는 1980년대 초부터, 일본에서는
1996년부터 건강주택 개념에 따라 주택 실내 화학물질 오염에 관한
지침을 만들어 건축자재에 대한 등급제를 시행하고 있다. 우리나라
에서도 〈환경의 역습〉이 방송된 후인 올해 2월부터 '친환경 건축자
재 품질인증제'가 시행되고 있다.

방송 후 건축시장의 변화는 시장 전체의 흐름을 뒤바꿀 만큼 강력
했다. 건설업체들은 친환경 아파트 개발에 사운을 걸고 전력투구하
고 있다. 요즘 TV에 나오는 아파트 광고들은 친환경 아파트라는 점
과 실내의 쾌적함을 집중적으로 부각시키고 있다. 이러한 변화는 궁
극적으로 친환경 자재에 대한 수요로 이어지고 업계는 친환경 건축
자재의 개발 및 공급을 확대함으로써 국민 건강 증진에 기여할 것으

로 기대한다. 세상의 흐름은 바로 상식적이고 합리적인 소비자의 소비 변화로 뒤바뀔 수 있음을 보여주고 있는 것이다. 방송은 그런 잠재적인 수요에 대해 그저 동기 부여를 했을 뿐이다.

새집증후군이 몰려온다

일본에서 새집증후군(Sick House Syndrome)이 이슈가 되기 시작한 내력을 잠시 소개하겠다. 일본에서는 1990년대 중반부터 신축가옥의 실내 공기 오염이 사회문제로 대두되기 시작했다(주로 새집에서 생기는 경우가 많아 '병든 집 증후군'이라 하지 않고 이해하기 쉽게 새집증후군으로 불린다). 고통을 호소하는 사람들 중엔 주부와 오염물질에 취약한 어린이들이 성인 남자들에 비해 훨씬 많았는데, 문제는 이런 오염물질이 환기를 잘 해준다 해도 4~5년 동안이나 장기적으로 방출된다는 점이었다.

오일쇼크 이후 유럽이나 미국에서는 공공건물의 냉난방 효율을 높이기 위해 건물을 밀폐형으로 바꾼 다음부터 건물에서 일하는 사람들의 건강에 문제가 발생하여 빌딩증후군(Sick Building Syndrome)이라는 말이 생겨났다. 그런데 일본에서는 대형 빌딩에는 실내 공기에 관해 엄격한 기준치를 정해 적용했지만, 개인주택에 대해서는 아무런 대비책도 가지고 있지 않았다. 그 결과 유럽과 미국에서는 빌딩에, 일본에서는 개인주택에 문제가 생긴 것이다.

일본에서 새집증후군이 문제가 되기 시작한 것은 1996년 신축주택 붐이 일면서 특히 집 안에 많이 머물러 있는 주부들이 머리가 아프고 집중이 안 되고 몸이 아프다는 말이 돌기 시작하면서부터였다. 그러나 당시에는 원인을 알 수 없어 병원에 가면 정신과나 피부과에

새집증후군 새집에 살면서 눈과 목이 답답하고 머리가 띵하다가 밖에만 나가면 다시 정상으로 돌아오는 신종 질환. 증세가 심해지면 아토피, 알레르기성 비염, 천식 등으로 악화된다. 각종 건축자재에서 흘러나오는 화학물질로 인해 실내 공기가 오염될 때 생겨난다.

가라고 하는 정도에 불과했다. 그러던 중 조사를 하다 밀폐된 환경
에서 장시간 화학물질을 뿜어내는 건축자재에 원인이 있다는 사실
이 밝혀졌다. 이런 사실이 사람들에게 알려지면서 아픈 사람들이 병
원을 찾게 되고, 이들을 전문적으로 치료하는 병원이 생기면서 하나
의 증후군으로 인정받게 된 것이다.

일본의 새집증후군 실태를 알아보기 위해 나는 먼저 이 분야에서
10년 동안 연구 중인 일본 국립보건의료과학원의 박준석 박사(현재
한양대 건축과 교수)를 찾아갔다.

특별히 일본에서 새집증후군이 유행하게 된 원인이 있나요?
"일본에서는 일반적으로 목조주택의 경우에는 화학물질이 적게 나
온다고 생각했었죠. 그런데 조사를 해보니까, 목조주택 안에서도
3~4만 종의 화학물질이 배출된다는 사실이 밝혀졌습니다. 목조건
물에는 합판이라든지 접착제가 많이 쓰이는데, 그 접착제에서도 포
름알데히드가 굉장히 많이 나왔습니다."

과거에도 그런 것을 썼을 텐데요?
"과거에도 많이 썼죠. 그러나 현재와 과거의 큰 차이점은 오일쇼크
전에는 자연 환기로 인해 배출이 잘 되었는데 지금같이 고밀도·고
단열 주택에서는 실내에서 발생된 오염물질이 밖으로 배출되기 힘
들어 옛날보다 누적되는 양이 훨씬 많아졌다는 겁니다. 또 다른 이
유로는 1970년대부터 건축자재가 대량 생산되면서 화학물질을 쓰
는 것이 생산성이라든지 여러 면에서 좋기 때문에 화학물질 사용량

이 급격하게 늘어났다는 점입니다. 일본 주택의 99.9퍼센트에서 포름알데히드가 검출되고 있을 정도이지요.

과거 일본에서는 주택에 화학물질이 이렇게 많으리라고는 생각지도 못했는데 너무 많이 나오니까 큰일이다 싶었던 겁니다. 그래서 각 화학물질별로 건강에 미치는 영향을 모두 조사해서 우선순위를 매겨가면서 화학물질 규제치를 만들기 시작했습니다."

제일 문제 되는 게 어떤 것입니까?

"목재와 합판에 들어 있는 포름알데히드입니다. 독성은 높지 않지만 사용량이 많기 때문에 일본에서 제일 문제가 되는 것이죠. 그 다음에 문제가 되는 게 페인트와 벽지, 접착제에서 나오는 톨루엔·벤젠 같은 유기용제들입니다. 또 일본에는 개인 목조주택이 많은데, 개미들이 나무를 갉아먹기 때문에 개미를 죽이는 살충제를 많이 쓰게 됩니다. 그 살충제에는 환경호르몬은 물론 독성이 많은 클로르피리포스란 물질이 포함되어 있는데 0.05피피엠만 되어도 굉장히 심각한 영향을 줍니다."

새로 지은 주택에서 24시간 문을 닫아놓으면 이런 화학물질의 농도가 5배까지 높아진다고 한다. 그래서 일본에서는 1994년부터 포름알데히드 발생량에 따라 건축자재에 등급을 매기는 작업을 시작했다. 제조업체 측에서 기술 개발에 힘쓴 결과 이제는 1등급 자재의 유통량이 90%에 달하게 됐다. 업계의 준비가 끝나자 정부에서는 2003년 7월부터 개정 건축기준법을 적용하여 신축주택에 환기시스템을 갖추게 했고 포름알데히드 발생량이 많은 재료들은 절대 사용하지 못하게 규제하고 있다.

그런데 최근 또 다른 문제가 생기고 있다. 새집증후군은 집이나 건물에서 나오면 증상이 없어지는 데 반해, 오염물질이 많은 건물 속에 오래 살다가 몸에 화학물질이 축적된 사람들이 다른 곳에서 그 유사한 물질에 노출만 되어도 심각한 반응을 나타내는 '화학물질과민증'이라는 신종 질병이 생겨났다. 박준석 박사의 말에 따르면, 일본의 화학물질과민증 환자들 중에 새집증후군에서 증상이 악화되어 생긴 경우가 약 70~80%나 된다고 한다. 새집증후군을 오래 방치해두면 화학물질과민증이란 새로운 질환으로 발전한다는 것이다(화학물질과민증에 대해서는 뒤에 본격적으로 다시 이야기하겠다).

화학물질과민증 새집증후군, 빌딩증후군, 새학교증후군 등을 오래 방치해둘 경우 생겨나는 신종 질환. 원래 복합화학물질과민증(Multiple Chemical Sensitivity)이라고 하는데, 일본에서는 CS(Chemical Sensitivity)라고 줄여 말한다.

한국의 실태가 일본보다 훨씬 좋지 않을 거라고 보십니까?

"한국과 일본은 목재를 동남아시아 시장에서 수입하는데, 일본에서는 화학물질 양을 규제하니까 오염이 적은 제품을 수입하게 됩니다. 그러면 질이 떨어지는 제품은 자연히 한국으로 갈 수밖에 없지요. 그래서 한국의 경우 일본에서 문제가 되었던 1996년 수준보다 더 상황이 안 좋습니다. 한국의 합판회사들 애기를 들어보면 목재 가격이 많이 싸졌다고 합니다. 일본에서 좋은 것 싹 수입해 가니까 한국에는 화학물질 많이 뿜어내는 제품을 덤핑으로 파는 겁니다. 우리나라 상황이 일본보다 심각하다고 생각되는 또 다른 이유는 일본은 그나마 단독주택이 많아 공기 순환이 잘 되지만 한국의 아파트는 콘크리트 건물에 완전히 2중창으로 밀폐되어 있기 때문입니다."

취재진은 국내에서 사람들이 부러워하는 100평이 넘는 최고급 주상복합아파트의 실내 공기를 재보기로 했다. 과연 박준석 박사의 이야기가 사실일까? 전문가에게 의뢰해 측정한 결과, 놀랍게도 아이 방의 포름알데히드 발생량이 기준치에 비해 4배가 넘었다. 집 안 전체가 무늬목 등 외관에만 신경 쓴 각종 합성 목재로 꾸며져 있었기 때문이다. 우리가 살고 싶어하는 화려한 주거공간의 실내 공기가 오히려 가난한 집보다 더 열악한 것이다. 그런 면에서 세상은 공평하다고 해야 하나.

나는 일본의 대표적인 실내환경 전문가인 다나베 신이치 교수(와세다 대학 건축학과)를 만나러 대학 연구실로 찾아갔다. 그는 새집증후군을 연구하는 일본에서 가장 유명한 학자다.

요즘 실내 공기 질에 관해 일본에서 문제가 되고 있는 것은 무엇입니까?
"여전히 새집증후군이 심각한 문제입니다. 사람들은 좋은 물 마시고 좋은 음식 먹는 데만 신경 씁니다. 사람은 하루에 약 3킬로그램의 물과 3킬로그램의 음식을 먹습니다. 그러나 하루에 마시는 공기는 20~25킬로그램입니다. 먹는 음식과 마시는 물에 농약이나 나쁜 것들이 들어 있지 않은지 신경 쓰듯이, 공기 중에 문제가 될 물질이 없는지 신경 쓰는 것도 아주 중요합니다."

얼마나 많은 사람들이 새집증후군을 겪고 있습니까?
"교토 대학에서 조사한 바에 의하면, 일본 국민의 1퍼센트가 화학물질과민증, 새집증후군으로 고생하고 있다고 합니다. 아주 많은 수입니다. 정부에서 전국적으로 조사를 했는데 포름알데히드 수치가 후생노동성의 가이드라인을 넘는 경우가 27퍼센트나 됐습니다. 네 집에 한 집은 기준치를 넘는 것이지요. 톨루엔의 경우엔 12.3퍼센트였습니다. 여덟 집에 한 집은 톨루엔 수치가 후생노동성의 가이드라인보다 높은 환경에서 살고 있다는 얘기지요.

한국은 일본보다 겨울이 더 추워서 단열에 더 많이 신경 쓸 텐데, 그렇게 되면 실내에서 발생하는 화학물질이 더 많이 쌓이게 됩니다. 특히 신축할 때 사용되는 접착제, 도료, 건축 재료에서 여러 가지 유해물질이 나옵니다. 제일 중요한 것은 신축할 때 오염물질 방출이 많은 자재를 사용하지 않아야 한다는 겁니다."

그러나 우리가 아무리 주의해도 새집에서 이런 물질이 전혀 나오지 않게 할 수는 없다. 신축한 집은 창문을 열어 화학물질 농도를 낮춘 다음에 입주하거나 환기시스템을 설치하여 하루 종일 실내에 신선한 공기를 넣는 것이 중요하다.

일본에서는 1년에 120만 채의 집이 새로 지어지고 있는데, 2003년 7월에 개정 건축법이 시행되어 24시간 환기시스템을 설치하지 않으면 새로운 집을 지을 수 없게 되었다. 일본 정부는 화학물질을 방출하는 접착제 등의 사용을 규제하고 그와 함께 흰개미 살충제로 쓰이는 클로르피리포스의 사용은 완전히 금지했다. 바닥용 합판, 벽지, 접착제, 도료, 단열재 등에서 포름알데히드 방출량이 많은 것도 사용을 금지했다. 국민 건강에 실내 공기의 질이 얼마나 중요한지를 정부가 늦게나마 깨달은 것이다.

나는 다나베 교수에게 화학물질에 신경 쓰지 못하고 새집에 입주

한 사람들이 어떻게 해야 하는지를 물어보았다.

아파트에 사는 사람이 화학물질을 줄이기 위해서는 어떻게 해야 할까요?
"이미 화학물질 농도가 높은 집에서 살아서 기침이나 다른 증상이 나타난 사람은 그 집에서 나와 충분히 환기를 해서 농도가 낮아진 다음에 다시 들어가는 것이 좋습니다. 그리고 농도는 높지 않지만 냄새가 나서 걱정스러운 사람은 창문을 열거나 욕실, 주방에 있는 환풍기를 장시간 돌리는 것이 좋습니다. 온도가 올라가면 화학물질 방출량이 많아지는데 10도 올라가면 포름알데히드의 경우 2~3배 방출량이 많아집니다. 따뜻한 계절에 환기를 자주 해서 그런 물질을 빨리 없애버리는 것도 좋은 대책입니다. 그러나 어디까지나 기본은 유해물질이 나오지 않는 자재를 사용하는 거지요."

아이나 임산부 등은 영향이 더 클 텐데요.
"그렇습니다. 오염물질을 많이 들이마신 엄마에게서 태어난 아이의 경우 아토피나 화학물질과민증이 생겨날 수 있습니다. 아직 의학적으로 확인되지는 않았지만, 의학적으로 확인되지 않았다고 해서 아무것도 하지 않는 것은 정말 이해가 안 갑니다. 의학적 확인에는 아주 오랜 시간이 필요하기 때문이지요."

세계적인 실내 공기 전문가인 하버드 대학의 존 스펭글러(John Spengler) 교수를 만날 수 있었던 것은 나에게 행운이었다.

일요일인데도 취재를 허락해준 그를 만나러 보스턴의 사무실에 들어서자 실내에 신선한 기운이 감돌고 있었다. '나도 이런 공간에

서 일해봤으면' 하는 생각이 절로 날 만큼 새로 지어진 그의 사무실
은 환상적이었다. 사무실 내부와 복도 쪽에 환기와 습도를 자동 조
절하는 장치가 여러 군데 달려 있었다. 바닥에는 화학물질이 나오지
않는 대나무를 겹으로 붙여 만든 마루가 깔려 있었고 자연 채광도
잘 되었다.

내가 사무실 모습에 감탄을 하자 그가 기분이 좋아 말했다. "제가
직접 설계한 겁니다."

빌딩증후군에 대해 설명해주시겠습니까?

"우리가 그것을 증후군으로 부르는 이유는 여러 종류의 증상이 있기
때문입니다. 이 증후군의 원인은 에어컨의 레지오넬라균, 카펫이나
페인트에서 나오는 화학물질 등입니다. 이
모든 것들이 신체적인 문제를 일으킵니다.
미국의 경우엔 대개 건물의 창문을 열지 못
하도록 하고 있습니다. 그래서 기계적인 시
스템을 동원하여 환기를 하고 있지요. 만약
그것들이 제대로 작동하지 않거나 환기 통

빌딩증후군 빌딩의 밀폐된 공간에서
실내 공기 오염으로 인해 두통, 현기증,
집중력 감퇴, 기관지염, 천식 같은 증세
가 나타나는 현상. 보통 맑은 공기를 쐬
면 저절로 좋아지는 경우가 많지만, 장
기간 이런 환경에 노출되면 간혹 생명을
위협하는 급성질환이나 만성질환에 걸
릴 수도 있다.

로가 불결할 경우 신선한 공기가 부족하게 됩니다. 계산을 해보면
매해 미국에서는 열악한 빌딩 환경으로 인해 수천만 달러의 손해를
보고 있다고 합니다."

경제적 손실이란 어떤 겁니까?

"일단 사람들이 아프면 일의 능률이 떨어집니다. 건강 관리를 받아
야 하고 그렇게 되면 의료보험료가 상승하게 됩니다. 우리도 모르게

돈이 새어 나가는 거지요."

그의 지적대로 눈에 보이지 않지만 손실은 분명 우리가 생각하는 것 이상일지도 모른다.

〈환경의 역습〉 방송이 나간 후 국내 한 건설사가 환기시스템을 설치한 아파트 개발에 들어갔다는 소식을 들었지만, 아직도 대부분의 우리나라 집들은 환기시스템을 갖추고 있지 않다. 특히 문을 닫고 사는 겨울철에는 환기에 대한 인식이 없으면 매우 열악한 공기 속에서 지내게 된다.

최근까지도 우리는 실내 공기의 질에 대해 거의 생각을 못 하고 살아왔다. 실내에서 가스를 태우며 요리를 하고 석유·가스난로로 난방을 하고 마루, 장판, 페인트나 가구 등에서 많은 양의 유해 화학물질이 방출되는 환경이라면 그야말로 실내 공기 상태는 최악으로 치닫게 된다. 이런 곳에서 공부를 하는 학생들의 경우 과연 두뇌가 제대로 활동할 수 있을까 매우 걱정된다.

집 안에서도 모든 곳의 공기가 똑같을 수 없는데, 특히 유해물질이 가장 많이 나오는 곳은 주부들의 공간인 주방이다. 일산화탄소, 이산화탄소, 아황산가스 등 유독성 가스 연소물질이 많이 발생할 뿐만 아니라, 찬장은 가장 싸구려 나무 재료가 쓰이기 때문에 일반 가구보다 포름알데히드가 더 많이 나온다. 게다가 음식이 불에서 넘치면 오염은 더 심해진다.

하루에 한두 번 들르게 되는 음식점들은 대부분 흡연을 허용하는 건 물론, 환기시설도 기본적으로 열악하다. 또 숯이나 가스레인지를 이용하여 좁은 공간에서 고기를 굽고 찌개를 끓여 먹는 식당들이 많다. 이런 곳의 공기는 과연 어떤 문제가 있을까?

우리가 음식점에서 음식을 즉석에서 요리해 먹을 때 쓰는 부탄가스(LPG)는 일반 가정의 도시가스인 LNG보다 산소를 더 필요로 하는데, 환기가 잘 안 되는 음식점에서는 불완전 연소로 인해서 일산화탄소나 호흡기질환을 일으키는 질소산화물(NOx, 배기가스에서도 나오는 성분으로 폐기능을 약화시킨다) 등을 발생시킨다. 게다가 지방이 불완전 연소되면서 PAHs라는 발암물질이 생성되는데, 우리는 이런 연기가 자욱한 곳에서 불판 바로 앞에 코를 대고 고기를 구워 먹거나 전골을 끓여 먹고 있다. 그런데 사실 더 심각한 것은 우리가 고기를 구워 먹는 숯이 대부분 수입품이라는 점이다. 수입 숯에는 화력을 높이기 위해 바륨이라는 독성물질을 넣어 만든 것들도 있다. 우리는 집 안에서 생활할 때도, 식당에서 밥 먹을 때도 발암물질들에 무방비 상태로 노출되어 있는 것이다. 이런 곳에는 반드시 철저한 환기 설비를 의무화해야 한다.

공기 중의 오염원을 임산부가 접할 경우, 그 아이들은 태어날 때부터 남들보다 머리 크기가 작거나 키가 작거나 할 수 있다. 문제는 이것이 정신 발달에도 영향을 준다는 점이다.

스펭글러 교수는 중국과 뉴욕 시에서 이에 관련된 연구를 했다.

"어머니와 아이들이 PAHs에 어느 정도 노출되어 있는지를 조사했었습니다. 이 연구는 지금도 진행 중입니다만, 우리는 이 아이들이 태어났을 때 신체적인 변화의 초기 상황을 목격할 수 있었습니다. 그들이 나중에 어떻게 클지는 모르지만 확실히 신체적인 변화가 있었죠.

한 가지 해결책으로 저는 녹색건축이라는 개념을 말하고 싶습니다. 건물을 지을 때뿐만 아니라 짓기 전부터 이 점을 생각해야 합니다. 이제 한국의 건축가들도 실내 공기에 대해 신경 써야 합니다. 또 실내 공기 오염을 막기 위해서는 어떻게 디자인을 할 것인지에 대해서도 고민을 해야 합니다."

최근의 연구 결과를 소개해주시겠습니까?

"최근 발표된 연구논문 중에「집 안의 살충제가 어린이 백혈병에 미치는 영향」(Critical Windows of Exposure to Household Pesticides and Risk of Childhood Leukemia)이라는 것이 있습니다. 백혈병은 어린 시절에 형성되는데 살충제 성분이 오랫동안 혈액에 머물러 있다가 갑자기 빠르게 발병할 수 있습니다. 18세 이전에 백혈병에 걸린 아이들을 조사한 결과, 많은 수의 어머니가 아이를 임신했을 때 집 안에서 다량의 살충제를 사용하여 이에 노출되었을 가능성이 높은 것으로 나왔습니다. 모두 아이가 태어나기 전에 일어난 일이지요.

따라서 소비자들은 화학물질이 나오는 자재를 사용하지 못하도록 압력을 행사해야 합니다. 사람들은 흔히 냄새가 나고 머리가 아프고 눈이 따가운 증상이 그저 일시적인 것이며 곧 없어질 것으로 생각합니다. 문제는 이런 증세가 잘못하면 돌이킬 수 없는 질병으로 발전할 수도 있다는 사실이지요."

그의 경고는 진지하고 날카로웠다. 당장 아무런 영향이 없다고 마구 뿌려대는 살충제가 먼 훗날 아이들에게 치명적인 영향을 줄 수도 있다는 무서운 얘기였다.

과거 100년 전만 해도 도시 사람들도 대부분의 시간을 실외에서 보냈다. 그러나 요즘 도시 사람들은 거주공간과 사무실 등 실내에서 약 90%의 시간을 보내고 이동수단 안에서 약 5%의 시간을 보내며, 나머지 5%만 실외에서 지낸다고 한다.

이제 실내 공기의 질이 우리 건강에 결정적인 역할을 한다는 인식을 가져야 한다. 새로운 건물을 지을 때 설계 초기부터 에너지문제뿐 아니라 건축자재 그리고 건물 안에 살게 될 사람들이 마실 실내 공기에 대해서도 생각해야 한다. 머지않은 장래에 사람들로부터 각광받는 아파트는 그동안 선망의 대상이었던 화려한 외관이 아니라, 설악산의 공기에 버금가는 신선한 공기를 입주자들에게 공급하는 시스템을 갖춘 아파트가 될 것이다.

나는 실내 공기의 질을 높이는 것이 얼마나 건강에 직결되는가를 장기간 실험하기로 결심했다.

새집증후군 아이들의 회복작전

먼저 한국의 상황이 어떤지를 알기 위해 실태 조사부터 들어갔다. 국내에서는 새집증후군에 대해 전혀 인식이 없는 상황이었다. 작년(2003년) 7월. 드라마 방송이 나갈 때 새집에 이사했거나 인테리어 공사를 한 후 기침, 아토피 등 몸에 이상이 생긴 사람들의 제보를 바란다는 내용의 자막을 내보냈다. 그랬더니 하루에도 수십 통씩 전화가 걸려왔다. 방송 자막을 보고 가만히 생각해보니 이사한 다음부터 아프기 시작했다는 것이다(방송 후 서울시정개발연구원이 준공 5년 이내 아파트 거주자 300명을 대상으로 설문 조사한 결과, 45.4%의 시민들이 새집증후군을 겪었다고 대답했다).

우리는 스스로 새집증후군에 걸렸다고 생각하는 두 가정을 선택해, 실내환경을 바꾸면 몸이 어떻게 좋아지는지를 관찰해보기로 했다.

해외 취재 경험에 비추어 볼 때 확률은 반반 정도라고 생각했는데, 만약 심해져서 화학물질과민증을 보이거나 아토피의 원인이 다른 데 있다면 집 환경을 바꾼다고 잘 치료될 리가 없었기 때문이다.

인테리어 공사 후 아토피가 생겼다는 H군(5세)과 새집에 이사한 후 집에만 들어오면 두드러기가 생긴다는 M군(중2)을 취재 대상자로 최종 선정했다.

H군 가정의 경우 2년 전 강남의 현재 아파트로 이사 오면서 벽지, 장판을 비롯해 페인트칠을 새로 하고 거실 마룻바닥을 새로 깔았다

고 한다. H군의 어머니는 이사 온 이후로 아이에게 아토피가 생겨서 2년 동안이나 온갖 고생을 다 했다고 하소연했다.

"정말 해보지 않은 방법이 없어요. 약, 식이요법 등 안 해본 것 없이 다 해봤는데 소용이 없더군요. 그런데 제가 한 가지 희망을 갖는 건 제주도나 강원도 산골에 데리고 가면 아이의 증세가 많이 좋아진다는 거예요. 그래서 혹시 집 안 공기 때문이 아닐까 생각하게 되었죠."

우리는 공사한 지 2년이 넘은 집에서 무엇이 나올까 반신반의하면서 전문가에 의뢰해 실내 공기를 측정해보았다. 그런데 포름알데히드가 0.089ppm으로 기준치를 초과하고 있었다(기준치는 0.08ppm). 그렇다면 처음에 공사를 했을 때는 오염물질들이 이보다 몇 배나 더 많이 나왔을 것이다.

아이의 아토피 때문에 피곤에 지친 H군의 가족은 결국 8월에 보통 사람들이 엄두내기 힘든 이사라는 극단적인 방법을 선택했다. 치솟고 있는 강남의 집값을 포기한 채 관악산 밑 동네로 이사 가던 날, 나는 H군의 집을 방문했다. H군 어머니는 친환경 벽지를 사용하고 접착제 없이 사용할 수 있는 마루를 깔고 페인트칠도 하지 않았다고 말했다. 문지방이 페인트가 벗겨진 채로 그대로 있었다.

"한 번 당했으니까 지금은 보기 싫어도 어쩔 수 없죠 뭐."

집 거실 창문 바로 너머에는 관악산의 숲이 시원스레 펼쳐져 있었다.

"저는 공기 때문에 여기 온 거예요. 서울 지도를 펼쳐놓고 남편과 의논하다가 여기를 선택했죠. 제발 아이의 증세가 조금이라도 좋아졌으면 좋겠어요."

H군의 어머니는 이사 간 집의 신선한 공기가 아이를 치료해줄 것이라는 간절한 희망을 갖고 있었다. 나는 환기를 자주 해달라는 당부를 하고 집을 나서며 H군의 변화를 아이의 어머니 못지않게 간절히 기원했다. '네가 나아야 세상이 바뀔 거야. 그러나 만약 실패하면 그때는…….' 생각만 해도 아찔한 일이었다.

두 번째는 중학생 M군의 집. M군은 1년 전 새집으로 이사 온 후로 집에 들어와 두 시간 정도 지나면 온몸이 가렵고 심한 두드러기가 생긴다고 했다. 몸뿐 아니라 얼굴과 목까지 온통 붉게 두드러기가 부풀어 올라, M군 어머니의 말로는 아이가 괴물같이 변한다는 것이었다.

나는 낮에 집을 방문해 M군의 상태를 찍어두고 심한 상태가 나타나면 다시 촬영하기로 하고 집을 나왔다. '어머니가 너무 과장된 이야기를 하는 것 아닌가' 하는 생각을 하면서 회사로 돌아왔는데, 밤 11시가 넘어 다시 연락이 왔다.

"아이가 괴물처럼 변해가고 있어요."

어머니의 다급한 목소리에 반신반의하면서 나는 카메라를 챙겨 들고 차를 몰았다.

자정이 다 되어 집에 도착해 아이의 상태를 본 나는 깜짝 놀랐다. M군 어머니의 말이 과장이 아니었다. 아이의 얼굴이 온통 붉은 두드러기로 뒤덮여 있었다. 수심이 가득 찬 얼굴로 어머니가 말했다.

"아이가 이렇게 변하면 저도 무서워요."

어머니의 얼굴에 짙은 그늘이 드리워져 있었다.

우리는 일단 아이의 병명을 확인해보기로 했다. S대학병원에서 진단한 결과 아이의 병명은 두드러기가 나타나고 점막이 붓는 '맥관부종'이었다. 음식과 공기가 그 병의 원인인데, 기도의 점막이 붓는다면 숨쉬기 곤란한 상황이 와서 위험할 수도 있다고 했다.

우리는 실내 공기 전문가의 도움을 받아 집 안 구석구석을 살펴보고 실내 공기 상태를 점검했다. 문을 닫고 8시간 동안 정밀 측정한 결과, 아이의 방과 거실에서 포름알데히드가 기준치의 2배나 나왔다(거실 0.17, 아이 방 0.15ppm). 간이 측정기를 아이 방 붙박이장 안에 5분만 집어넣어도 포름알데히드 기준치를 초과했다.

우리는 상태가 심각한 M군의 상황을 고려해 강제 환기시설로 집 안의 공기를 바꾸어주는 방법을 제안했다. 시중에 오염물질을 없애준다는 선전들이 난무하고 있지만, 세계적인 전문가들이 이구동성으로 추천하는 가장 효과적인 방법은 환기였다.

협찬해줄 업체를 섭외해 1,000만 원 정도가 드는 강제 환기시스템 공사에 들어갔다. 천장에 외부의 공기를 강제로 유입하고 내부 공기를 배출하는 환기시스템이 설치되었다. 외부 공기는 필터를 거쳐 깨끗한 공기만 유입되고 겨울에는 차가운 공기가 히터를 거쳐서 들어오게 되어 있다.

우리는 M군의 어머니에게 환기를 잘 해달라고 당부하고 진행 상태를 지켜보기로

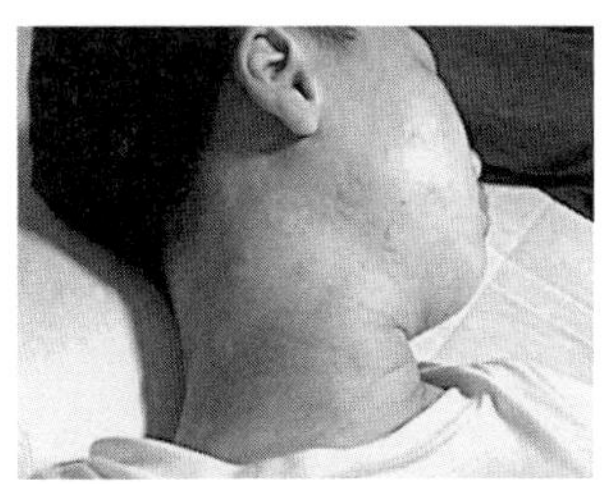

M군의 두드러기 증세 1

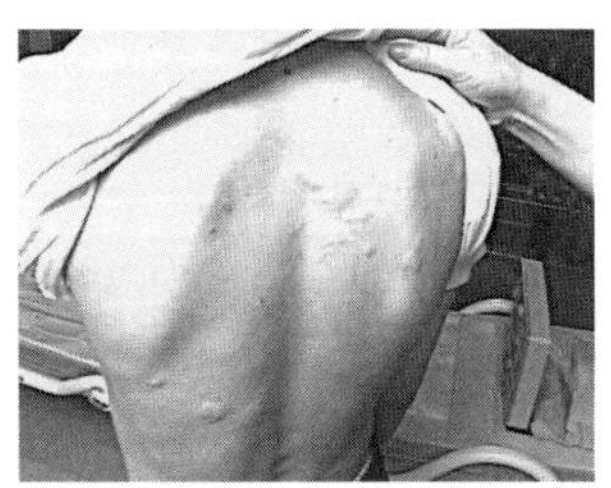

M군의 두드러기 증세 2

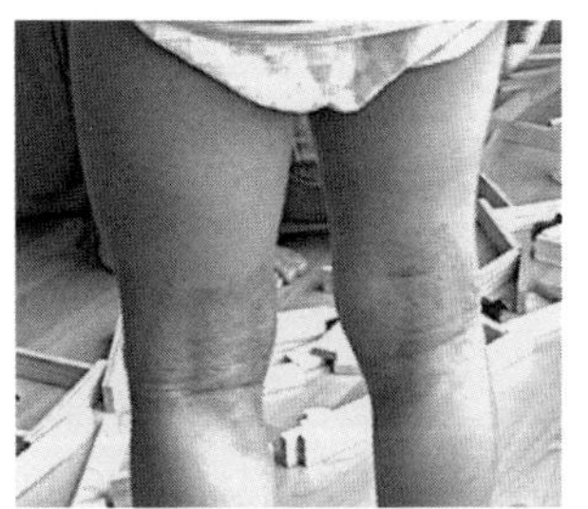

H군의 아토피 증세

했다. 과연 H군과 M군의 상태는 호전될 것인가. 국내에서 전례가 없는 실험이었는데 나는 모든 걸 운명에 맡겨보기로 했다. 뜻이 있는 곳에 길이 있을 것이라는 소박한 희망을 가지고…….

실내 공기가 원흉이었다

불안과 초조감 속에 가장 먼저 증세가 호전된 것은 M군이었다. M군은 집에만 들어오면 2시간 만에 온몸에 두드러기가 생겼는데 환기 시스템 공사 후 2~3주 정도 지나면서 약간씩 호전되더니 한 달 뒤에는 눈에 띄게 좋아졌다. 그러나 좋아진 상태가 계속 지속된 것은 아니었다. 한창 나이의 아이가 집에만 머물러 있는 것도 아니고 친구 집이며 여러 곳을 돌아다니기 때문인지 어느 날은 갑자기 다시 입가에 붉은 두드러기가 솟아올랐다며 M군의 어머니가 놀라서 전화를 하기도 했다. 나는 친구 집에 다니거나 할 때도 조심하면서 좀 더 지켜보자고 했다.

아이는 과거에 비하면 완전히 다른 사람으로 보일 정도로 좋아졌는데, 2개월이 지나면서 아이의 증세가 다시 눈에 띄게 나빠지거나 하는 일은 없었다. 우리는 M군의 방과 거실의 벽지를 친환경 벽지로 바꾸는 공사를 해주고 보조 수단으로 공기청정기 한 대를 사서 아이가 공부하는 방에 놓아주었다. 일종의 플라세보효과(가짜 약의 투여로 심리적인 효과를 보아 환자의 상태가 좋아지는 것) 때문인지 아니면 정말로 벽지와 청정기의 도움을 받았는지는 정확히 알 수 없지만, 아이도 어머니도 기분이 더 좋아졌다고 한다.

중요한 것은 문을 꼭꼭 닫고 살던 M군의 어머니가 이제는 창문을 열어두는 것이 거의 습관이 되었다는 것이다. 그동안 아이를 괴롭혔던 포름알데히드 등의 유해물질들을 집 밖으로 빼내는 아주 간단한 발상의 전환으로 아이의 치료가 가능했다. M군의 사례는 우리의 삶에 실내 공기가 얼마나 중요한지를 단적으로 보여주는 것이었다.

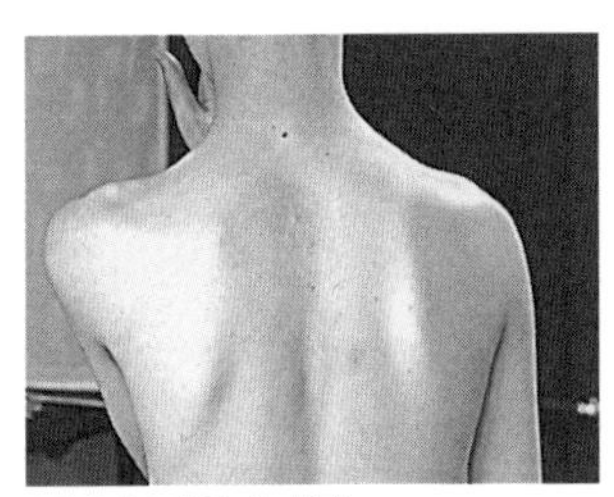
M군의 2개월 후 상태

그런데 여기서 M군 집에서 일을 추진하다가 한 가지 벽에 부딪혔던 사건을 소개하지 않을 수 없다. 공사를 하고 카메라가 집에 들락거리는 것을 본 동네 주민들이 집값 떨어진다며 절대로 아파트 모습을 방송에 내보낼 수 없다고 나에게 항의했다. 내가 어느 아파트인지 전혀 알 수 없게 방송하겠다고 수차례 약속을 했는데도, 주민대표가 나에게 내용증명까지 보내고 M군 가족에게도 심리적 압박을 가하는 등 예상치 못한 일이 벌어졌다.

나는 집에서 좋지 않은 물질이 나오는 것이 알려지면(알려질 리도

없지만) 집값이 떨어진다고 생각하는 사람들을 탓하고 싶지는 않다. 어차피 우리 사회가 이웃의 아픔보다 개인의 이익을 먼저 생각하는 사회가 되어버려서 어쩔 수 없지만, 나는 그분들이 방송을 보고 창문 한 번이라도 더 열면서 살았으면 하는 바람을 갖고 있다.

H군은 M군처럼 빨리 호전되지 않았다. 매사에 긍정적이고 적극적인 성격을 가진 H군 어머니는 오히려 제작진을 걱정해주었다. "아이가 좋아지지 않으면 어쩌죠?" 집에 전화할 때마다 아이 걱정보다도 제작진 걱정을 더 해주었다. "우리 아이가 샘플일 텐데 큰일이네……."

그러나 나는 확신하고 있었다. "분명히 좋아질 겁니다. 조금 더 기다려보죠."

다큐멘터리 〈잘먹고 잘사는 법〉을 제작할 당시에도 아토피에 걸린 학생들을 음식으로 치료한 경험이 있었다. 그래서 나는 아토피 증세가 자연스레 개선되는 데 약 2개월이 걸리고 완전히 달라지기까지는 최소한 4개월이 걸린다는 것을 경험을 통해 알고 있었다.

H군이 이사 간 지 2개월 후 아이를 만나보고 나는 더욱 확신을 갖게 되었다. 아이가 전보다 긁는 횟수도 줄어들고 무엇보다 다리 상태가 많이 호전되었기 때문이다. 아이의 어머니도 매우 고무되어 있었다.

"정말 많이 좋아졌어요. 과거에는 상상도 못할 정도예요. 저는 이 정도도 만족해요."

그러나 아이는 엄마가 인터뷰를 하는 동안에도 계속해서 목을 긁어대고 있었다. 과거보다는 덜하지만 가려움증이 참을성 없는 어린

아이를 여전히 괴롭히고 있었다. 나는 H군 어머니에게 환기 잘하면서 조금만 더 참고 기다려보자고 했다.

아이가 거의 완쾌되어가고 있다는 말을 듣고 마지막으로 방문한 것은 H군이 이사 간 지 4개월이 지난 12월 초. 집에 들어서자 온기보다는 한기가 느껴졌다. 쌀쌀한 겨울 날씨임에도 불구하고 창문이 활짝 열려 있었다.

"창문을 열어놓으셨네요." 내가 인사를 하자 "저희는 늘 창문을 열어놓고 살아요. 그래서 집에서 내복을 입고 지낸답니다." 아이의 어머니가 웃으며 말했다.

어머니의 표정이 유난히 밝았다. "다리는 거의 완벽하게 좋아졌고요, 목도 이제는 거의 표시가 안 나요."

그녀의 말은 사실이었다. 팔다리는 과거에 아토피를 앓았다고 하면 아무도 믿지 않을 정도로 보통 아이의 피부로 돌아왔고, 목에도 아주 약간의 흔적만 남아 있는 상태였다. 게다가 지난여름 늘 이마에 쌍심지를 돋우고 다니던 아이의 표정이 활짝 펴져 있었다.

"와, 너 정말 잘생겼구나. 이렇게

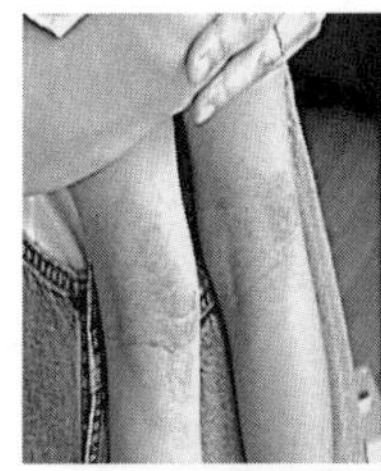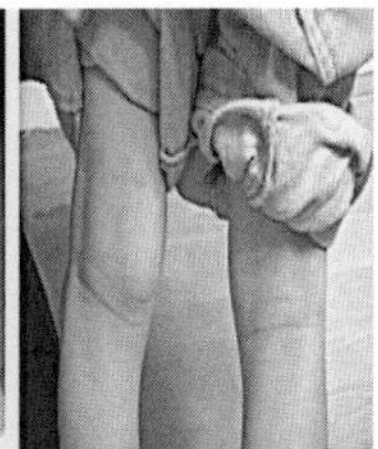

H군의 이사 전, 후(다리)

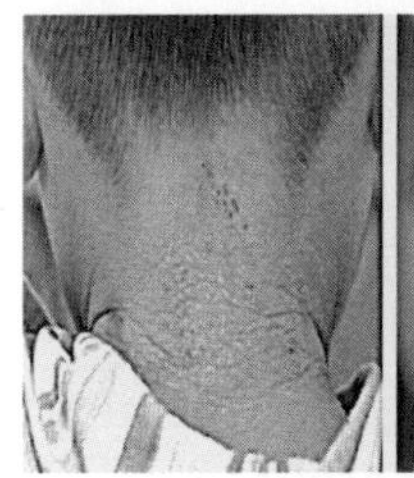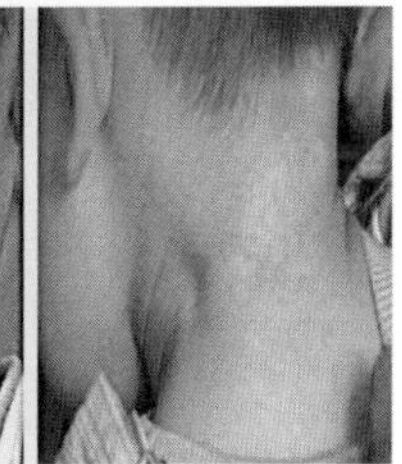

H군의 이사 전, 후(목)

웃음을 되찾은 H군

잘생겼는지 몰랐는데……."

빈말이 아니었다. 아이의 얼굴은 예쁜 엄마를 빼닮아 CF에 나와도 손색이 없을 정도였다.

H군 어머니는 아이가 아팠던 지난 2년여 세월과 아이가 호전되어가던 지난 4개월 동안 참 느낀 점이 많았다고 말했다.

"제가 강남에 살 때는 강남에 산다는 약간 우쭐한 마음이 있었어요. 그런데 아이가 아프니까 그런 게 아무 소용이 없다는 걸 알게 되었죠. 제 인생관이 완전히 바뀌었어요. 아이가 정신적으로 편안하고 건강한 것이 영어를 잘하고 공부를 잘하는 것보다 훨씬 소중하다는 것을 알게 된 거죠."

아이를 돌보면서 과거에는 생각하지 못했는데 이제는 자동차를 한 번 몰고 나가는 것도 미안한 생각이 들 정도로 환경에 대한 관심이 높아졌다고 한다.

H군 어머니가 아이의 몸을 통해서 처절하게 깨달은 환경의 소중함에 대한 인식은 일상 속에서 교육을 통해 아이에게 자연스레 전달될 것이다. 그런 어머니 밑에서 H군은 분명 정신과 육체 모두 건강한 성인으로 커갈 것이다. 훌륭한 어머니 밑에 당연히 훌륭한 아이가 자라는 것 아니겠는가.

새 학교에서 생긴 일

일본 취재를 준비하며 자료 조사를 하던 중 일본 코디네이터 박융이 씨로부터 받은 자료에서 낯선 용어를 발견하였다. 일본 사람들이 시크 스쿠르라고 부르는 질환인데 정식 명칭은 'Sick School Syndrome'이었다. '일본 사람들은 말도 참 잘 지어낸다'는 생각이 들어 웃음이 나왔다. 나는 국내에 이에 관한 공식 명칭이 없어서 일단 '새학교증후군'으로 명명하기로 했다(지금은 이 명칭이 통용되고 있다).

> **새학교증후군** 새로 지어진 학교의 건축자재에서 유해 화학물질인 톨루엔, 포름알데히드, 휘발성유기화합물 등이 방출되면서 두통, 눈 따가움, 아토피성 피부염, 천식, 알레르기성 질환 등을 일으키는 증세.

'학교에서도 이런 일이 벌어지다니. 하긴 학교에서 대여섯 시간을 보내야 하는 아이들에게 문제가 생길 수도 있겠지.'

더 자세히 조사하는 과정에서 학교 내 화학물질로 인해 아이들이 알레르기 증세를 보이자 교육위원회까지 나서서 이 문제를 해결하려고 노력 중이라는 사실을 알게 되었다. 어떤 학교는 아이들을 학교에 보내지 못하겠다며 학부모들이 항의를 하고 있다는 것이었다.

나는 문제가 되고 있는 도쿄의 조와 초등학교를 방문하기로 했다. 조와 초등학교는 지역의 시범학교로 지정되어 완벽한 냉난방이 되는 첨단시설로 리모델링해서 다른 지역에서 견학을 올 만큼 선망의 대상인 학교였다. 그런데 이 학교에 다니던 아이들에게 문제가 생기기 시작한 것이다.

　먼저 문제가 생긴 아이들의 학부모 모임을 찾아갔다. 조와 초등학교 학부모 대책위원회 대표인 기무라 미호코 여사를 비롯해 학부형 5명이 우리를 반갑게 맞아주었다.

현대식 건물의 초와 초등학교

어떤 증세들이 있었습니까?

"작년 여름부터 초등학교 5학년과 2학년 딸들이 눈이 충혈되고 코피를 사흘 정도 흘렸습니다. 작은애는 학교에서 돌아오면 피곤하다면서 서너 시간이나 낮잠을 잤습니다. 이런 일이 2~3주 동안 이어졌는데, 아이들은 학교에서 냄새가 나고 눈과 코가 아프다고 했습니다."

　기무라 여사가 먼저 입을 열었다.

　"제 아들은 5학년인데 10월이 되자 피곤하고 기분이 나쁘다면서 아침에 일어나도 축 늘어졌어요. 학교에 가야 한다고 해도 3일 동안 일어나지 못했죠. 학교에서 돌아오면 머리가 아프다며 가방을 멘 채 푹 주저앉아 일어나지 못했습니다. 그래서 결국 반년 동안 학교를 쉬어야 했지요."

　스즈키 나쓰코 씨가 말했다.

반년씩이나요? 학교에 도움을 청했나요, 아니면 병원에서 진단을 받았나요?

"새학교증후군에 대해 아는 의사가 없었고 어느 병원을 가도 원인을 모른다고 했습니다. 그걸로 끝이에요. 알레르기 검사를 해도 전혀 증상이 나타나지 않았거든요."

"천식이나 아토피성 피부염이 있는 아이의 어머니들이 불안해서 개교 전에 교육위원회에 측정 결과를 알려달라고 부탁했습니다. 8월 말에 측정 결과가 나왔다고 해서 갔는데 그때 교실 내에서 화학물질이 38배에서 15배까지 나왔다는 것을 처음 알았습니다. 이 사실을 일반 학부형들에게도 알려 몸이 안 좋은 아이들이 등교하지 않도록 하라고 학교에 건의했더니 괜한 불안감을 준다며 거부하더군요. 그래서 결국 저희가 나서서 발표하게 된 거지요.

저희는 오염 수치가 떨어진 다음에 아이들을 교실에 들어가도록 하는 것이 상식이라고 생각합니다. 기준치를 훨씬 넘으면 위험하다는 인식을 가지는 게 당연한데 그런 생각들이 없는 것 같아요. 톨루엔은 창문을 열고 시간이 지나면 없어진다는 건축회사의 말만 그냥 믿고 아이들을 학교에 가게 했는데 증상이 나타났습니다. 저도 처음엔 화학물질 오염이 그렇게 심각한 줄 몰랐고 사전 설명회에서 안전한 자재를 사용할 거라고 해서 믿었습니다. 그런데 뚜껑을 열어보니 사정이 달랐습니다. 학교에 배신당한 거지요."

스즈키 씨가 씁쓸한 표정으로 허공을 응시했다.

학부모들이 매일 환기를 해달라고 학교 측에 부탁했더니 냉방이 되어 아이들이 좋아한다는 대답뿐이었다고 한다. 학교 시설이 좋아 각지에서 교육 관계자들이나 학교 관계자들이 시찰하러 오니까 학교 측에서 아이들은 생각 안 하고 냉방 때문에 창문을 열지 않는 것이라고 학부모들은 의심하고 있었다.

나는 며칠 후 조와 초등학교에서 주최하는 학부모 설명회에 참석

했다. 학부모들이 모여 학교의 실내 공기 대책에 대해 공청회를 하는 자리였다. 심각한 표정으로 학부모들이 삼삼오오 모이기 시작했다. 학교 교감이 나서서 말했다.

"설명회를 시작하겠습니다. 지난 월요일에 학부모, 학교 선생님들과 함께 대책회의를 열었습니다. 3월에 측정한 바로는 후생노동성 기준치 이하였지만, 냉방을 하는 여름에 대비해서 2층과 3층 동쪽 창문을 완전히 열고 교사 일부를 개조하겠습니다. 또 일사량이 많은 시기에는 방사물질이 많으므로 6월 14, 15, 16일 사흘간 실내 온도를 25도로 설정하여 실내환경을 조사했습니다. 아직도 일부 1학년 교실에서 상당히 높은 농도의 톨루엔이 나오고 있어 1학년 2반은 내일 종업식이지만 다른 반으로 이동시켜 수업을 하기로 했습니다. 여러분께 많은 걱정을 끼쳐 정말 죄송합니다."

그때 학부모 한 명이 일어나 차분하지만 단호한 어조로 질문했다.

"문제가 되는 물질을 좀더 구체적으로 설명해주시고 아픈 아이들이 몇 명인지 밝혀주세요."

"지금 대부분의 교실은 기준치 이하로 안정되었습니다만, 1학년 2반과 소수 정원 교실 두 곳에서 톨루엔과 키실렌이 고농도로 나옵니다. 교실 내 전체는 괜찮지만 바닥의 농도가 아직 높습니다. 다른 교실은 정기적으로 환기를 하면 될 것으로 생각합니다. 얼마 전 이비인후과 전문의들께 아이들의 건강 검진을 부탁했습니다. 조사 대상은 모두 466명이고 특별한 증상이 있는지에 대해 물어보았습니다. 증상이 있다고 답한 아이들은 33.5퍼센트입니다. 계속 추적 조사를 하겠습니다."

큰 죄를 지은 듯이 학교 교감이 학부모 앞에서 연신 머리를 조아

리며 사과하고 있었다. 권위적인 우리나라 교육 현장에서 과연 이런 일이 일어날 수 있을까 하는 생각이 들었다.

나는 우리나라의 학교 교실 오염도를 재보고 싶었다. 그래서 신축하여 개교하는 학교 세 곳을 선정해 오염도를 재보기로 계획을 세웠다. 하지만 교육청을 통해서는 섭외가 안 되어, 국정감사기간을 이용해 국회 교육위원회 모 국회의원의 협조를 받아 측정했다. 약간의 편법을 쓴 것이지만 공개 행정을 하지 않는 나라에 살고 있는 PD와 작가가 짜낼 수 있는 최선책이었다. 결과는 예상한 대로였다. 조와 초등학교에서 문제가 되었던 톨루엔 농도 (0.106ppm)의 4배에 이르는 수치가 나왔는데, 기준

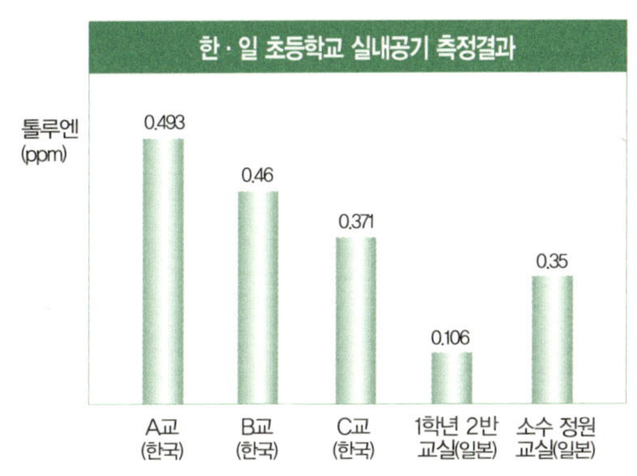

치(0.07ppm)에 비하면 무려 7배(A교 0.493ppm, B교 0.46ppm, C교 0.371ppm)나 되었다. 교육부에 가서 대책이 있는가를 물어보니 예상했던 대로 아무런 기준도 대책도 없었다.

나는 일본의 NGO인 '식 하우스 모임'의 부이사장 겸 의사 사사오카 유키오시 씨를 만나서 일본의 새학교증후군 전반에 대해 물어보았다.

"새집증후군과 새학교증후군이 사회에 알려짐과 동시에 신고 건

수가 많아졌습니다. 새학교증후군의 원인물질 중 가장 많은 것이 톨루엔(건축도료나 접착제에 사용되는 물질)이고 그 다음이 포름알데히드입니다. 왜 톨루엔에 의한 새학교증후군이 많은가 하면 건축기준법에 포름알데히드에 대한 기준만 있지 톨루엔에 대한 기준은 없기 때문입니다.

건축설계사는 포름알데히드에 대한 대책만 세우면 된다고 생각하고 설계하는데, 그래서인지 톨루엔에 의한 새학교증후군이 많이 발생합니다. 일본의 후생노동성 가이드라인에는 톨루엔이 포름알데히드 다음으로 중요한 규제 물질로 나와 있지만 건축법에는 아무런 규제가 없어 톨루엔 문제가 많이 일어나는 것이지요."

일본의 문부과학성은 포름알데히드와 톨루엔, 에틸벤젠(접착제 등의 원료), 스틸렌(합성수지 원료)의 교실 내 농도를 검사 항목에 포함하는 '학교 환경위생 기준'을 제정했다. 그러나 2002년 4월 이후 새학교증후군을 일으키는 화학물질의 기준을 정해 신축·개축 때 검사를 하는데도 2002년에 초등학교 1개교, 2003년에 초등학교 1개교 및 고등학교 2개교에서 톨루엔의 농도가 기준치를 초과하는 것으로 나타나 사회적 물의를 일으켰다.

나는 도쿄 도(都) 교육청 학교건강추진과의 다하라 나도미 과장을 찾아갔다. 우리나라에서는 아무런 대책도 없는데 일본 교육청은 어떤 대책을 갖고 있는지 알고 싶었기 때문이다.

새학교증후군이 나타났을 때 도쿄 도는 어떤 식으로 대책을 세웁니까?
"새집증후군의 진단 기준으로 전문가들은 세 가지를 규정합니다. 첫번째 건강 이상이 발생한 경우, 두 번째 오염된 실내공간과 관련이 있을 것, 세 번째 실내공간의 오염도가 기준치를 넘어설 것입니다. 이런 기준에 해당되면 먼저 원인이 되는 교실이나 학교에서 학생들을 멀리 떨어지게 하는 것이 가장 중요합니다. 그 뒤 건강 이상이 일어났는지 발병 상황을 확인하여 바로 의료기관에 보내는 대응이 필요하다고 생각합니다.

원인이 되는 교실과 학교의 오염도를 측정하여 농도가 높은 경우에는 강제 환기를 한다든지 발생원을 제거하고 화학물질에 의한 공기 오염을 해소한 다음에 교실을 사용하도록 하고 있습니다. 학생들에 대해서는 그 뒤 건강 조사를 계속하여 장애가 완전히 없어질 때까지 관찰합니다."

이미 일본은 국가적 차원에서 새학교증후군에 대해 신속한 대처 시스템을 갖추고 있었다. 일시적인 현상에 불과할 수도 있지만 언제 어떻게 아이들에게 장기적인 영향을 줄지 현재로선 알 수 없기 때문에 소홀히 할 수 없는 것이다. 나는 내친김에 새학교증후군으로 문제가 되었다가 지금은 안전하다는 도쿄 도 세타가야 이즈미 고등학교를 방문했다. 이 학교는 어떻게 대처했을까. 교장선생님인 오사와 주지 씨는 당시의 상황을 현장을 안내하며 설명해주었다.

"공사가 3월에 끝나서 4월부터 이 실습장을 사용했는데 아이들에게 눈이 따갑고 두통이 생기고 목과 코가 아프고 피로감을 느끼는 증상들이 나타났습니다. 도쿄 도 교육위원회와 연락을 취해서 공사를 한 교실 20곳 모두에 대해 재검사를 부탁했습니다. 그 결과 교실 8곳에서 톨루엔 농도가 기준치보다 높다는 결과가 나왔습니다. 그것이 5월 중순입니다.

그 뒤 학생들의 건강 검진을 했는데 64명, 그러니까 약 12~13퍼센트의 학생이 눈이 따갑고 머리·목·코가 아프며 피로감을 느끼는 증상을 호소했습니다. 그래서 5월 중순에서 6월 하순까지 약 40일간 이 방의 사용을 완전 금지했습니다. 40일이 지난 다음에 실내 농도가 기준치보다 내려간 것을 확인하고 다시 사용했습니다."

구체적으로 어떤 대책을 세웠나요?

"하나는 환풍기 설치입니다. 환풍기를 24시간 계속 돌렸습니다. 다른 교실도 수업 중에 항상 창문을 열어 톨루엔 등 화학물질이 밖으로 나가게 했습니다. 이 방을 포함해서 모든 방에 활성탄, 화학물질 흡착판 등을 갖다 두고 톨루엔 등 화학물질을 흡수하는 작업도 병행했습니다. 일부 방에서는 베이크 아웃을 했는데, 대형 스토브로 방 온도를 40도 이상 올려서 바닥, 벽, 천장에 붙어 있는 화학물질을 한꺼번에 밖으로 내보냈습니다."

세타가야 이즈미 고등학교는 신속한 대처로 아이들의 병이 악화되는 것을 초기에 철저히 차단했다. 이런 대응이 가능했던 것은 학교에서 철저히 공개 행정을 하기 때문이다. 지금은 조와 초등학교도 학교 측의 꾸준한 노력으로 학기 초 측정되었던 것보다 10분의 1 이하로 화학물질 농도를 떨어뜨려 안전기준치 이내를 유지하고 있다.

이렇듯 일본에서는 지금 새학교증후군이 큰 사회문제가 되고 있다. 집에서는 주의한다고 해도 아이들이 유치원이나 초등학교에 가서 나쁜 공기를 마시고 몸이 안 좋아지곤 하기 때문이다. 그러나 학교와 교육위원회, 학부모들의 인식이 바뀌면서 이제는 학교를 보수

하거나 신축할 때 안심할 수 있는 재료를 사용해야 한다는 생각이
상식이 되었다.

　이것은 우리나라에서는 매우 낯선 이야기들이다. 아이들이 학교
에서 돌아와 피곤해하면 당연히 ‘학교 생활 하느라 피곤해서 그러
려니’ 해왔던 게 우리 학부모
들의 공통된 생각이었을 것
이다.

　아이들은 키가 작기 때문에
성인들보다 방바닥에 가깝게
지낸다. 게다가 아기들은 바
닥을 기어 다니면서 놀기 때

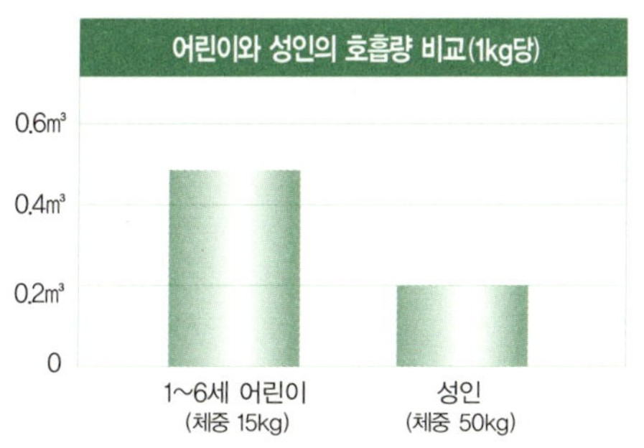

문에 바닥에 있는 각종 화학물질들이 입 안으로 들어갈 수 있다. 아
기들은 호흡이 빠르고 신진대사가 매우 활발하며, 뇌를 비롯해 신체
의 모든 부분이 빠른 속도로 성장한다. 이때 독성 화학물질에 노출
되면 훨씬 더 심각한 결과가 초래되는 것이다.

　우리나라처럼 바닥에 난방을 하는 나라에서는 바닥재와 접착제에
서 나오는 유해물질에 더욱더 조심해야 한다. 새학교증후군으로 문
제가 생긴 일본의 어느 유치원을 방문했더니, 바닥을 코르크로 만든
바닥재로 바꾼 후 새학교증후군이 없어졌다고 원장이 설명해주었
다. 또한 일본에서 요즘 유행하는 건강주택을 구경한 적이 있는데
그곳에서도 화학 처리를 하지 않은 핀란드산 원목과 코르크 바닥재
를 사용하고 있었다. 아이들이 하루 종일 놀고 잠자는 바닥의 중요
성을 우리는 다시 한 번 생각해봐야 한다.

만약 우리가 방심하고 있는 사이 우리 아이들에게 건강상 문제가 생기거나 머리가 나빠지는 일이 생긴다면 그로 인한 국가적인 손실은 실로 엄청날 것이다. 선진국과 후진국의 가장 큰 차이는 아이들에 대한 정책을 추진하는 국가의 태도에서 극명하게 드러난다. 다음 이야기에서 아이들의 문제를 해결하기 위해 발벗고 나서고 있는 미국의 사례를 소개하려고 한다. 뉴욕 주 올버니 시에서 벌어지고 있는 '건강한 학교' 운동이 그것이다.

건강한 학교 연대

미국 뉴욕 주의 올버니 시는 학교환경을 획기적으로 개선하기 위한 다양한 프로젝트를 추진 중이다. 이 프로젝트의 중심에서 일하고 있는 '건강한 학교 연대'(Healthy School Network)의 창시자인 클레어 버넷 여사를 그녀의 사무실에서 만났다.

얼마나 많은 아이들이 환경의 피해를 보고 있습니까?

"10년 전쯤에 평가한 자료를 보면 환경 오염으로 인해 영향을 받은 아이들이 전국적으로 1,500만에서 1,700만 명이었습니다."

지금 말씀하신 수가 너무 많은 것 같은데요.

"그렇습니다. 무척 많은 수죠. 하지만 사실입니다. 저희 단체는 전국적 규모의 환경보건 연구·정보·교육 연합단체로 뉴욕 주뿐 아니라 전국적으로 활발한 활동을 하고 있습니다. 제 경우만 해도 아들 둘을 두었는데 둘째 아들이 학교에서 살충제 피해를 입었습니다. 당시에 저는 뉴욕에서 《타임》지 기자로 일하고 있어서 뉴욕 주의 영향력 있는 사람들을 많이 알고 있었습니다. 그래서 이 문제를 해결하기 쉬울 거라고 생각했지요. 그냥 아는 사람 몇 명에게 전화를 걸기만 하면 내가 어떻게 대처해야 할지를 이야기해줄 것이고 다시는 이런 일이 발생하지 않도록 확실히 조치해줄 거라고만 생각했습니다. 그런데 그때 제가 깨달았던 건 이 일이 그렇게 쉬운 게 아니며, 이런 환경 오염이 연약한 아이들한테 장기적으로, 심지어 영구적으로 영향을 준다는 사실이었습니다.

당시 학교에서는 이런 종류의 피해가 재발하지 않도록 체계적인 대책을 세우지 못하던 시기였습니다. 뉴욕 주뿐 아니라 미국 전 지역 그리고 유럽과 캐나다에서도 이런 문제들이 있었습니다. 저는 수년 전 이탈리아 밀라노 대학에 있는 동료와 함께 일을 하면서 이 문제가 전 유럽의 문제임을 알았습니다. 실내 공기에 대해 그때 배울 수 있었지요."

'건강한 학교' 운동에 대해 소개해주십시오.

"어린이들을 보호하기 위해서 시작했습니다. 아이들은 4~5세 때부터 학교에 다니기 시작해 18세 때까지 모두 의무적으로 학교에 다닙니다. 그래서 우리는 학교환경에 주목하게 되었습니다. 건강한 학교 연대의 정책팀들이 미국 내 수십 주의 법안들과 학교 정책들을 바꾸기 위해 노력하고 있습니다. 학부모들과 전화나 이메일을 통해 학교에서 오염물질에 노출되어 아이들에게 건강문제가 생기지는 않는지 상담도 합니다. 저희 단체에는 아이들과 부모들, 지역사회단체 그리고 전미교육협회, 전미교사연맹, 전미공무원종사자연맹, 수천 개의 학교를 대표하는 교사들과 학자들의 모임이 가입되어 있습니다. 유럽, 홍콩, 멕시코, 캐나다 등에 있는 단체들과도 연계해서 일을 하고 있고요."

학생들이 받는 피해는 어떤 것들입니까?

"미국에는 5,300만 명의 학생이 학교를 다니고 있는데 약 1,700만

명이 다니는 학교 건물들이 매우 낡거나 환경이 열악합니다. 학생들이 위험에 노출되어 있거나 학습에 지장을 받고 있는 상태입니다. 집이나 일반 사무실보다 사람들이 더 밀집해 지내야 하는 학교가 더 심각한 실내 공기 문제를 안고 있습니다. 몇 년 전에 뉴욕 주 양호교사협회와 함께 조사를 한 적이 있는데, 학습장애나 건강상 문제를 갖고 있는 학생들이 학교 건물 안의 오염에 영향을 받고 있었습니다."

어떤 종류의 오염인가요?

"예를 들면 곰팡이, 화학물질, 살충제, 먼지, 수리하고 남은 잔해들, 건설현장에서 나오는 연기 등입니다. 아이들은 이런 오염원에 영향을 받습니다. 하지만 학교를 관리하고 책임을 지고 있는 교장들은 대부분 학부모들에게 그같은 사정을 이야기하지 않습니다."

구체적으로 어떤 종류의 화학물질이 있습니까?

"학교 안에는 여러 종류의 화학물질들이 있습니다. 톨루엔, 에틸렌, 암모니아를 비롯해 청소용제, 살충제 등이 사용되지요. 대부분의 학교에서 어린이 환경보건문제가 갈수록 심각해지고 있습니다. 과거보다 학교에 들어오기 전부터 학습·행동 면에서 문제를 가진 아이들이 많습니다. 이들 중 일부는 환경 오염과 관련이 있는데 학교에도 환경 오염물질이 많아 아이들의 건강에 영향을 줍니다.

예를 들어, 작년 이맘때에 롱아일랜드에 있는 고등학교 화학실험실에서 매우 큰 규모의 심각한 수은 유출이 있었습니다. 하지만 그 학교에서는 학생들을 대피시키지 않았고, 그 사실을 알리지도 않았습니다. 그리고 물론 청소도 제대로 안 했죠. 우리는 뉴욕 주 보건국과 교육부에 이 사실을 보고했습니다. 현재는 사후 처리를 하고 있지만 당시에는 올바른 조치를 취하지 않았습니다.”

과학자들의 연구에 따르면, 공기가 좋은 건물에서 근무하는 사람들이 그렇지 않은 곳에서 근무하는 사람들보다 컴퓨터 자판을 치는 테스트에서 속도와 정확도가 3~7% 정도 높게 나타났다고 한다. 뇌와 폐가 한창 발달 중인 어린이들에게는 신선한 공기와 햇빛이 절대적으로 필요하다. 올버니 시는 1억 8,500만 달러를 지원받아 시내의 모든 학교를 대상으로 개선 작업을 벌이고 있다. 조만간 건물 내에 환기시스템을 갖추고 난방과 냉방시설을 완비하게 될 것이다. 1970년대 에너지 위기시대에 디자인된 밀폐된 건물 내 공기의 질을 높이기 위해 세라믹 타일 등 친환경 건축자재와 카펫, 페인트를 사용하고 살충제 사용을 규제하는 등 환경 측면에서 대대적인 발상의 전환이 이루어지고 있다.

미국이나 일본이 단지 돈이 많아서 이런 일을 할 수 있는 것은 아닐 것이다. 아이들을 보호하는 것이 그들의 미래를 위한 가장 확실한 투자라고 인식하고 있기 때문이다.

이리에 남매의 비극

일본에서 취재하던 중 교실에 들어가지 못하고 운동장에서 수업을 받는 고등학생 남매가 있다는 정보를 입수해 어렵게 섭외를 시작했다. 아이들이 냄새에 민감해서 사람들을 만나면 아플 수 있기 때문에 한 번도 인터뷰를 안 했다는 부모를 설득해서 학교에서만, 그것도 좀 떨어져서 취재하라는 허락을 받았다. 먼저 아이들이 학교에 도착하기 전 학교 교무주임을 찾아가 남매에 관한 이야기를 들었다.

"이리에 남매는 화학물질과민증이 있어서 보통 학생들과 같은 교실에서 수업을 듣기 어려웠습니다. 헤어크림 냄새, 담배 냄새, 합성 세제 냄새 등 모든 냄새를 맡을 수 없어 다른 학생들과 같이 있을 수 없었습니다. 그래서 개별 수업을 여기서 하고 있습니다."

이런 학생이 또 있나요?

"제가 알기로는 화학물질과민증을 가진 학생이 고등학교에 입학한 것은 아마 일본에서 처음일 겁니다. 이 학생들은 학구열이 아주 높지만 초등학교 때부터 학교에 가지 않았습니다. 아이들이 갖고 있는 잠재적인 능력이 꽤 높다는 말을 담당 선생님으로부터 들었습니다. 이해력도 아주 빠르다고 합니다. 하루에 한 과목을 배우는데 30분 정도만 수업을 받습니다. 그러고도 반에서 상위권의 성적을 유지하고 있지요."

다른 학생들의 하교시간이 지난 오후 4시는 이리에 남매의 등교시간이다. 아버지의 자동차를 타고 등교한 이리에 남매와 어머니를 만날 수 있었다. 우리는 사전에 화장을 하거나 샴푸, 향수를 쓰거나 담배를 피우지 않겠다고 약속을 했었다. 그런데 아이들의 어머니는 취재진을 만나자마자 샴푸 냄새가 난다며 동행한 한 명을 지목하였다. 내가 그럴 리 없다고 했

지만 그녀는 분명히 냄새가 난다고 했다. 알아보니 일행 중 한 명이 아침에 깜박 잊고 머리를 샴푸로 잠시 감다가 다시 물로 여러 번 헹구어서 괜찮을 거라 생각했다는 것이다. 그녀의 후각은 놀라웠다.

아이들은 이날 교실 밖 벤치에서 지리시험을 치렀다. 이 아이들에게 대체 무슨 사연이 있는 것일까. 아이들의 어머니 이리에 쇼코 씨가 입을 열었다.

"1994년에 집을 새로 지어 3월 말에 들어갔는데 그때부터 집에 들어가면 눈이 아프고 코를 찌르는 자극적인 냄새가 나서 목도 아팠습니다. 처음엔 새집이어서 그러려니 생각하고 별로 신경 쓰지 않았어요. 아이들 방이 있는 3층이 특히 냄새가 심했어요. 아이들은 눈, 코, 목 등에 자극이 심해 거의 매일같이 코피를 흘렸습니다. 코피 양이 엄청났습니다. 물론 처음엔 원인을 알 수 없었죠.

그러다 7월 초 휴일에 가족들과 쇼핑을 나갔습니다. 그당시 집에 햄스터 열두 마리를 기르고 있었어요. 나가면서 더위로 죽으면 안 될 것 같아 햇볕이 닿지 않는 벽 쪽에 두고 에어컨도 틀어놓고 나갔습니다. 그런데 두 시간 뒤에 돌아와보니 햄스터 열두 마리가 모두 입에 거품을 물고 팔다리는 경직된 채 죽어 있었습니다. 저는 집에서 나는 자극적인 냄새가 햄스터가 죽은 원인이라고 생각했죠. 햄스터는 몸이 작아서 죽었고 아이들은 몸이 크니까 두통, 코피 정도 흘리는 것일 테지만, 이대로 있으면 햄스터처럼 죽을 것 같아 결국 시댁으로 모두 피난을 갔습니다.

그 뒤 1998년에 기타자토병원에서 검진을 받았는데 모두 화학물질과민증이란 진단을 받았습니다. 집 안에서 나는 자극적인 냄새의 원인을 알기 위해 공기 측정을 해보니 포름알데히드가 기준치의 10배(0.8ppm)나 검출되었죠.

화학물질과민증에 걸리면 지금까지는 아무렇지 않게 하던 일도 할 수 없게 됩니다. 자유롭게 밖으로 나가거나 여행하거나 사람들과 만나는 일 등 보통 생활을 할 수 없어 괴롭습니다.

건물 밖에서 수업받는 이리에 남매

저희 부부는 아이들의 건강을 지키는 시민단체에서 활동하고 있습니다. 5개 단체에서 파악한 것만 봐도 실제로 400명의 학생이 화학물질과민증으로 전혀 학교에 가지 못합니다. 이 학교에서 병을 이해해주어 우리 아이들은 다행히 교육을 받을 수 있었습니다. 학교에서 화학물질과민증에 대한 대책을 세우면 다른 건강한 아이들에게도 좋다고 생각합니다."

일본에 화학물질과민증 환자들이 생겼을 당시에는 전문 의사가 없어서 안과, 피부과, 알레르기과에서 진단했는데, 지금은 도쿄의 기타자토병원을 포함해 국립도쿄노동재해병원, 국립사가미하라병원 등에서 화학물질과민증을 전문적으로 진단 및 치료하고 있다. 미국에서 처음 이런 증세가 보고된 것은 1960년대인데, 유기용제를 만드는 곳이라든지 장시간 일하는 산업노동자들에게 많이 나타났다. 1980년대 들어 산업노동자뿐만 아니라 일반인도 저농도에서 장시간 노출되면 고농도에서 노출되었을 때와 똑같은 현상을 보인다는 사실이 밝혀졌다.

기타자토병원은 외부인(특히 언론 관계자)의 출입을 엄격히 통제하고 있다. 이 병원에서 환자들을 진단하는 방법은 챌린지 테스트(Challenge Test)이다. 밀폐된 조그만 방에 환자 모르게 특정한 화학물질을 조금씩 집어넣어 어떤 물질에 반응하는지를 검사하는 것이다. 미국에서는 이런 테스트를 비인간적이라 하여 금지하고 있고, 그 대신 피부 테스트 등 일반 알레르기 검사와 증상을 보고 진단하는 방법을 쓰고 있다. 지금 일본에는 화학물질과민증 단체에 가입한 환자만 약 5,000~6,000명 정도 있는데, 정도의 차이가 있겠지만 수십만 명이 넘는다고 주장하는 사람들도 있다.

나는 화학물질과민증에 관해 일본 최고의 권위자인 이시가와 사토시 박사(기타자토병원 임상환경연구센터 소장)를 만나러 그의 집을 방문했다. 나이 70을 바라보는 이시가와 박사가 유난히 깔끔한 거실로 취재진을 안내했다.

밀폐된 방에서 챌린지 테스트를 받고 있는 화학물질과민증 환자. 이시가와 사토시 박사 제공.

화학물질과민증 환자는 왜 생깁니까?

"세상에는 유해한 화학물질이 많이 있습니다. 이런 화학물질에 대한 반응에는 두 가지 유형이 있습니다. 하나는 한꺼번에 대량으로 노출된 후 시간이 지난 다음에도 화학물질에 반응하는 것입니다. 또 하나는 매일 아주 적은 양의 화학물질과 접촉하여 몸속에

이시가와 사토시 박사

쌓이게 되면 물이 컵에서 넘치듯이 장기간에 걸쳐 반응을 보이는 것입니다. 이런 증세를 화학물질과민증이라고 하지요."

어떻게 진단을 하십니까?

"먼저 안구 운동 검사를 합니다. 병에 걸리면 눈이 풀리고 눈 위치, 움직임, 표정이 바뀌기 때문이지요. 그 다음에는 뇌나 손의 혈액 순환 상태를 조사합니다. 챌린지 테스트로 가장 많이 사용하는 것은 고춧가루 성분인 캅사이신인데, 일반 알레르기성 천식 환자는 거의 반응하지 않지만 화학물질과민증 환자는 기침이 많아집니다.

화학물질이 몸에 들어가면 대뇌에 모입니다. 가장 중요한 것은 어느 물질이 영향을 주었는가 하는 것입니다. 국가기관에서 연구한 결과에 따르면 포름알데히드와 클로르피리포스, 이 두 가지가 가장 주의해야 할 물질이라고 합니다. 이외에도 몇 종류가 있습니다만, 가장 먼저 뇌에 손상을 일으키기는 마찬가지지요."

화학물질과민증의 치료 방법은 있습니까?

"환자를 위험한 물질로부터 멀리 떨어지게 해야 합니다. 저희 집도 공기를 완전히 정화하는데 창문을 열어 공기를 바꾸는 게 첫 번째입니다. 환자가 중증인 경우에도 치료를 잘하면 얼마든지 좋아질 수 있다고 생각합니다."

완치가 가능한가요?

"완치는 어렵습니다. 단 과민 상태가 어느 정도 완화됩니다. 사람은 선천적으로 독극물을 밖으로 내보내는 효소를 갖고 있습니다. 유전적으로 이 효소가 없으면 다른 사람은 아무렇지 않은데 그 사람만 병에 걸립니다. 호전되기 위해서는 원인물질로부터 도망가는 수밖에 없습니다."

뇌에 구체적으로 어떤 영향을 줍니까? 주위 사람이 판단할 수 있나요?

"예를 들어 지금까지 안정적이고 모범적이던 아이가 갑자기 화를 내고 날뛰게 됩니다. 주의가 산만해지고 막 돌아다니는 경우도 있고 피부가 가렵고 기침이나 천식 같은 증상도 나타납니다. 어른도 마찬가지입니다. 포름알데히드의 경우 특정 단백질이 분비되어 면역 반응을 일으킨다고 알려져 있습니다. 그러면 피부염, 아토피 등에 걸리게 되지요. 저희들은 이런 환자를 조사해서 뇌 등 다른 기관에 전혀 이상이 없는 경우엔 새집증후군이 아니라고 규정합니다. 뇌나 신경계에 이상이 있는 경우에만 화학물질과 관련이 있다고 보는 거지요."

아이들의 학습에 영향을 많이 줄 것 같은데요?

"그것이 가장 중요한 문제입니다. 지금 일본에는 소년 범죄가 아주 많고 등교 거부, 자폐증 등은 일본뿐만 아니라 뉴욕에도 많습니다. 아마 한국에도 많을 겁니다. 이런 아이들이 증가한 몇 가지 요인이 있습니다. 하나는 유전적인 것이고 또 하나는 생활환경 그리고 화학물질입니다. 한 가지가 아니라 몇 가지 인자가 얽혀 있는데, 일본 문부과학성에서도 위원회가 만들어져 화학물질로부터 아이들을 보호하고 학교환경을 청결히 하는 운동이 올해부터 시작되었습니다. 저도 위원으로 활동하고 있습니다.

미국에서는 아이들의 약 30퍼센트가 화학물질과 관련이 있는 장애를 갖고 있는 것으로 추정되고 있습니다. 미국의 환경아카데미란 학회에서 열심히 연구하고 있습니다. 장래를 책임질 아이들이 정상적으로 성장하도록 하기 위해서는 깨끗한 공기를 마시게 하고 안전하게 키우는 것이 중요하다는 인식 때문이지요.

아이들이 정신적으로 불안해하고 화를 잘 내며 감정을 컨트롤할 수 없게 되면 범죄가 많이 일어나 무서운 세상이 될 것입니다. 지금 바로 대책을 마련하지 않으면 안 됩니다. 도쿄에 살면 시커먼 배기가스를 마셔야 하고 시골에 살면 농약을 마셔야 합니다. 집에서도 각종 화학물질을 마십니다. 그래서 저는 벽에 화학물질을 흡착하는 자재를 썼습니다."

그는 갑자기 벌떡 일어나 컵의 물을 벽에다 확 뿌렸다. 그러자 금방 물이 벽에 흡수되어 없어졌다. 세타가야 이즈미 고등학교에서 사용한 그 흡착판이었다.

"보시다시피 모두 흡수합니다. 저기 습도계가 있는데 항상 60퍼센트 정도를 유지합니다. 그동안 일본에서는 집을 깨끗하게 하는 재료가 많이 개발되어왔습니다. 이 분야에서는 일본이 세계에서 가장 발달되었지요. 실은 저도 환자입니다. 그래서 저 스스로도 치료하려고 노력하고 있는 중입니다."

놀랍게도 그는 자신도 화학물질과민증 환자라고 고백했다. 그를 만나기가 그토록 어려웠던 이유를 알 것 같았다.

나는 화학물질과민증 환자들을 직접 만나보고 싶었다. 그러나 그들을 만나기란 좀처럼 쉽지 않았다. 그들이 싫어하는 냄새를 맡게 되면 한 2주 정도 앓아누울 수 있기 때문이었다. 그러던 중 고베에 사는 시바타 가오루라는 사람을 어렵사리 알게 되었다. 그녀와의 만남은 나에게는 매우 충격적인 경험이었다.

알루미늄 포일로 감싼 집

'세상에 이런 일이!'라는 말이 저절로 나올 정도로 시바타 가오루 씨의 집은 남달랐다. 태풍이 불던 날이어서 그런지 귀곡 산장처럼 을씨년스러운 한기가 느껴지고 바람소리가 금속 마찰음처럼 획 하며 들리는 거실에 들어섰다. 그런데 맨 먼저 눈에 들어온 것은 문을 떼어낸 그녀의 침실. 순간 놀라지 않을 수 없었다. 침실이 온통 알루미늄 포일로 도배되어 있었던 것이다.

"아니, 방이……?" 말을 이어가기가 어려웠는데, "남편과 같이 쓰는 침실인데 불도 켜지 않고 살아요." 그녀가 차분한 목소리로 설명해주었다.

이어서 안내된 화장실, 다용도실, 심지어 부엌까지 온통 알루미늄 포일로 도배되어 있었다. 거실의 한쪽 벽 앞에 서서 그녀가 설명하기 시작했다.

"여기는 남편의 서재인데 남편은 대학 교수어서 책이 많아요. 책 냄새가 너무 많이 나서 이렇게 알루미늄 포일 막으로 차단했죠. 거실에는 나무 바닥, 가구, 소파가 있었는데 다 없애버렸어요. 유리 같은 것은 괜찮아 남겨두었고요."

그녀의 집 여기저기에 숯이 널려 있었

알루미늄 포일로 도배된 집 안

알루미늄 포일로 도배된 화장실

다. 그녀는 왜 이렇게 살게 된 것일까.

"저는 출판 관련 일을 해서 인쇄물 냄새나 휘발성 용제를 접촉할 기회가 많았어요. 집에서도 표백제나 합성세제를 많이 썼죠. 그리고 학생 때 새집에서 많이 살았어요. 처음엔 새집 냄새를 싫어하지 않았는데 몇 집 다니는 동안 안 좋은 물질이 몸에 쌓인 것 같아요."

그녀는 이제 책방에도 못 들어간다고 했다. 당연히 하던 일도 그만두어야 했다.

신문 냄새도 못 맡는 시바타 가오루 씨

그녀는 책을 읽을 때도 탁자 유리 밑으로 손을 넣어 유리 너머로 책을 잡고 읽는다. 그녀가 주방에서 일하는 모습을 지켜보다가 갑자기 측은한 마음이 들었다. 신문지에 싸여 있는 야채를 꺼내면서도 몹시 힘들어했기 때문이다. 신문지를 쓰레기통에 넣기까지 아예 숨을 멈추었고 냉장고 문을 열 때도 마찬가지였다. 야채를 정리하다 가쁜 숨을 몰아쉬는 그녀에게 물었다.

"괜찮습니까?"

"아, 예. 이제 좀 숨쉴 수 있을 것 같네요."

그녀의 얼굴이 점점 창백해지고 있었다.

"저는 음식도 농약이나 화학비료, 퇴비를 사용하지 않은 유기농 제품만 주문해 먹어요. 그런데 이 포장한 신문지 냄새는 참을 수가 없어요."

옆에 서 있던 남편 시바타 다케오 씨가 안타까운 표정으로 입을 열었다.

"어쨌든 사회적인 인식이 거의 없습니다. 어떤 의사에게 갔더니 아내를 정신 이상자 취급을 한 경우도 있었습니다."

의사도 인정하지 않는 병을 잘 이해해주는 남편이 참 대단한 사람이라는 생각이 들었다.

요즘같이 화학물질로 도배된 세상에서 언제까지 그녀는 도피하며 살 수 있을까. 그러나 무엇보다 다행스러운 것은 친구도 친척도 직장도 모두 그녀의 삶 속에서 멀어져버렸지만, 그녀의 남편만은 곁에서 든든히 지켜주고 있다는 것이었다.

나는 복합화학물질과민증이라는 용어를 만들어낸 이 분야의 권위자 마크 컬른(Mark Cullen) 박사를 찾아갔다. 예일 대학 의대 공공보건학과 교수인 그는 1980년대 초에 특정 증세를 호소하는 일단의 환자들에 주목하기 시작했다. 그

예일 대학의 마크 컬른 교수

들은 각자 개인적인 차이는 있지만 서로 비슷한 증세를 보였다. 그들은 공통적으로 가벼운 화학적 사고를 당했는데 그와 유사한 상황에서 증상이 재발하는 것이었다. 그리고 다른 종류의 화학물질에 노출되어도 같은 증상이 나타났다. 게다가 시간이 지날수록 그 증상은 더욱 심해지고 있었다.

어느 누구도 이런 증세의 정체를 알지 못하고 있었는데, 컬른 교수의 연구팀은 1980년대 중반에 논문을 발표하면서 이 환자들을 '복합 화학물질 과민성을 가진 노동자'(Worker with Multiple Chemical Sensitivity)라는 용어로 불렀다.

통계적으로 여성이 남성에 비해 화학물질에 더 민감하며 특히 30~40대 여성 환자들이 남성이나 어린이 환자보다 많다고 한다. 화학물질과민증은 일반적인 혈액 검사나 폐, 뇌 같은 기관의 검사에서 정상으로 나오기 때문에 처음에 사람들은 심리적인 요인이 아닐까 생각하는데, 한 가지 분명한 것은 이런 증상을 겪은 후 불안과 우울증이 발생하는 빈도가 높아진다는 것이다. 미국에서도 아직 확실한 구체적인 치료 방법을 찾지 못하고 있다.

화학물질과민증의 원인을 알게 되었나요?

"우리가 이해할 수 없었던 것은 왜 같은 건물 안에 있는 사람들 중에 유독 어느 한 사람만 다른 사람들에 비해 더 영향을 받을까 하는 것이었습니다. 우리는 걸프전 등 전쟁에서 이런 일이 생긴다는 걸 알았죠. 걸프전에 참여한 병사 중 5~10퍼센트가 이상 증세를 가지고 돌아왔습니다. 전장에서도 헬리콥터나 탱크에 페인트칠을 하고 청소를 하거나 하면서 수많은 화학물질에 노출될 기회를 갖게 됩니다. 또 우리가 발견한 바로는 화학물질과민증 환자의 3분의 1가량이 집이나 사무실에서 병을 얻었다고 말하고 있습니다."

빌딩증후군과의 차이점은 무엇인가요?

"빌딩증후군의 특징은 빌딩 안에서 발생한다는 것입니다. 특히 하루 종일 사무실에서 시간을 보내는 사람들한테 나타나는데, 사장은 바깥으로 왔다 갔다 하지만 직원들은 거의 하루 종일 실내에서 보냅니다. 이런 사람들 중 다수가 호흡기장애나 눈·코·목 이상을 호소합니다. 그들은 정신적으로 머리가 멍해진다거나 냉철해지지 못한다거나 자신의 일을 제대로 수행하지 못한다고 호소합니다.

하지만 그 빌딩을 떠날 경우 괜찮아집니다. 어떤 사람들은 직장에 도착하고 나서 한 시간 정도 지나면 코가 간질간질하고 눈이 따갑고 실수를 자주 하게 된다고 합니다. 그런데 집에 와서 한 시간 정도 쉬고 나면 기분이 좋아진다는 거죠. 이것이 전형적인 빌딩증후군입니다.

그런데 화학물질과민증은 이 단계에서 더 나아갑니다. 회사에 갔는데 기분이 나쁘고 회사에서 나왔는데도 기분이 여전히 안 좋습니다. 버스 뒤에 지나갈 때도, 쇼핑을 할 때도 기분이 끔찍합니다. 이것이 빌딩증후군과 화학물질과민증의 분명한 차이점이라 할 수 있지요.

예를 들어 빌딩 사무실 안에서 100명 정도가 이상 증세를 보였다고 합시다. 그런데 좋은 사장을 만나 엔지니어도 새로 고용하고 돈을 많이 들여서 환기시설도 보완했다고 합시다. 100명 중에 98명은 '오! 기분 정말 좋아졌다!' 며 다시 호전될 수 있지만, 나머지 두 명은 여전히 '저는 기분 안 좋아요. 더 나빠진 것 같아요. 새로운 환풍기에서 새 물건에서 나는 냄새가 나요' 라고 말할 수 있다는 겁니다. 이 두 번째의 경우가 바로 화학물질과민증입니다. 일반적으로 발견하기가 쉽지 않지요."

빌딩증후군이 화학물질과민증으로 전이된다는 말씀이시군요.

"어제 병원에서 한 환자를 봤는데, 그녀는 주방 디자인을 하는 직장에서 일을 하고 있었죠. 청사진 기계를 사용하는데 몇 주 전에 그 기계가 오작동을 해서 매우 이상한 냄새가 났다고 합니다. 기계를 치우고 또 문을 열어놓고 해서 이제 사무실은 괜찮아졌지요. 그런데 그후 3주가 지나자 슬슬 특정 화학제품이나 집에서 사용하는 세제 같은 것이 그녀를 괴롭히기 시작했습니다. 그전엔 그런 증세가 없었죠. 얼마 전에는 레스토랑에 갔는데 그곳에 있는 누군가가 뿌린 향수 냄새를 맡자 머리가 어지럽기까지 했다고 합니다. 그렇게 시작되는 겁니다.

왜 다른 사무실 사람들은 멀쩡한데 그녀만 그러냐고요? 그건 저도 모릅니다. 그리고 어떻게 그 증상을 멈출 수 있는지도 모릅니다. 하지만 그녀가 빌딩증후군에서 화학물질과민증으로 전이된 것만은 확실합니다."

한국에서는 이런 것에 대해 잘 모르고 있습니다. 모르니까 냄새에 민감한 사람들의 말을 귀담아 듣지 않았습니다. 혹시 이 프로그램이 방송되고 난 다음에 그동안 잘 지내던 사람들도 '아, 내가 바로 이런 환자구나' 할까 봐 걱정되는 부분도 있습니다.

"제 이론을 반대했던 사람들은 제가 이 병을 만들어냈다며 절 비난했습니다. 제가 복합화학물질과민증이라는 말을 만들지 않았더라면 그런 환자는 없었을 거라면서 말입니다, 하하하. 그건 참으로 우스운 말입니다. 우리는 이 질병을 만들어내지 않았습니다. 그리고 한국의 정상적인 교육을 받은 사람들 역시 우리가 이 질병을 만들어내지 않았다는 것을 알 겁니다.

당신의 프로그램이 방영되면 많은 사람들이 볼 겁니다. 그런 다음에 분명 많은 환자들이 '저건 내 이야기야!' 라고 말할 겁니다. 그 다음날로 의사한테 찾아가 '이건 완전히 내 증상하고 똑같습니다. 어떻게 치료하면 좋겠습니까?' 하고 묻는 사람들이 생겨나겠죠.

그리고 동시에 이 프로그램을 본 의사들도 많이 있을 겁니다. 그들은 '오 세상에! 내가 그동안 전혀 이해할 수 없었던 그 이상한 환자들이 아마 저것 때문일 수도 있겠구나!' 라고 생각하게 될 겁니다. 한꺼번에 모든 것이 이해가 되면서 말이죠.

사람들은 이제 화학물질이 병을 유발할 수도 있다는 사실을 인지하기 시작했습니다. 전에는 생각도 못 했지만 저 여자가 뿌린 향수 때문에, 어제 뿌린 청소약품 때문에 내 몸이 이렇게 좋지 않구나 하고 인식하기 시작했습니다. 이것이 중요한 진실입니다. 당신이 이 프로그램을 방영할 경우 집 안에서 이유를 알 수 없이 몸이 안 좋던 사람들이 '이제 알았다. 화학물질 때문이었군' 하고 생각할 수 있습니다. 하지만 중요한 것은 이제 내가 이런 것들을 피한다면 내 기분이 나아질 수 있다는 사실을 알게 되었다는 겁니다. 확실히 건설적인 일이지요."

그렇다면 환자들은 어떤 태도를 가지고 살아야 합니까?

"환자들한테 종종 겪는 일인데, 그들은 어떤 화학물질 냄새를 맡고 몸과 마음이 너무 안 좋아지니까 '나는 분명 죽어가는 거야.' 라고 생각하기도 합니다. 사실 그런 걸로 죽지는 않습니다. 계속 반복해서 증상이 나타나고 또 나타날 뿐이죠. 저는 환자들이 자기 삶을 조절해나갈 수 있도록 도와줍니다. 많은 환자들이 이렇게 말합니다. '병이 다 낫기만 하면 다시 일상으로 돌아가야지. 직장도 다니고, 데이트도 하고, 이것도 하고 저것도 하고…….' 그런 분들에게 분명히 상기시켜줘야 합니다. 완치라는 건 없다고. 완전히 싹 낫는 날은 오지 않을 거라고. 그러니까 계속 관리해나가야 하는 겁니다.

우리는 이들이 좀더 편안해질 수 있도록 직장과 가정 환경을 조절해주어야 합니다. 하지만 제 개인적인 생각으로는 그들이 어느 정도의 불편은 감수해야만 한다고 봅니다. 친구들을 만나기 위해서 외출을 하려면, 종종 배기가스나 향수 냄새에 노출되어야만 합니다. 자신들이 유난히 민감하다고 해서 온 세상이 온갖 화학 성분의 사용을 중단해주기를 기대할 수는 없지 않습니까. 그러니까 친구들에게 솔직하게 '다른 사람들은 그 향수 냄새를 좋아할지 몰라도, 우리 집에는 향수 뿌리고 오지 마. 나 힘들어' 라고 말하는 법을 배워야 합니다. 우린 환자들이 그런 물질에 노출되지 않는 일자리를 잡도록 도와주는 일도 합니다.

다시 말씀드리지만 확정적인 치료법이라는 것은 없습니다. 완치도 없고요. 적어도 아직까지는……."

병이란 인과관계가 성립되어야 한다고 하지만, 세상에는 우리가 인과관계를 알아내기 훨씬 오래 전부터 증세가 있었던 질병들이 무수히 많다. 사실 아직까지도 원인이 규명되지 않은 질병이 많다. 가령 미국에서는 해마다 1,000억 달러 정도가 정신질환 치료비로 지출되는데 아직도 왜 사람들이 우울증에 걸리는지 알아내지 못하고 있다. 왜냐하면 이런 질병의 원인은 불분명한 생물학적 측면이 매우 다양하게 얽히고 설켜 있기 때문이다. 확실한 건 어떤 증세가 있어서 우울증이라는 병명이 붙게 되었다는 사실이다. 화학물질과민증이라는 병도 그런 범주에 속한다고 할 수 있다.

최근 미국에서는 화학물질과민증을 만성피로증후군처럼 분명한 증세가 있는 현대병으로 인정하는 분위기가 무르익고 있다. 이 병은 화학물질 생산업에 종사하는 사람들이 많이 걸리는 병도 아니고 건설업이나 농업 분야에서 일하는 사람이 많이 걸린다는 증거도 없다. 화학물질과민증은 화학물질에 노출되는 빈도가 높아야 생기는 것이 아니라, 오히려 화학물질을 접촉한 경험이 별로 없거나 많지 않은 사람들 중에 평소 민감한 사람들이 걸리는 경우가 많다.

화학물질과민증 환자들은 냄새제거제, 방향제 스프레이, 향수, 애프터셰이브 로션, 담배연기, 샴푸, 매니큐어, 헤어스프레이, 세탁세제, 방충제, 마룻바닥 청소제, 욕실 청소제, 자동차 배기가스, 시너, 화장품 등 우리가 일상생활에서 사용하는 많은 화학제품들에 예민한 반응을 보인다.

나는 컬른 교수에게 고베에서 만난 시바타 가오루 씨가 걱정이 되어 물어보았다.

"아뇨, 그렇지 않을 거라고 봅니다. 어떤 사람들은 극단적인 방법으로 화학물질을 피하려고 합니다. 화학 성분이 널렸으니 슈퍼마켓에도 안 가고 거리에도 안 나가고 어떤 사람들은 사막으로 떠나기도 합니다. 제 환자 중 한 사람은 주민이 딱 여섯 명인 멕시코의 작은 마을로 떠났습니다. 하지만 너무너무 생활이 지루해졌고 나아진 것도 하나 없었죠.

그러니까 알루미늄 포일이라는 아이디어도 하나의 방어막에 불과합니다. 거리에서 다니면서 호흡기를 사용하는 것처럼 별로 건설적인 건 아니라고 봐요. 알루미늄 포일 속에 숨어 사는 게 무슨 의미가 있습니까? 그건 남은 음식물을 싸는 데 쓰는 물건이지 인생을 싸두라는 물건이 아니잖습니까. 진심으로 하는 말입니다. 저는 환자들에게 절대로 극단적 도피를 권고하지 않습니다."

화학물질과민증 환자들은 어쩌면 인간 카나리아인지도 모른다. 탄광에서는 위험한 가스가 나오는지 시험하기 위해 카나리아를 새장에 넣어 가지고 들어간다. 카나리아가 갑자기 이상한 행동을 보이면 공기에 문제가 생겼다는 증거이므로 사람들이 이를 신호로 대피하게 된다. 주변에 인간 카나리아들이 울고 있는 소리들이 들리도록 우리의 마음과 귀를 열어놓을 필요가 있지 않을까. 그들이 정신적 원인으로 예민해졌든지 혹은 육체적 질병으로 괴로워하든지 우리는 그들의 고통에 귀 기울여야 한다. 나는 이런 사람들의 아픔을 함께 나누는 곳을 찾아갔다.

향수 냄새에 분노하는 사람들

일본 요코하마에 있는 화학물질과민증 지원센터(CS지원센터). 상담원이 전화통화 중이었다. 상대는 이와테 현에 살고 있는 어느 주부였다. 그녀의 흐느끼는 소리가 스피커폰으로 흘러나오고 있었다.

"저희 남편이 이해해주지 않아요. 일요일에 남편이 이발소에 다녀왔는데 헤어 제품 냄새가 너무 심해 머리를 감으라고 하니까 화를 내면서 이 정도 가지고 그런다며 집을 나가버렸어요. 돌아와서는 따로 살자고 했습니다. 그래서 제가 이 아파트는 저에게 맞는 곳이니까 남편보고 시댁으로 가라고 했어요. 시댁에서 알게 되어 문제가 커졌죠. 어떻게 해야 할지……."

상담원 : 남편이 보이는 반응은 아주 자연스러운 것입니다.

주부 : 그렇지만…….

상담원 : 남편의 행동에 불만을 갖지 말고 이해해줄 때까지 기다리는 마음으로 대처해야 합니다. 저희가 자료를 보내드릴 테니 이해해줄 때까지 매일 조금씩 이야기해보세요.

주부 : 사실 아이 두 명도 저와 증세가 비슷해요. 그런데 남편은 자꾸 신경질을 냅니다.

상담원 : 화학물질과민증에 걸린 원인이 어디에 있습니까?

주부 : 전에 살던 아파트에 뿌렸던 다다미 농약 때문이 아닌가 생각해요. 3년 동안 그곳에서 살다가 몸이 안 좋아져 지은 지 7년 된 이 아파트로 이사 왔어요. 전에는 냄새 때문에 자주 토했는데 아파

트를 바꾸고 나서는 토하지 않아 이사 오길 잘했다고 생각합니다.

상담원 : 지금은 정말 힘들겠지만 원인물질과 멀리 떨어져 있기 때문에 조금씩 좋아질 겁니다. 울고 싶을 때는 우세요.

상담원도 눈물을 훔쳤다.

주부 : 고마워요. 흑흑…….

전화를 끊고도 상담원인 무라카미 에리코 씨는 계속 울고 있었다. 나는 그녀가 상담하면서 울었던 이유가 궁금했다.

왜 울었어요?

"제가 아무것도 해줄 수가 없어서요. 냉정하게 대응하려고 하는데도 이런 전화를 받으면 그냥 눈물이 나요."

혹시…… 본인도 그런 경험이 있습니까?

"네. 접착제로 나무를 붙이는 공법이 처음 나왔을 때 바닥, 천장, 벽을 고쳐서 살았어요. 게다가 흰개미 살충제를 뿌려댔지요. 그 탓에 화학물질과민증이 생겼지만 지금은 많이 좋아져서 건강해요."

옆에서 지켜보고 있던 아지로 사무국장이 거들었다.

"센터가 만들어진 것은 2002년 5월이고 지금은 홋카이도 아사히가와에 화학물질과민증 환자 치료용 주택도 있습니다. 저희는 화학물질이 없는 요양주택 건설과 운영, 환자 상담, 간호, 인쇄물 출판과 인터넷을 통한 정보 제공, 세미나, 심포지엄도 하고 있습니다. 의학적으로도 그런 곳에서 화학물질을 접촉하지 않고 요양하면 어느 정도 몸이 회복되어, 원래 살고 있는 좀 더러운 곳으로 돌아와도 그것에 대한 저항력이 생긴다고 합니다.

최근에 건축된 집들은 많은 화학물질을 사용하고 있고 농촌에 가면 농약을 뿌리고 쓰레기를 자기 집 마당이나 밭에서 태우기 때문에 환자들은 그런 것에도 견디지 못합니다. 그래서 전용시설을 만들 필요가 있습니다. 저희의 경우 기타자토병원의 이시가와 선생님, 실내 화학물질 농도를 측정하는 공학과 선생님, 자치단체, 토지를 제공한 분, 후유소겐이라는 건축회사 등이 협조를 해서 요양주택을 만들었지요."

주로 어떤 상담이 많은가요?

"자기 증상이 화학물질과민증인지, 어느 병원에 가면 되는지 등에 관한 기본적인 질문이 많습니다. 그리고 자기가 쓸 수 있는 생활용품, 먹을 수 있는 식품이 무엇인지 알려달라고 합니다. 이 병에 걸리면 지금까지 쓰던 것을 쓸 수 없게 되고 입던 옷을 입을 수 없게 되고 좋아하던 음식이 갑자기 싫어지게 되니까요. 또 가족들이 이해해 주지 않고 이웃 사람들과 문제가 생기는 등 사회생활의 불편함을 호소합니다. 이웃 사람이 정원에 꽃을 키우며 살충제를 많이 뿌리는데 도저히 참을 수가 없어 뿌리지 말거나 좀더 안전한 것으로 바꾸어달라고 부탁할 때 갈등이 생기곤 합니다. 살충제를 뿌리는 일이 법으로 금지된 것은 아니니까요.

그리고 이혼당하는 여자 환자들도 많습니다. 가족들조차 이해해주지 않으니 학교나 회사의 동료들이 이해하지 못하는 경우가 얼마나 많겠습니까?"

지원센터에 호소하는 사람들의 공통된 증세는 화를 잘 내는 것에 서부터 집중력·기억력·사고력이 떨어지는 경우, 엄마에게 소리를 지르거나 히스테리컬한 증상을 보이는 경우, 심지어 우울증과 자살 충동이 심해지는 경우도 있다. 여자들뿐 아니라 건장한 체격의 운동선수 같은 남자들도 상담을 한다고 한다.

"작년 봄까지 아무렇지 않다가 올봄부터 갑자기 꽃가루 알레르기가 생기는 일이 있는데, 화학물질과민증도 거의 같은 식으로 어느 날 갑자기 생깁니다. 모든 조건이 성숙해 개인의 한계를 넘는 화학물질이 몸에 누적되면 병이 발생하는 겁니다."

화학물질과민증은 화학문명이 발달한 나라, 즉 화학물질을 오랫동안 일상적으로 사용해온 선진국에서부터 시작된 질병이다. 그중 대표적인 나라는 당연히 미국이다. 나는 미국의 화학물질과민증 환자들이 주로 요양 장소로 이용하는 공기 좋은 휴양지 플로리다로 향했다. 때마침 불어온 허리케인 때문에 휴스턴을 거쳐 반나절을 더 비행기 안에서 보내야 했다.

그곳에 있는 로빈스(Robins) 환경병원은 화학물질과민증 환자들을 주로 다루는 특수 클리닉이다. 나는 일선 병원에서 어떻게 환자들을 치료하는지 알고 싶었다. 그래서 사전에 병원 원장인 앨버트 로빈스 박사에게 환자 몇 사람을 만나게 해달라고 부탁을 했었다.

병원에 도착하자, 푸근한 이웃집 아저씨 같은 인상의 로빈스 박사가 일행을 반갑게 맞아주었다.

"이렇게 와주셔서 감사합니다. 우리는 지금 화학물질이 어떻게 우리 몸에 영향을 미치는지를 알려야 할 필요가 있습니다. 왜냐하면 많은 의사들이 이 문제를 아직 모르고 있기 때문입니다. 이 병의 임상적 특성과 화학물질에 노출되는 것이 어떻게 개개인의 삶에 영향을 주는지에 대해 말입니다. 이렇게 와주셔서 다시 한 번 감사드립니다."

일요일인데도 일부러 병원에 나온 그가 오히려 고맙다는 말을 했다.

왜 이런 병원을 세웠습니까?

"제가 이 치료센터를 세운 것은 1980년대 초입니다. 저는 전미환경의학아카데미에 소속되어 있습니다. 1950년대부터 이 문제에 대해 인지하기 시작한 의사들의 모임이지요. 사실 이 문제는 전통적인 의학에서는 알려져 있지 않던 내용입니다. 환자들은 이 의사 저 의사에게 돌아다녀보지만 절대로 나아지지 않습니다. 우리는 이 질병을 어떻게 진단하고 치료해야 하는지 그 방법을 알고 있습니다. 화학물질과민증을 우리는 '가면 쓴 질병'(Masked Illness)이라고 말합니다. 다른 질병으로 가장한 병이라는 뜻이지요."

잠시 후 그의 환자들이 하나 둘 나타나기 시작했다. 그중에 나이가 좀 들어 보이는 도나 셀리티 씨(51세)와 얘기를 나누었다.

요즘 어떻게 지내시나요?

"저희 집 문에 사람들이 들어오지 않도록 사인을 붙여놓았습니다. '향수나 콜론 그리고 헤어스프레이를 사용한 사람은 들어오지 못한다'고요. 창문에도 저희 집 있는 쪽으로 살충제를 뿌리지 말라고 경고문을 써 붙였지요. 저는 페인트 냄새는 물론 강한 향기도 맡지 못합니다. 이것들은 제 신경계에 영향을 미치고 저를 매우 아프게 만들거든요."

현재 그런 상태에서 어떻게 일을 하고 계시나요?

"교사였는데 직장을 떠났습니다. 이제 저는 영구적인 장애인이 됐습니다. 1년 동안 쉬었다가 다시 일터로 돌아가고 싶었지만 1년을 쉬어도 여전히 상태가 나아지지 않았어요. 다른 교실로 옮겼는데 그러자 더 아팠습니다. 그래서 1995년부터 일을 그만두었죠."

결혼하셨나요?

"아뇨. 하지만 가까운 곳에 가족들이 살아요. 가족들은 제 사정에 대해 잘 알고 잘 협조해줘요. 그들도 저처럼 이 병에 대해 교육을 받았거든요. 저는 집 밖 어디를 가더라도 몸이 좋지 않아요. 가게에 가거나 처방약을 받으러 가도 그곳에서 향수나 살충제 같은 냄새를 맡기만 하면 몸이 안 좋아져요. 하지만 그것을 어느 정도 조절할 수 있도록 약을 먹고 있죠."

갑자기 서러움이 밀려왔는지 그녀가 울먹이면서 말했다.

"아주 끔찍한 일이에요. 하지만 여기에 적응하는 법을 배워야 해요. 로빈스 박사께서 우리에게 많은 도움을 주세요. 저는 로빈스 박사께 오기 전에 두 명의 알레르기 전문의를 찾아갔었어요. 그런데 화학물질 알레르기에 대해 전혀 모르더라고요. 어지럽고 몸이 붓고 관절이 아프고 염증이 생기고…… 그런데 로빈스 박사를 만나고 나자 무엇이 제게 영향을 주었는지 알게 되었죠. 운 좋게도 저는 이제 혼자가 아니랍니다."

그녀가 눈물을 훔치면서 밝게 웃었다.

어떤 화학물질에 노출되었는지 기억하십니까?

"지은 지 2년밖에 안 된 새 학교로 전근을 갔는데 카펫에 뿌린 살충제며 포름알데히드 냄새 때문에 무척 심하게 앓았어요. 어지럽고 속이 안 좋고 그래서 집에 가서 침대에 누웠는데 일어날 수가 없었어요. 제가 직장을 그만두기 1년 전에 일어난 일이죠."

지금 현재는 아무 문제가 없으신가요?

"지금은 코가 좀 막혀요. 어제는 제 여동생 집에 갔었어요. 여동생 집은 새집이라서 페인트칠도 새로 한 상태였죠. 저는 그곳에서 몇 시간 동안 앉아 있었는데 코가 막히고 약간 천식기가 느껴졌어요. 그런 증세가 나타나면 갖고 다니는 칼슘, 칼륨, 마그네슘 등에 약간의 녹차를 물에 타서 마시는데, 제가 반응을 일으키지 않도록 도움을 주죠. 저는 활성탄 마스크도 가지고 다닙니다. 밖에서 뭔가 뿌리거나 주차장 같은 곳에서 냄새가 심하게 날 경우 이 마스크를 써요. 집에 갈 때까지 말이죠."

금발의 중년 여인인 이안 모어랜드 씨. 그녀는 취재진 앞에서 약간 손을 떨었다.

"여러분 중에 누군가 세제로 세탁한 옷을 입고 있네요. 심하지 않지만 약간 냄새가 납니다."

우리는 정중하게 사과를 했다.

"머리도 물로 감고 신경 쓴다고 썼는데 옷까지는 미처 주의하지 못했습니다."

"아니, 괜찮아요. 심하지는 않으니까요."

당신은 과거에 어떤 사람이었나요?

"예전에 저는 아주 활동적인 사람이었어요. 제약회사에서 판매를 담당했는데 여행을 많이 했죠. 유럽에도 가고 스쿠버다이빙, 수영도 하고 겨울엔 스키도 탔습니다. 성가대에서는 키보드와 피아노를 치고 교회 그룹 활동도 했었죠. 그런데 지금은 인간으로서 아무런 가치도 없다고 느껴져요."

그녀가 쓸쓸한 표정으로 말했다.

"제 인생은 거부하고 도망치는 삶이 되었답니다. 항상 집에 있다가 가끔 해변에 가는 정도가 제 인생의 전부입니다. 교회에도 향수 냄새가 너무 심해 못 갑니다. 전 아무것도 할 수 없어서 모든 걸 포기하고 말았습니다."

겉으로 보기에는 날씬하고 아름다운 그녀가 속으로는 절망 속에서 신음하고 있었다. 다행히 그녀는 헌신적인 남편 덕분에 화목한 가정을 꾸려가고 있었다.

로빈스 환경병원의 경고문

로빈스 박사는 나를 병원 밖으로 안내했다. 병원 유리문의 경고문을 보여주기 위해서였다. 현관문에 붙어 있는 빨간 경고 표지판이 눈에 들어왔다.

정지! 지금 입고 있는 옷이나 피부에 향수, 애프터셰이브, 로션, 헤어스프레이, 섬유유연제 등 방향 성분이 묻어 있다면 들어오지 마시오!

"화학적으로 민감한 환자들 대부분은 향수, 살충제, 방향제 냄새나 담배 냄새가 나는 건물 안에 들어오지 못합니다. 우리는 누구에게나 몸에 향수, 애프터세이브, 로션, 헤어스프레이, 섬유유연제를 썼을 경우 들어오지 말라고 합니다. 왜냐하면 치료받고 있는 환자들에게 건강상의 문제를 일으키기 때문입니다. 매우 불편하지만 화학물질에 민감한 환자들을 위해선 어쩔 수 없습니다. 우리 병원은 '냄새 없는 사무실'이라고 공표하고 있습니다. 그 덕분에 화학물질 과민증 환자들을 치료하는 데 명성을 얻게 되었지요.

1998년에 미국 보건부 산하의 '독성물질질병등록위원회'(ATSDR)라는 곳에서 『의사와 전문가들을 위한 복합화학물질과민증에 대한 연구』(Report on Multiple Chemical Sensitivity for Doctors and Professionals)라는 책을 펴냈는데, 이 장애에 대해 진단을 내릴 때 어떤 식으로 조언을 해줄 수 있는지에 대해 알려주고 있습니다. 왜냐하면 많은 의사들이 잘 모르고 있기 때문입니다. 최근까지도 의과대학 커리큘럼에 소개된 적이 없습니다. 사실 가장 큰 문제는 많은 곳에서 복합화학물질과민증이라는 진단조차 내릴 수 없다는 겁니다. 하지만 직업병 의사들은 그것을 인지하고 있지요."

혹시 집중력장애도 관계가 있나요?

"집중력장애 환자들도 본 적이 있습니다. 가족들은 별 생각 없이 화학물질들을 집 안으로 갖고 들어오는데 그로 인해 자기 가족 중 한 사람이 병을 앓게 된다고는 전혀 생각을 못 합니다. 그런데 우리가 그 물질들을 제거하자 집중력장애 환자들의 증상이 줄어들었습니다. 이것을 쉽게 말하면 폐가 천식에 걸리는 것이 아니라 뇌가 천식에 걸린다고나 할까요. 어떤 화학물질을 접할 경우 사고능력과 집중력에 영향을 주어 이상한 행동을 하게 만듭니다. 이럴 때에는 그 원인물질들로부터 떨어져야만 합니다.

한 가지 흥미로운 사실은 화학물질과민증 환자들은 염증이 많이 생기고 이곳저곳 아픈 경우가 많다는 겁니다. 의사들은 다발성섬유종이나 관절염이라는 진단을 내리지만, 어떤 경우엔 화학물질들을 없애면 고통이 바로 사라지기도 합니다. 어떤 소방관 출신 환자는 연소되는 플라스틱 연기에 노출된 후 병이 생겼습니다. 몇 달 동안 너무 몸이 아파서 이 의사 저 의사를 찾아다녀봤지만 효과가 없었지요. 갈수록 증상은 더욱 심해졌습니다. 그는 자신이 어떤 상태로 변해가고 있는지를 몰랐습니다."

가장 효과적인 치료는 무엇입니까?

"저는 화학물질과민증 환자들에게 가장 중요한 것은 깨끗한 공기를 쐬는 것이라고 생각합니다. 이곳 플로리다는 동부 해안 중에서도 가장 공기가 맑은 지역입니다. 신선한 바닷바람은 증상을 완화시켜줍니다. 무향 제품을 사용하도록 하고 하루에 두세 시간씩 해변에 나가 있으라고 했더니 일주일 만에 90퍼센트가량이 더 좋아졌습니다. 바로 이것이 우리가 개개인을 진단하고 치료하는 방법입니다. 때로는 알레르기 주사를 놓거나 면역 치료를 하기도 합니다. 하지만 대부분의 환자들은 이 질병으로부터 완치가 불가능합니다."

내가 만나는 의사마다 완치는 불가능하다고 이구동성으로 말하고 있었다.

"일상적인 운동과 사우나와 같은 해독 프로그램을 통해 화학물질들을 빼내도록 노력해야 합니다. 또 비타민 같은 영양소도 간이나 지방에 축적된 화학물질을 밖으로 빼내는 데 도움을 줍니다. 그러면 증상이 훨씬 완화되고 기분도 좋아지게 되죠. 인쇄공으로 일하는 환자가 있었는데 해독 치료를 하자 몸에서 보라색과 파란색 물감이 빠져 나오더군요. 그가 작업에서 사용하는 것이었는데 땀으로 배출되었지요. 참 흥미롭죠? 직접 보지 않고서는 믿지 않으실 겁니다."

오늘 만난 분들은 상태가 심각한 분들인가요?

"오늘 인터뷰했던 여성들은 유감스러운 말이지만, 심각하게 손상된 사례입니다. 이분들은 일도 할 수가 없어요. 물론 모두가 그런 것은 아닙니다. 하지만 화학물질과민증은 넓은 스펙트럼으로 이뤄집니다. 화학물질로 유발된 질병들 역시 마찬가지고요. 모든 사람이 똑같을 수가 없으니 모든 사람이 똑같이 치료받을 수도 없습니다. 약물 치료를 할 수도 있고, 특정 영양분이나 비타민과 같이 면역체계를 활성화하여 과민성을 줄이는 데 도움이 되는 자연 성분들을 이용할 수도 있지요.

다시 한 번 말씀드리지만 이 점은 꼭 명심하셔야 합니다. 화학물질은 체내의 어떤 기관에도 영향을 끼칠 수 있지만 특정 증상이 특정 기관의 병리와 직결되는 그런 식의 질병이 아니라는 겁니다. 우리 환자 중에는 옷가게에서 포름알데히드에 노출되었던 경우가 있어요. 어떤 옷 종류는 부패 방지를 위해서 포름알데히드 성분을 포함하고 있거든요. 그런 성분에 계속 노출되다 보면 심장질환 증상이 나타날 수 있어요. 두통이 나타날 수도 있고 피부 발진이 나타날 수도 있고 호흡 곤란을 겪을 수도 있죠. 어떤 사람들은 평생 만성적인 두통에 시달리며 살면서도 정작 그 이유가 머리에 사용하는 무스나 샴푸 때문일 거라고는 생각 못합니다. 위장 문제와 소화장애를 가진 사람들이 있다고 하면, 화학 성분이 포함된 음식을 먹어서 반응하는 것일 수도 있습니다.

그러니까 제가 전하고 싶은 주된 메시지는 먹고 마시고 숨쉬며 생활하는 환경 속에 여러분의 만성적인 질병을 유발하는 요인이 숨어 있을 수 있으니 주의하라는 겁니다. 이런 것들을 피하면서 신선하고 좋은 환경을 모색함으로써 증상을 완화시키고 약물의 필요를 줄여갈 수 있을 겁니다.

요즘은 약물 만능시대여서 사람들이 약물을 쉽게 처방받을 수 있습니다. 하지만 만성피로, 신경질, 사고 곤란, 기억장애, 집중 곤란, 주의 산만 등 신경계 증상을 호소하는 사람들 중 상당수는 화학물질 과민증일 가능성이 있습니다. 만약 우리가 이 사람들에게 증상을 유발하는 화학물질에 대해 일깨워줄 수 있다면, 위험한 약물을 사용하지 않고도 이들을 도와줄 수 있을 겁니다."

이 병원의 화학물질 해독 프로그램(Chemicals Detoxification Program)은 살충제에 많이 노출된 사람들의 체내 살충제 성분을 낮추기 위해 미국 정부에 의해 개발된 것인데, 그 내용은 의외로 간단하다. 혈액 검사를 해서 혈중 살충제 성분 함량이 높게 나온 사람에게 살충제를 비롯한 화학물질들이 지방조직에 잔류하는 수준을 낮춰주는 것이다.

환자는 해독 작용을 하는 비타민, 미네랄 등을 먹고 러닝머신이나 자전거 운동, 계단 밟기 운동 등을 하며 땀을 흘리고 물을 마시는 것을 반복하다가 사우나로 들어간다. 가운을 입고 섭씨 60~70도 정도 되는 사우나탕에 앉아 완전히 땀에 흠뻑 젖을 때까지 약 30~90분간 사우나를 한다. 또한 증세를 경감시키는 효과가 있는 글루타티온 주사를 맞는다. 아미노산의 일종인 글루타티온은 가장 안전하고 자연적인 해독제로서, 신경계를 전체적으로 안정시키고 화학물질에 대한 민감성도 다소 줄여주기 때문에 정맥 주사로 사용되고 있다.

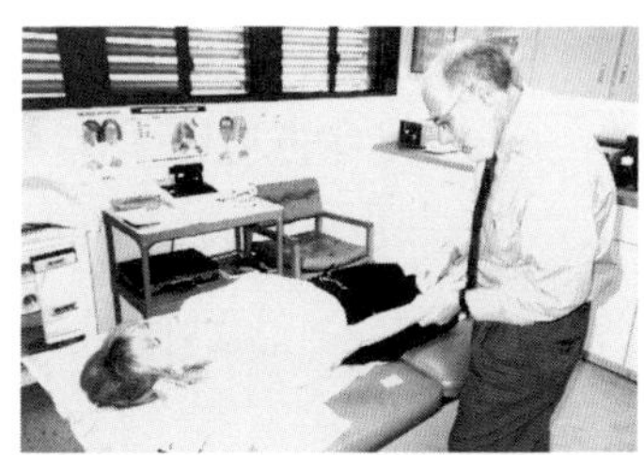

화학물질과민증 환자를 치료하고 있는 로빈스 박사

　그런데 갑자기 로빈스 박사가 놀라운 고백을 하기 시작했다.

　"사실 이 일을 하는 의사들은 대개 자기 자신이 화학물질에 민감한 환자입니다. 그건 제 비밀 중의 하나죠. 어쩌다 제가 이 분야로 들어오게 됐는지…… 저 역시 화학물질에 알레르기를 보이게 되었고, 그러다 화학물질과의 접촉을 피하면 증세가 좀 나아진다는 사실을 알게 됐습니다. 그래서 저 자신을 통해 발견한 사실을 제게 찾아오기 시작한 많은 사람들에게도 적용했지요. 플로리다 지역의 의사 두세 명도 제가 알기로는 사무실을 무향기 지역으로 만들어 일반 환자를 받지 않아요. 자기 자신부터가 화학물질에 민감한 사람들이니까요. 중요한 것은 이런 문제가 실제로 일어나고 있다는 겁니다."

　인터뷰를 끝낸 후 창밖의 플로리다 경치가 좋다고 말하자 로빈스 박사가 갑자기 불만을 토로했다.

　"플로리다에서 살아가는 데 가장 어렵고 곤란한 점이 뭔가 하면,

사람들이 집 앞 잔디밭에 약을 뿌립니다. 강력한 살충제를 잔디밭에 뿌려대는 집 옆에 살게 되면, 바람이 세게 부는 날에는 에어컨을 통해서 그게 날아들어 오거든요. 화학물질에 민감한 사람들은 개별적으로 의사의 협조 편지를 받아서 옆집에 살충제 살포를 삼가달라고 요청해야만 합니다. 다행히 플로리다에는 살충제 살포 통지에 관한 법률이 있어서, 의사의 편지가 있으면 옆집 사람이 함부로 살충제를 살포할 수 없습니다."

우리는 이런 유독물질에 대해 별로 신경을 쓰지 못하고 산다. 봄이면 아파트 관리사무소에서 주민들에게 통보도 없이 나무에다 살충제를 마구 뿌려댄다. 공교롭게도 지금 이 글을 쓰고 있는 순간에도 집 앞 나무에 약을 뿌릴 예정이니 창문을 닫으라는 고함 소리가 들려오고 있다. 그들은 누구를 해치려고 약을 뿌리는 것일까.

아파트 화단에 자연농법에서 쓰는 자연 살충제를 만들어 뿌리면 아이들에게 생활 속에서 자연스럽게 환경 교육을 시킬 수 있을 것이다. 자연농업협회에서 만드는 천연 살충제는 자리공 750g, 할미꽃 뿌리 750g, 마늘 뿌리 750g, 청양고추 3kg, 은행 껍질 750g, 호두 껍질 750g을 물에 끓여 건더기를 우려내어 25말 분량으로 희석한 것이다. 그런데 사실 알고 보면, 아파트 단지 나무에 진딧물이 많은 것은 땅이 아스팔트로 포장되어 있고 화단에 벌레들이 살 다른 식물이 없어서 나무로 기어오르기 때문이다.

화학물질과민증을 치료하는 의사들의 의견을 종합해보면 이렇다. 환경의학의 개념 중에 '총 환경 부담'(total environmental load) 혹은 '총 알레르기 부담'(total allergic load)이라는 것이 있는데, 사람은 태어나면서부터 화학물질에 노출되기 때문에 화학물질을 몸 안에 저장하게 된다는 것이다. 예를 들어 태어나면서부터 환경에 존재하는 특정 살충제가 저장될 수도 있고 납이나 수은이 저장될 수도 있다. 휘발유 안의 벤젠과 같은 휘발성 물질, 플라스틱 등의 성분도 축적될 수 있다. 그리고 일단 화학물질 수치가 올라가면 다른 화학물질을 더 끌어들이게 되어 점점 더 화학물질에 민감해지게 된다.

나는 의학에 문외한이지만 우리나라 병원에서 사람들의 증세에 대해 처방할 때 좀더 환경적으로 접근할 필요가 있다고 생각한다. 병원에서는 개인의 증세를 물어보고 약을 처방하는 데 시간이 많이 걸리다 보니 임상에서 질병을 환경과 연관지어 생각하는 데 아직도 부족한 점이 많은 게 현실이다.

그러나 지금은 환자들이 숨쉬는 공기와 먹는 음식 그리고 사용하는 상품들이 질병과 어떤 연관을 갖고 있는지를 자세히 살펴보아야 하는 오염시대이다. 현재 선진국에서는 이미 임상의학과 환경의학이 상호 긴밀한 교류를 하고 있다. 감기 환자 한 명이 병원에 찾아오더라도 기침과 콧물의 원인을 병리학적인 관점에서만 바라보는 것이 아니라, 그 사람이 살고 있는 환경을 면밀히 관찰해야 하는 것이 상식으로 자리 잡고 있다.

만약 신장이 아픈 환자가 찾아오면 증상만 보는 것이 아니라 생활환경과 음식습관 등을 조사해보고 혈액과 모발에 수은이 있는지를 검사해볼 수 있을 것이다. 그러면 애초부터 병을 접근하는 방식과 검사 항목이 완전히 달라진다. 만약 그 환자가 환경을 생각하는 의사를 만나 그동안 원인 불명이었던 자신의 신장병이 수은의 축적으로 인한 것으로 판명된다면 그는 정말 운 좋은 사람이다. 고통스러운 각종 검사와 불안감 그리고 금전적·시간적 손실로부터 구제받게 되기 때문이다.

만약 독자들 중에 아토피로 오랫동안 고생해온 사람이 있다고 치자. 그 질병의 고통은 당해보지 않은 사람은 상상도 하지 못하는데, 그 주된 원인이 음식도 진드기도 아니고 생각지도 못한 새집증후군이라는 것이 판명된다면 과연 그는 어떤 심정이 될까. 가려워 수년 동안 잠도 제대로 못 자면서 엉뚱하게 온갖 양약과 한약을 사 먹으며 고통받은 그 세월을 그는 어디서 보상받는단 말인가.

화학물질에 피폭이 되면 며칠 후에 아플 수도 있고 몇 년이 지나서야 몸이 아픈 상황이 올 수도 있다고 한다. 건물에서 처음 증상이 나타난 경우 집에 돌아오면 괜찮아지고 다시 사무실에 가면 아픈 상황을 반복하게 된다. 전문가들은 바로 이때가 경고기간이라고 한다. 이때 적절히 환기시설을 강화하고 화학물질에 대한 노출을 최대한 줄여야 한다. 만약 그 상태에서 조치를 잘하면 절대 만성 질병으로 발전하지 않지만, 이 기회를 놓쳐 한 번 피해를 당하게 되면 앞으로 추가적인 노출에 훨씬 더 취약해진다. 심장병이 있는 사람들은 추위에 노출될 경우 훨씬 더 위험하고 당뇨병 환자들은 설탕을 섭취할 경우 더 위험한 것과 같은 이치다. 질병을 갖고 있는 사람은 누구나 그 질병을 유발한 원인에 훨씬 더 취약하다.

내가 〈환경의 역습〉을 제작하고 이 글을 쓰는 이유도 바로 여기에 있다. 의사도 아니고 전문가도 아닌 평범한 프로듀서인 내가 요즘 복잡한 질병의 원인으로 자꾸 환경에 초점을 맞추려는 것은 환경이 개인의 건강, 특히 아이들의 건강과 얼마나 깊은 연관이 있는지를 우리의 의료진도 환자들도 신경 쓰지 못하고 있는 게 안타까운 현실이기 때문이다.

〈환경의 역습〉이 방송된 후 홈페이지에 글을 올리거나 직접 전화를 걸어 유사 증세를 호소하는 사람들이 한둘이 아니었다. 특히 안양에 사는 어느 여성(39세)의 이야기는 전형적인 화학물질과민증을 보여주는 사례인데, 잠깐 여기서 그녀 이야기를 소개하겠다.

그녀는 어려서부터 호흡기가 약해 자주 감기에 걸렸고 냄새에 민감했다고 한다. 특히 담배, 매연, 석유나 히터, 가스 냄새를 맡으면 목이 아프고 두통이 심했다. 그러다가 2년 전 갑작스런 복통과 위경련으로 내시경 검사를 받아본 결과 중증도의 식도염, 만성위축성 위염이 있음을 알게 되었다. 그래서 위장약을 몇 개월간 복용하니 메스꺼운 증상은 호전되는 듯했다. 그 외에도 심한 스트레스로 인해 불면증이 심해졌고, 심한 어지럼증 및 왼팔과 왼쪽 다리가 쥐가 날 때처럼 굳어지는 증세가 빈발했다.

신경을 쓰거나 공기가 나빠지거나 냄새가 날 때면 가슴이 아프고 뒷목이 뻣뻣해지고 눈이 침침하고, 가만히 있어도 사물이 빙빙 도는 것 같았다. 결국 한의원에서 약을 지어 3개월간 복용했지만 차도가 없었다. 과거에는 담배 냄새, 매연에만 민감했는데 2003년 11월경부터는 모든 냄새, 특히 향수, 화장품, 일반적으로 쓰이는 모든 세제, 종이, 책 잉크, 비누 냄새에 민감해졌고, 심지어는 향이 없는 스킨 로션도 못 바를 정도라고 한다. 목이 아프고 좁쌀 같은 것이 생겨 이비인후과에 가면 인후염이라고 해서 여러 차례 약도 복용했다.

냄새가 나면 혀 양쪽 끝이 헐고 쇠 맛이 나면서 침이 계속 고이고 고통스러웠다. 그래서 그녀는 집 안에 냄새가 날 만한 모든 것들을 다 버리고 냄새를 차단했지만, 근처의 공장에서 나는 화학약품 냄새 때문에 방에 갇힌 채 공기청정기에 의존하며 지내게 됐다고 한다.

그 뒤로 어지러움과 메스꺼움으로 사지가 오그라드는 통증이 심해져서 사촌이 운영하는 내과에서 장, 위 내시경, 혈액, 소변, X-레이, 초음파, 갑상선 검사를 받은 결과 위에 염증이 다시 생겼고 미란성 위염과 점막 하 종양(1cm)이 생겼음을 알게 되었다. 검사를 했던 병원장은 대학교수이고 소화기내과의 권위자이긴 하지만 냄새에 대한 증상은 이해하지 못했다. 그후로 앰뷸런스에 실려 가기도 했는데 응급실에 오래 있지 못하고 돌아왔다.

지금 그녀는 나름대로 자연식과 규칙적인 식사, 충분한 수면을 실천하며 여러 달째 노력하고 있지만, 외부인이라도 오거나 환기를 하기 위해 문이라도 열려고 하면 이웃에서 나는 섬유 린스 냄새가 진동해서 열어둘 수가 없다. 공원이라도 가려고 하면 사람들이 많아 냄새 때문에 도망치듯 집으로 온 것이 한두 번이 아니다…….

이상이 그녀가 나에게 호소한 증세였다. 전형적인 화학물질과민증과 아주 유사했다.

그녀는 나에게 울먹이며 말했다.

"원인도 모른 채 죽을병에 걸렸다고 생각하고 고생하던 중 올 1월 SBS에서 방송한 〈환경의 역습〉을 보면서 너무나 놀랐습니다. 저와 똑같은 증상으로 고생하는 사람들을 보면서 제 병의 원인이 무엇인지를 알게 된 후 얼마나 울었는지 모릅니다. 어두운 터널을 헤매다 빛을 본 것처럼 너무도 기뻤습니다. 박 선생님, 너무나 고맙습니다.

흑흑······."

　그녀는 울먹이며 몹시 흥분해 있었다. 정도의 차이는 있겠지만 나는 이런 사람들이 우리 사회에 한둘이 아니라고 생각한다. 나는 그녀에게 혹시 여유가 있으면 한번 가보라고 일본의 기타자토병원을 소개해주었다.

화학물질과민증 환자들의 휴양 호텔

새집증후군이나 화학물질과민증으로 고생하는 사람들을 위한 호텔 겸 휴양소 내추럴 플레이스(Natural Place)는 플로리다의 해안에 위치해 있다. 일반 호텔에서 나는 냄새를 참을 수 없는 사람들이 찾는 곳이다. 이들을 위한 호텔은 이곳만이 아니고 미국 전역에 여러 곳 있다. 나는 그 안에 머무르는 사람들의 생활과 병이 생긴 원인에 대해 알고 싶었다.

호텔 주인인 조이스 저니 씨의 안내를 받아 내추럴 플레이스 방 안에 들어서자 매우 깔끔하다는 느낌이 들었다. 물건들은 모두 천연 제품이다. 침대 시트는 유기농법으로 재배한 면화를 사용한 순면이며 가구도 모두 자연산이다. 방마다 천장에 선풍기를 설치해서 언제나 공기가 순환하고 있으며, 중앙 통제되는 에어컨 시스템은 다 테이프로 차단된 채 방마다 에어컨과 공기청정기가 별도로 설치되어 있다. 모든 접시와 식기들은 스테인리스 스틸 또는 유리 제품이며 텔레비전도 천장에 매달아 전자파를 멀리했다. 샤워 커튼은 특별 주문한 면 제품이고 수건은 정수 필터를 거친 물로 세탁하여 제공한다. 탈취제로는 베이킹소다를 쓴다. 샴푸도 없고 비누는 손님들이 알아서 챙겨오거나 향기가 없는 비누를 제공한다. 심지어 우편물을 밖의 빨랫줄에 걸어 탈취해 사용하도록 배려하고 있다.

"종종 우편물에 우체부의 향수가 묻어 있는 경우가 있어요. 또 중간에 우편물을 처리한 사람들의 체취 같은 것에도 반응을 보이는

손님들이 있답니다. 그리고 보통 소파에는 포름알데히드와 연소 지연 성분인 환경호르몬이 들어 있는데, 사람들이 못 견디는 성분이죠. 그래서 이런 천연 제품으로 대신하는 겁니다. 주방세제도 향기가 없는 제7세대(Seventh Generation)라는 천연 제품을 씁니다. 이 회사는 무척 지각 있는 회사랍니다. 세상이 어떻게 돌아가는지 잘 간파해 여러 가지 무독성 제품을 만들어냅니다. 물론 물도 오염시키지 않지요."

페인트는 어떤 제품을 썼나요?

"우리가 쓰는 페인트는 라이프 마스터 2000인데, 살균제나 유독 성분 함량이 매우 낮아요. 화학물질과민증 환자인 저도 방에 칠 공사를 하고 있을 때 그 안에서 걸어 다닐 수 있을 정도니까요."

그녀도 화학물질과민증 환자라는 사실이 흥미로웠다.

"우리는 환경 기술자를 두어 여기 모든 장치를 설비하고 건물 안의 모든 것들을 시험했습니다. 천장에 쓰인 소재가 독성이 없는지도 다 확인했어요."

나는 이곳에 체류 중인 40대 초반의 새런 헌 씨를 만났다. 이미 그녀를 만나기 한 달 전에 취재를 부탁해 허락을 받아놓은 상태였다.

가족들과 떨어져 사는데 힘들지 않으세요?
"남편은 일하느라 바쁜데 전 남편 근처에 갈 수 없었어요. 화학물질에 간접적으로 노출되면 그 위험이 두 배가 되기 때문이죠. 남편을 두고 혼자 여기로 이사 왔는데 결국엔 이혼하게 되었어요. 그곳과 이곳을 왔다 갔다 하는 것도 힘들었고, 남편이 일을 끝내고 샤워한 후 벗어놓은 옷은 집 밖에 내놓거나 가방 안에 넣어야 하는데 그게 쉬운 일이 아니었거든요."

어떤 화학물질에 노출되면 문제가 생기는 겁니까?
"너무 많아서 열거하기 힘들어요. 제가 몸이 아픈 것은 살충제와 곰팡이 때문이었죠. 먹는 음식 그리고 숨쉬는 공기도 알레르기를 일으켜요. 그래서 지금은 먹는 것에 주의를 기울이고 있어요."

그녀가 갑자기 뒷마당으로 걸어갔다. 뒷마당 빨랫줄에는 옷 대신 각종 비닐 봉지와 우편봉투들이 널려 있었다.
"태양이 화학물질들을 방출시키기 때문에 휴지랑 비닐 봉지를 널어놓으면 화학물질이 조금 줄어드는 효과가 있답니다."

그녀는 취재진을 주차장으로 안내했
다. 주차장에는 자동차 여섯 대가 주차
되어 있었는데, 가만히 들여다보니 차
안의 모습이 여느 차와는 전혀 달랐다.
카펫과 차 문짝 등의 플라스틱 제품을
모두 제거했고 공기청정기를 차 시트 옆
에 따로 설치해두고 있었다.

취재진을 만나자마자 마스크를 쓰는 화학물
질과민증 환자

　"때로는 화학물질을 피해 잠잘 곳이
필요한데 호텔에 갈 수 없을 때는 차에
서 자요."

　집 안을 포일로 감싼 고베의 시바타
가오루 씨처럼 차의 주요 부분을 포일로
감싼 차도 일부 눈에 띄었다.

플라스틱을 모두 떼어낸 차의 문 안쪽

　로리 설리반(31세). 미혼인 그녀는 이 휴양소에서 장기 투숙 중이
다. 그녀는 우리를 보자마자 누군가의 옷에서 합성세제나 섬유유연
제, 또 누군가의 머리에서 샴푸 냄새가 난다며 마스크를 썼다.

우린 당신을 만나려고 샴푸도 안 썼는데요?
"좋아요. 하지만 샴푸 냄새나 옷을 세탁할 때 쓰인 섬유유연제 냄새
는 예전에 썼다 하더라도 쉽게 빠지지 않아요."

왜 이렇게 민감해지셨나요?
"새집으로 이사해서 카펫을 새로 깔고 실내 인테리어를 전부 교체했

취재진과 떨어져 인터뷰하는 설리반 씨

그녀는 책갈피에 돌멩이를 넣어 잉크 냄새
를 빼낸 후 책을 읽는다.

어요. 처음에는 잘 몰랐는데 그당시 천
식 진단을 받았어요. 천식 약을 계속 먹
었는데 처음에는 효과가 있는 것 같다가
점점 효과가 없어지더군요. 그리고 나니
냄새에 너무 민감해져서, 특히 담배 냄
새는 절대 맡지 못하게 되었어요. 아버
지가 담배를 피우기 때문에 크리스마스
에도 아버지를 만나러 가지 못했을 정도
였죠.

전 생물학을 전공했는데 화이자에 취
직했다가 3개월만 일하고 그만둬야 했
어요. 세계 제일의 제약회사에서 마스크
를 쓰고 있는 직원을 누가 좋아하겠어
요. 하루 종일 사무실에서 문제가 생겼어요. 새로 지은 빌딩이라 어
느 곳도 편치 않았죠. 화학물질과민증 환자들이 쿠킹 포일을 많이
사용하는데 전 그것도 많이 사용할 수 없어요. 포일 냄새를 맡으면
즉시 편두통 같은 것이 생기거든요."

보통 사람들은 이런 얘기를 들으면 매우 의아해한다. 혹시 정신병
에 걸린 건 아닌가 하고 의심하는 사람들도 많다. 그러나 그 어떤 정
신병도 향수 냄새 한 번 맡았다고 해서 입 안이 다 헐고 몸이 심하게
아픈 경우는 없다.

그녀는 뒷마당으로 가서 자신이 보는 책 속에 돌을 끼우고 햇볕에
널어놓았다. 책에도 여러 가지 냄새가 배어 있어서 상당 기간 밖에

서 냄새를 뺀 다음에나 읽을 수 있다는 것이다. 그런데 이렇게 냄새를 빼도 읽기가 힘들어 밖에서 마스크를 쓰고 읽기도 한다. 그녀가 지고 있는 무거운 짐은 언제나 가벼워질 수 있을까. 그러나 이렇게 사회로부터 스스로 소외되어 산 지 30년이 넘은 사람도 있었다.

나는 하버드 대학의 존 스펭글러 교수와 인터뷰하는 도중, 그의 오래된 친구 중에 매럴린 호프만이라는 화학물질과민증 환자가 있는데 30년 넘게 병을 앓고 있으며 특급호텔 방을 빌려 외롭게 지내고 있다는 말을 들었다. '특급호텔 방에 혼자 살고 있다고?'

30년간 화학물질과민증을 앓아온 매럴린 호프만 씨

접촉을 시도했지만 그녀는 처음엔 만나고 싶지 않다고 한마디로 거절했다. 나는 고통받고 있는 당신 같은 한국 환자들을 위해 인터뷰에 응해달라고 끈질기게 매달려 겨우 허락을 받았다. 그녀는 내가 마지막으로 취재한 화학물질과민증 환자였다.

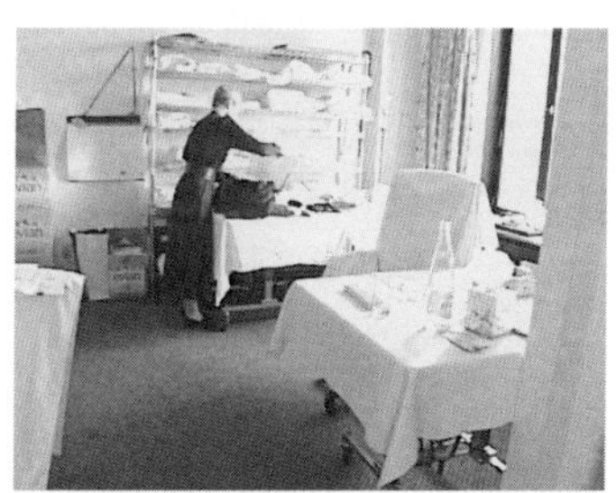

호프만 씨의 호텔 방 안

이미 73세의 할머니가 된 그녀와 호텔에서 만나 잠시 이야기를 나누다가 살고 있는 방을 좀 구경하고 싶다고 부탁했다. 그녀는 단 한 번도 다른 사람에게 보여준 적이 없다며 거절하다가 그러면 나

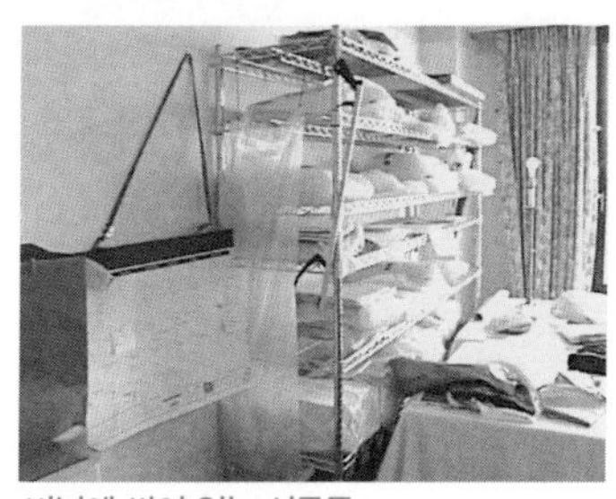

비닐에 싸여 있는 서류들

혼자만 들어오라고 했다.

그녀는 방 앞에서 집 안이 온통 쓰레기 더미라며 쑥스러워했다. 방 두 개와 거실이 달려 있는 특실은 온통 비닐 봉지로 가득했다. 우편물은 물론 옷도 비닐 봉지 안에 넣어두었기 때문이다. 그녀는 환기구를 필터로 막아놓은 채 강력한 공기청정기를 사용하고 있었다.

"이런 생활은 저를 고립시킵니다. 일반인들에겐 매우 이상하고 심지어 정신 나간 사람처럼 보일 수도 있어요. 하지만 기본적으로 이것은 육체적인 반응이지 정신적인 것이 아니에요. 현대사회에서는 카펫이나 커튼, 건축자재, 실내외 오염을 피할 수가 없어요."

몸이 어떻게 반응하는지 구체적으로 말씀해주시겠습니까?

"갑자기 기억력이 떨어지고, 눈이 충혈되고 열이 나고, 숨을 쉬기가 힘들고, 머리가 어지럽습니다. 생존하기 위해 반드시 필요한 산소와 혈액 순환이 급격히 저하돼요. 신체를 유지하기 위한 모든 기능이 저하되는 거죠. 그리고 아주 기본적인 행동을 하는 데도 어려움을 겪어요. 물건을 집어 올리거나 걷거나 천천히 뛰는 것은 물론이고 운전을 하면서 백미러를 보면 좌우가 바뀌어 보인다거나 하는 일들이 벌어진답니다."

그녀의 증세도 매우 독특했다. 나는 지난 30년 동안 그녀의 인생이 어땠는지가 궁금했다.

결혼은요?

"결혼은 못 했습니다." 그녀가 웃었다. "이런 증세가 나타난 지 30년도 넘었는데 누가 결혼하겠어요?"

　방 안 이곳저곳 촬영하는 나에게 집 안 청소를 못 했으니 지저분한 건 촬영하지 말라고 부탁하며 그녀는 소녀처럼 웃었다.

호텔에 가구가 하나도 없군요.
"제가 다 치워버렸어요."

이 산소통은요?
"갑자기 병원에 갈 일이 있을 것 같아 응급용으로 준비해둔 거예요."

　잔인하게 들릴지도 모른다는 생각을 하면서 나는 뜬금없는 질문을 했다.

앞으로 어떤 희망을 가지고 계신가요?
"……현실적으로 가능성이 없지만 정상적인 생활로 돌아가는 것입니다. 죽기 전에 화학물질과민증에 대한 답을 찾아서 지구상에서 이 병에 걸린 사람들을 도와주고 싶어요. 그리고 이 병이 왜 발병하는지에 대해 꼭 알고 싶어요. 환자들이 정상으로 돌아갈 수 있는 방법을 찾고 싶어요……."

　말을 끝내면서 그녀는 수줍은 듯 웃었다.

곧 꿈이 이루어지시길 바랍니다.
"고맙습니다. 이 방송을 통해 많은 사람들의 인식 전환에 도움을 주고, 환자들에게도 도움이 되었으면 좋겠네요."

그녀는 고령의 나이에도 불구하고 화학물질과민증이라는 괴물의 정체를 파악하는 연구에 마지막 힘을 쏟고 있다. 정체불명의 병과 평생 외롭게 싸우는 그녀의 모습에서 나는 우리 주변에 만약 이런 사람들이 있다면 우리는 그들을 어떻게 대접할까 상상해보았다. 아마 이해 부족으로 십중팔구는 미친 사람 취급할 것이다. 병은 주변에서 어떻게 환자를 대하는가에 따라 천차만별로 달라질 수 있다. 한국에서 그녀와 같은 비극이 생기지 않도록 독자들의 이해를 구하고 싶다.

지금까지 좀 길게 소개한 내용은 내가 지난 1년간 세계 구석구석을 다니며 화학물질과민증을 앓고 있는 사람들을 어렵게 만나 취재한 내용들의 일부분이다. 내가 실제 만난 사람들은 여기에 소개한 사람들의 약 두 배 정도다. 이들을 취재하면서 나는 화학물질에 둘러싸여 살고 있는 우리의 일상생활을 자주 돌아보게 되었다.

지난 50년간 우리의 환경에는 굉장히 많은 화학물질이 밀려들었다. 50년 전만 해도 모든 식료품들이 살충제나 농약 없이 유기농법으로 재배되었고 방향제나 섬유유연제 같은 것도 없었다. 우리는 점점 더 많은 화학물질을 집 안으로 불러들이고 있다. 미국 정부에서 행한 연구 결과에 의하면, 많은 화학물질들이 집으로 유입되어 오히려 실외보다 실내에서 더 많이 화학물질에 노출된다고 한다.

화학 성분들이 정확히 어떤 영향을 끼칠 것인지 모르는 사람들에게 우리는 경고해주어야만 한다. 그렇지 않으면 지금까지의 환자들은 그저 시작에 불과할지도 모른다. 이런 추세대로 문명이 지속된다면 점점 더 많은 사람들이 화학물질로 인한 질병을 겪으며 고통받을 것이다.

그러나 화학물질이 영향을 주는 것은 새집증후군이나 화학물질 과민증뿐만이 아니다. 이제부터는 본격적으로 얼마나 다양한 화학물질이 인간의 건강에 영향을 주고 있는지, 우리가 그런 상황에 대해 얼마나 알지 못하며 살고 있는지를 살펴보겠다.

인간이 화학실험동물로 이용되고 있다

수많은 환경 관련 기사와 TV 프로그램, 환경단체가 벌이는 각종 연구와 캠페인들은 수질문제, 쓰레기문제, 자연생태계 파괴를 해결하는 데 역부족이었다. 날이 갈수록 환경은 악화 일로로 치닫고 있는데 오히려 국민들의 관심은 어떻게 하면 경제적인 풍요를 더 누릴 것인가에만 쏠리고 있다. 그런데 아이러니컬하게도 경제는 갈수록 어려워지고 있다. 환경도, 경제도 모두 우리의 희망에서 멀어지고 있는 것이다.

경제 발전과 대립적 개념으로 환경을 설정해온 탓에 지난 세기 동안 사람들은 잘 먹고 사는 데 온 신경을 써왔지만 진정으로 잘 먹고 잘 사는 기본적인 환경을 만드는 일은 나의 일이 아니라고 생각해왔다. 그렇다면 우리의 환경문제는 어떻게 돌파해야 하는가.

지금 환경문제는 지방적 차원(Local Level, 오염 발생이 지방적 차원의 문제에 머무르는 것)에서 지역적 차원(Regional Level, 황사처럼 인근 국가에까지 영향을 주는 환경문제) 그리고 지구적 차원(Global Level, 오존층 파괴나 지구 온난화처럼 지구 전체에 영향을 주는 환경문제)으로 확대되고 있다. 이런 환경 재앙을 막기 위해서는 국가 내에서뿐만 아니라 국가 간 협조를 통해 해결해야 할 문제들이 많이 있다. 그러나 이런 협조들이 잘 이루어지지 못하는 이유는 인간이 일단 시작한 소비의 유혹에서 어느 나라도 자유롭지 못하기 때문이다.

그동안 환경문제는 배부를 때나 생각해도 늦지 않을 한가한 문제

로 취급되어왔다. 소비욕망이라는 고속열차에 타고 있는 우리들에
겐 이중창문 밖의 소리가 들리지 않는다. 그저 편리하고 아늑한 실
내 분위기에 취해 있어 열차의 종착역이 파멸이라는 사실에 관심조
차 없는 것이다.

불과 30~40년 전만 해도, 화석연료문명에 기반을 두고 소비를
주도하던 소수 국가들 외엔 대부분의 국가들이 그야말로 청정지역
이었다. 그러나 우리나라도 박정희시대에 개발 드라이브 정책이 시
작되고 공업화가 촉진되면서 경제 발전을 위해 석유화학문명을 국
가 기간산업의 전면에 내세우게 되었다. 그 결과 선진국의 소비문명
을 빠른 속도로 받아들이게 된 것이다.

문제는 우리나라가 산업화로 인해 파생되는 각종 환경 부담을 감
당할 수 있는 규모의 국토와 인구 수준을 갖고 있지 못하다는 것이
다. 땅은 좁고 사람은 많은 상황에서 환경 부담이 가중되면 그 안에
부대끼며 사는 사람들에게는 당연히 고통이 가해질 수밖에 없다.

사람들은 눈에 보이지 않는 오염물질이 인체에 어떤 영향을 주는
지 거의 다 알려져 있다고 생각하는데, 이건 매우 심각한 착각이다.
실제로 인체에 어떤 화학물질이 들어와 어떤 과정을 거쳐 어디로 이
동해 어떤 부위에 어떤 영향을 주는지 세밀히 아는 과학자는 이 세
상에 없다. 탯줄 혹은 태아의 혈액, 체지방 안의 환경호르몬 농도에
대해서 아는 정도가 인간이 알 수 있는 고급 정보다. 환경호르몬이
인체에 미치는 영향에 대해서도 유전자 수준에서의 연구가 진행 중
에 있지만 현재로서는 정확히 알지 못한다. 지금 과학은 인간이라는
대규모 집단을 대상으로 장기간 인체 실험을 하고 있는 상태라고 해

도 과언이 아니다. 한마디로 사람이 장기간 써봐야 그 유해성을 조금이나마 알 수 있는 것이다.

한 집 걸러 암 환자가 생기는 실정인데도 우리는 암의 정확한 원인을 밝혀내지 못하고 있다. 단지 세포의 돌연변이로 나쁜 종양이 생기는 병이고 유전적인 요인을 어느 정도 갖고 있다는 것 외에는 이것이 정확한 원인이라고 말할 수 없는 정체불명의 질병인 것이다. 수없이 많은 학자들이 그 원인과 해결책을 밝혀내려고 밤낮없이 씨름하는데도 그 어떤 완치약도 현재로서는 없는 실정이다. 다만 이런 암이 왜 생기는가를 추측해볼 수는 있는데, 나는 가장 큰 가능성 중 하나가 많은 사람들이 간과하는 환경적 요인이라고 생각한다.

좋지 않은 환경으로부터 영향을 받게 되면 일단 사람의 몸은 피로를 통해 그 위험을 일차 경고한다. 중금속이나 화학물질로부터 장기간 우리 몸이 공격당하면 먼저 피로감이 몰려오는데, 사람들은 그것을 단지 노동량이 휴식의 양보다 많기 때문에 생기는 것이라 생각한다. 그러나 도시인들이 느끼는 피로감의 실체는 공기 좋고 물 맑은 시골에서 노동으로 생기는 피로감과는 질적으로 다르다는 것을 알아야 한다.

우리 몸은 하천의 물이 자정 작용을 하는 것처럼 오염물질을 해독하고 배출해버리는 놀라운 자정능력을 가지고 있다. 그러나 그 능력을 훨씬 넘어서는 오염물질이 장기간 들어오면 하천이 썩어가듯이 우리 몸도 자기정화능력을 잃어버리고 만다. 그리고 나타나는 일차 증세가 바로 피로라고 할 수 있다.

집 안에서 아무 생각 없이 뿌려대는 살충제를 비롯해 자동차 배기가스·실내 벽지·장판·마루·장롱 등에서 나오는 각종 화학물질,

드라이크리닝 용제, 방향제, 신문·잡지·책 등의 인쇄잉크, 580종이
나 되는 각종 식품첨가물, 화장품에 들어 있는 프탈레이트와 플라스
틱류에 들어 있는 각종 환경호르몬 등 우리가 일상적인 소비생활을
하면서 접하게 되는 유해물질들은 우리가 상상했던 것보다 훨씬 다
양하며 그 양도 심각한 수준이다.

이런 화학물질들에 조금 노출되는 사람은 그저 약간의 피로감을
느끼거나 골치가 아프고 눈이 아픈 정도이겠지만, 계속해서 높은 농
도로 장기간 노출될 경우 신경이 망가지고 면역력 저하로 인해 각종
질병이 생기고 머리가 나빠지고 심지어 암에 걸릴 수도 있다. 따라
서 우리의 몸을 보호하는 가장 손쉬운 방법은 우리 주변 환경에 만
연해 있는 각종 유해물질을 제거하거나 멀리하는 것이다.

화학문명이 우리 생활 깊숙이 들어와 있어서 우리는 화학물질을
사용하는 것에 대해 매우 관대하다. 그런데 문제는 문명의 속도와 더
불어 아이들이 과거에 별로 없던 질병들에 걸리는 속도가 매우 빨라
졌다는 것이다. 예를 들어 과거에 아이들의 과잉행동장애는 흔한 병
이 아니었다. 하지만 이제는 거의 전염병 수준으로 흔하다고 학자들
은 말한다. 내가 어렸을 때는 동네 나무에 살충제를 마구 뿌리는 경
우는 거의 없었다. 지금은 운동장, 교실, 음식 등에 모두 살충제를 뿌
린다. 화학물질은 물에도 있고 옷에도 있고 숨쉬는 공기에도 있다.

현재 전 세계적으로 10만여 종의 화학물질이 사용되고 있고 매년
1,000~2,000종의 신규 물질이 개발된다. 우리나라에서도 약 3만
7,000여 종의 화학물질이 거래되고 있으며 매년 300여 종의 화학물
질이 새로 도입되고 있다. 화학물질을 사용하여 생산된 제품을 소비

하면서 유해물질이 나올 뿐 아니라 사용 후 폐기하거나 소각할 때에도 다양한 오염물질이 방출되고 있다.

현재의 과학은 새로운 화학물질을 만들어 그것의 유해성을 점검해 시장에 내놓는 안전시스템을 가지고 있지만, 이 안전시스템은 개별 물질에 대한 것일 뿐 여러 가지 물질들이 복합적으로 일으키는 화학반응은 걸러내지 못하고 있다. 우리가 화학물질들에 중복 노출되었을 경우 그 폐해는 그 누구도 알 수 없는 상황이다. 이런 물질들은 한번 몸에 들어오면 좀처럼 빠져나가지도 않는다. 파울 헤르만 뮐러라는 화학자에게 노벨상을 안겨준 DDT라는 살충제는 사용한 지 30년이 지나서야 그 해악이 증명되면서 사용이 중지되었다. 그러나 요즘 태어나는 아이들 몸에도 남아 있을 정도로 그 물질은 생태계 전체를 순환하며 없어지지 않고 있다.

요즘 우리나라에서는 감기약에 들어가는 PPA(페닐프로판올아민) 성분이 출혈성 뇌졸중을 유발할 수 있다고 해서 사회적으로 큰 파문을 일으키고 있다. 인간이 보장하는 안전이라는 것이 얼마나 취약한 것인가를 단적으로 보여주는 사건이 아닐 수 없다.

약은 병의 증세를 일시적으로 완화시키는 역할을 하지만 근본적인 치료와는 거리가 먼 경우가 많다. 약을 먹는다는 것은 몸의 입장에서 보면 일종의 독을 먹는 것과 같다. 따라서 약은 응급 상황에나 쓰고, 평소 환경 관리와 생활습관 관리를 잘하여 병에 걸리지 않도록 하거나 근본적인 치료를 해서 재발하지 않도록 하는 것이 가장 현명한 방법이다.

또 하나 우리가 명심해야 할 것은 약을 먹을 때 어느 한 가지 성분만을 먹는 게 아니라는 점이다. 감기에 걸리더라도 다양한 약을 조합해서 먹게 되는데, 이런 조합에 대해 안전성이 보장되지 않는 게 사실이다. 약의 부작용 및 상호 작용에 대한 자료가 데이터베이스로 정리되어 있어 안전성이 보장되지 않는 처방을 걸러주는 시스템이 완벽하게 마련되기 전에는 가급적 화학물질로 만든 약을 먹지 않고 사는 것이 오히려 건강하게 사는 방법이다.

나는 직업병·환경병 전문의인 그레이스 짐(Grace Zeim) 박사를 만나기 위해 코네티컷 숲 속의 병원으로 찾아갔다. 짐 박사는 환경 문제, 특히 화학물질 및 독물학에 관한 연구와 아이들을 위한 학교 환경에 관한 연구를 하고 있다.

환자가 몇 명이나 있나요?

"사람들이 제발 제 사무실에 올 정도로 아프지 않았으면 좋겠습니다. 수백 명이나 됩니다. 너무 많습니다. 가슴이 아파서 세보지도 않아요. 화학물질로부터 신체를 회복시키는 데는 많은 시간이 낭비됩니다. 현재 이 분야에 전문 지식을 갖고 있는 의사들이 많이 필요합니다. 하지만 현재 제가 하고 있는 치료를 하려면 아주 오랜 세월 동안 연구를 해야 합니다. 애초에 이런 병이 생기지 않게 하고 더 이상 피해자가 없도록 막는 것이 최상이지요. 한국이 미국에서 저질러진 실수를 반복하지 않기를 바랍니다."

그녀에게는 환자가 향후 2년간이나 예약되어 있다고 한다.

화학물질로 인한 상해는 어떤 것들인가요?

"우리 몸은 어떤 부위든지 한번 상처를 입으면 훨씬 더 취약해집니다. 한번 덴 곳은 조그만 화상에도 큰 상처를 입습니다. 사포로 보통 피부를 문지르면 별 상관이 없지만 만약 화상 입은 곳을 문지르면 큰 상처를 입게 되지요. 신경 손상을 입은 환자는 그후 조금만 노출되어도 더 큰 신경 손상을 입게 됩니다. 방향감각이 상실되고 신경에 혼란이 오고 균형감각을 잃고 기억력도 떨어집니다. 화학물질로 인해 이미 뇌가 손상을 받았기 때문에 큰 노출이 없어도 쉽게 신경이 손상됩니다.

뇌가 독물에 노출되면 혈액이 뇌로 들어오는 것이 차단되는데, 아주 작은 노출로 인해 뇌로 들어오는 혈액이 훨씬 더 많이 차단된다는 연구 결과도 나와 있습니다. 그렇게 되면 뇌세포는 혈액이 모자라서 기본적으로 자신의 기능을 다하지 못하게 됩니다. 뇌는 많은 산소와 피를 필요로 합니다. 뇌는 몸 전체에서 혈액을 이용해 가장 많은 에너지를 얻는 기관입니다. 그래서 뇌로 들어가는 혈액의 양이 줄어들면 뇌기능에 손상을 입게 되는 거지요."

농약, 비료, 의약품 등은 화학물질로 만들어져 있고 식품이나 의류 등을 처리하여 보존기간을 늘리거나 방수·방화 처리를 하는 데에도 화학물질이 사용된다. TV·냉장고와 같은 가전제품의 케이스, 서적·잡지와 같은 종이류, 장난감에도 광택과 색상을 주고 내구성을 부여하기 위해 화학물질이 사용된다. 합성세제·표백제 등의 생활용품, 가공식품도 다양한 화학물질을 사용하여 만들어진다. 이렇듯 우리 생활 주변에는 엄청나게 많은 화학물질이 자리하고 있다. 이러한 화학물질로부터 우리의 건강과 환경을 지키기 위한 방법은 무엇일까?

화학물질은 제품의 제조 과정은 물론 생산된 제품의 유통 및 소비 그리고 폐기물이 되어 처리되는 과정 모두에서 사람과 환경에 영향을 미칠 수 있다. 그런데도 검증받지 못한 화학물질들의 홍수에 우리는 무방비 상태로 노출되어 있다. 화학문명은 쥐나 토끼가 아니라 바로 인간을 실험동물로 사용하고 있다. 낮은 농도의 화학물질을 장기간 노출하는 실험은 수명이 긴 인간 외에는 그 어떤 동물에게도 할 수 없기 때문이다. 이제 화학문명이 우리의 미래를 역습할 날이 얼마 남지 않았음을 알아야 한다.

그러나 한번 시작된 문명의 패러다임을 수정한다는 것은 거의 불가능하다. 신장·뇌에 치명적인 손상을 주는 납은 휘발유에서 납 함량을 줄인 후(1985년)에도 연간 200만 톤이 대기로 방출되는데, 미국에서만 해도 170만 명의 어린이들이 기준치(10μg/dl) 이상의 납에 노출되어 있다. 낮은 농도(1~30ppm)로도 백혈병을 유발하는 벤젠은 휘발유의 주요 성분으로 대기 중에 방출되고 있다. 대기로 방출된 중금속이나 독성 화학물질들은 땅이나 강, 바다에 떨어져 생태계를 오염시킨다. 토양에 떨어진 오염원들은 바람에 휩쓸려 다시 대기로 날아다니거나 식물을 거쳐 사람의 몸에 들어온다. 하천과 바다에 떨어진 오염원들은 해산물에 축적되었다가 최종적으로 음식의 형태로 우리의 몸에 유입된다.

2002년 환경부에서 조사한 바에 따르면, 대기나 토양 속에서 메틸알코올, 톨루엔, 벤젠, 황화수소 등 화학물질이 가장 많이 검출된 곳은 대구였고 발암물질이 가장 많이 검출된 곳은 화학공장이 몰려 있는 울산이었다. 2002년 우리나라에서 발생한 화학물질은 최소 3만 4,000톤이며 이중 99.6%가 대기 중에 배출된 것으로 나타났다.

이런 상황에서 우리가 할 수 있는 일은 환경친화적인 화학제품을 우선적으로 구입하고, 화학물질 특히 유해 화학물질이 포함된 제품은 사용 후 안전하게 수거·폐기하는 것이다. 어린이 장난감 등은 안전한 화학물질을 사용해서 만들어졌는지 지속적으로 확인해야 하며, 합성세제 및 염소 성분의 표백제 등은 사용을 자제해야 한다. 또한 가정에서 살충제·제초제 등의 사용을 줄여야 하며, 쓰고 난 물품은 안전하게 폐기해야 한다. 화학물질을 함유하고 있는 제품 용기에는 더 강력한 경고 메시지를 삽입해야 한다. 이제 정부와 기업은 인간을 화학실험동물로 활용하는 시대의 조류에 더 이상 방관자로 남아서는 안 된다.

건강주택 바람이 불다

최근 미국과 일본에서는 새집증후군에 대한 관심이 높아지면서 건강주택에 대한 관심도 아울러 높아지고 있다. 건강주택은 건축과학과 건강프로그램을 적용해 만든 집으로 거의 완벽에 가까운 실내 공기를 자랑한다. 나는 코네티컷 주의 한 건강주택을 방문하기로 했다. 숲으로 둘러싸인 빨간색 단독 2층집이었다.

집주인 프린스 씨는 아들은 천식으로, 딸아이는 백혈병으로 고생하던 차에 용단을 내려 건강주택을 지었다고 한다. 주택을 직접 지은 마이클 튜롤리트(건축회사 매니저) 씨가 집을 안내해주었다.

"건강주택이라는 개념은 실내 공기의 개선뿐만 아니라 그 이상의 목표를 가지고 있습니다. 건축자재의 환경친화성, 에너지 효율성, 편안함, 영구성과 화재 발생으로부터의 안전성 등을 포함하고 있지요. 물론 가장 중요한 것은 신선한 공기입니다. 미국에서 지어진 집 가운데 신선한 공기시스템을 기반으로 한 것은 거의 없는데, 이 집은 가장 적절한 양의 신선한 공기를 유입시켜줍니다."

프린스 씨의 집은 강제로 공기를 순환시켜서 4시간마다 집 안 공기를 완전히 바꿀 수 있고 파티를 열어 사람들이 많이 모이더라도 자동으로 조절이 가능하다. 그의 설명을 종합해보면, 건강주택의 핵심은 바로 실내 공기의 질을 어떻게 하면 외부 공기와 유사하거나 그 이상으로 유지하게 하는가이다. 외부 공기가 유입되면서 필터를 거치기 때문에 오히려 외부 공기보다 실내 공기가 더 깨끗한 상태라고 한다.

밖에서 신선한 공기가 들어와 중앙 송
풍시스템으로 전달되면 이곳에서 집 안
공기와 혼합되어 구석구석 골고루 공급
되도록 설계되어 있다. 그리고 화장실과
집 안의 오염된 공기를 빨아들여 배출하
는데 에너지 소모량은 아주 적다. 게다
가 중앙 통제식 진공청소시스템을 갖추

프린스 씨의 건강주택 전경

어 진공청소기 사용시 나오는 미세먼지까지 빨아들인다. 그래서 일
주일에 한 번 정도만 청소를 하고 평소에는 그냥 큰 휴지만 주우면
된다고 한다.

"집주인은 주택 품질에도 관심이 많지만, 환경에도 관심이 많습니
다. 그래서 환경친화적 건축자재로 대나무를 선택했습니다. 대나무
는 5~7년마다 같은 장소에서 다시 자라기 때문에 숲을 파괴하지 않
습니다. 내부에 사용한 페인트는 모두 물이 주원료라서 일반 페인트
에서 나오는 휘발성 물질들이 매우 적습니다. 화장실 바닥에는 세라
믹 타일을 썼습니다. 세라믹은 자연 재료로 전혀 가스가 방출되지
않기 때문입니다. 건조도 빨라서 미생물이 자라지 않습니다. 이 찬
장의 겉면은 통나무로 만들어졌습니다. 가공 목재는 휘발성 물질을
함유한 가스를 방출하지만, 이 제품은 세계에서 가장 엄격한 유럽
기준에 맞춘 것이지요."

건축회사 직원의 자랑은 끝이 없었다.

그렇다면 아이들의 건강문제는 어떻게 되었을까. 스테이시 부인
은 약간 들뜬 표정으로 말했다.

"아이들의 건강이 문제였습니다. 딸은 백혈병이고 아들은 천식이었죠. 어쨌든 환경과 연관이 있을 거라고 생각했어요. 그래서 건강에 좋은 집을 짓기로 했고, 우리의 경제능력이 되는 한도 내에서 할 수 있는 것은 다 했습니다. 아들의 폐도 이 집에서는 많이 좋아졌어요. 환기 조절장치를 설치해 신선한 공기를 공급받고 먼지도 없기 때문에 이젠 그전처럼 아프지 않습니다."

언제 이사 왔죠?
"1년 전에요."

백혈병에 걸린 딸에게도 이 집이 정말 도움이 되었나요?
"어떻게 말해야 할지…… 전 장기적으로 딸의 신체에 들어가는 유독성 화학물질들을 최대한 줄여주는 것이 도움이 될 거라고 생각해요. 그런 면에서 확실히 도움이 됐죠. 주택이나 기숙사, 학교가 이런 식으로 더 많이 지어져 많은 사람들이 건강해졌으면 좋겠어요."

이번에는 천식으로 고생했다는 아들 타일러(14세)에게 물어보았다.

천식이 있다고 들었는데 지금은 어때요?
"괜찮아요. 집 안에 신선한 공기가 들어오니까요."

이 집에 이사 와서 많이 좋아졌어요?
"네. 많이 좋아졌어요. 전에는 자주 아팠어요. 그런데 여기 이사 와서는 별로 아파본 적이 없어요."

또 천식이 재발할까 봐 걱정되지 않나요?

"예전에는 그랬는데, 이제 그런 걱정은 전혀 안 해요. 방과 후 크로스컨트리를 해요. 제가 천식을 앓았었는지 기억이 안 날 정도예요. 정말 많이 나았죠."

천식용 응급 흡입기를 사용했었나요?

"네. 정말 오래 사용했어요. 지금은 전혀 사용하지 않지만."

스테이시 부인이 곁에서 말을 거들었다.

"우리가 아직 암의 원인은 모르잖아요. 근데 암은 계속 증가하고 있고요. 저는 각종 화학물질이나 음식에 첨가되는 물질 때문에 그런 병이 증가한다고 생각해요. 우리가 컨트롤할 수 있는 것은 호흡과 음식입니다. 저희 가족은 유기농 식품만 먹어요. 학교에서는 선택할 수 없지만, 이 집에서는 깨끗한 공기와 정수된 물을 마실 수 있어요. 이 집은 정말 훌륭하죠. 딸의 건강을 최대한 좋게 해주기 위해 제가 할 수 있는 것은 다 합니다. 요즘은 상원의원에게 유전자 조작식품, 교내 살충제 살포를 반대하는 편지를 쓰고 있어요."

그녀는 환경에 대해 전문가 못지않은 식견을 가지고 있었다.

딸이 완치되었다고 생각하시나요?

"의사들은 완치라는 말을 별로 좋아하지 않아요. 10년은 넘어야 완치되었다고 보더군요. 그런데 저희 딸이 지금 5년째인데, 5년이 지나고 나서는 재발하는 경우가 없다고 하네요. 그러니 통계적으로는 완치가 된 것이죠. 이 집에 살면서 병이 재발되지 않도록 노력 중이에요. 유기농 식품을 먹이고, 화학 치료로 인해 몸이 손상되는 것을 방지하기 위해 중국산 허브 성분이 다량 함유된 드롭스를 먹이죠. 드롭스는 체내 면역체계를 강화해주는 효과가 있어요. 화학 치료를 받는 아이들은 많이 아프거든요."

건강주택에 살면서 모두 건강을 회복한 프린스 씨 가족

부인께서도 알레르기 증세가 있었나요?

"저는 먼지와 곰팡이에 알레르기가 있었어요. 하지만 이 집에 이사 와서는 상태가 아주 좋아요. 하루에 한 알씩 알레르기 약을 계속 먹어야 하는데 지금은 거의 아무것도 먹질 않고 있어요. 약물로부터의 해방이죠."

전 세계에서 최초로 노르웨이와 덴마크는 건설 현장으로 들어가는 모든 자재 하나하나를 테스트했다. 그리고 만약 화학물질 방출량이 높게 나올 경우 생산업체에 통보하여 낮추도록 했다. 이와 유사한 법안이 최근 독일과 일본에서도 통과되었다. 핀란드는 민간단체인 빌딩정보재단(RTS)에서 건축자재 등급을 M1, M2, M3으로 구분하여 인증해주는 사업을 실시하고 있다. 독일에서는 소비자들로 하여금 환경 친화적 상품을 구매하도록 할 목적으로 1997년 접착제 생산업체들이 GEV라는 비영리단체를 만들어 환경 등급제를 실시하고 있다.

〈환경의 역습〉 방송이 나간 후, 건축자재에서 방출되는 오염물질로 인한 건강 피해를 줄이고 친환경 건축자재에 대한 정보를 제공할 목적으로 2002년부터 준비 중이던 '친환경 건축자재 품질인증제'가 여론의 탄력을 받아 바로 시행할 수 있게 되었다. 또한 바뀌는 법에 따르면 2006년부터 아파트 등 공동주택을 지을 때 새집증후군을 유발하는 자재의 사용이 금지된다. 청와대 업무보고에도 〈환경의 역습〉 화면을 사용하게 해달라고 요청해서 그렇게 하라고 했는데, 실내 공기에 대한 환경부의 숙원 사업들이 한꺼번에 해결되었다며 환경부 대기보전국 간부들이 나에게 점심을 사주기도 했다. 그 자리에서는 실내 공기의 질뿐 아니라 수도권 대기의 심각한 현실에 대해서도 의견을 나누었는데, 사람들이 이구동성으로 걱정한 것은 바로 2005년부터 시판되는 경유승용차 문제였다.

> **친환경 건축자재 품질인증제** 쾌적하고 건강한 실내 환경의 창출과 오염물질 방출이 적은 건축자재의 개발 및 생산을 유도하기 위해 2004년 2월부터 시행 중인 제도. 건축물의 내장재로 사용되는 일반 자재(합판, 바닥재, 벽지, 목재, 패널 등)와 페인트, 접착제 등을 검사하여 오염물질이 방출되는 정도에 따라 최우수, 우수, 양호, 일반의 4개 등급으로 구분하여 인증한다.

그렇지 않아도 기하급수적으로 늘고 있는 레저용 경유자동차에다 경유승용차까지 시판된다면 우리가 마시는 공기는 어떻게 될 것인가. 일부 분야의 경기를 살리기 위해서 국민 전체의 건강을 위협하는 이런 정책이 과연 우리에게 얼마나 득으로 다가올 것인가. 예측하건대 업계가 경유승용차를 팔아 잠시 호황 국면에 들어설 수도 있겠으나 그것이 지속된다는 보장은 어디에도 없다. 그대신 대기 오염 상태가 더욱더 심각해질 것이 확실시되고 있다.

무소불위의 근시안적 경제 논리에 굴복할 수밖에 없었던 환경부 간부들이 작년에 비해 올해 오존주의보 발령 횟수가 크게 늘어났다면서 내년을 걱정하며 한숨을 쉬었다. 이미 수도권의 오존 상태가 작년 같은 기간에 비해 몇 배로 악화되고 있다는 것이었다.

제2장에서는 환경을 이야기할 때 빼놓을 수 없는 자동차가 우리에게 무엇이고, 우리의 건강에 구체적으로 어떤 영향을 주는지를 검토해보겠다. 그 실태는 독자들이 생각해온 것보다 훨씬 심각하다.

2

자동차가 저지르는 살인, 상해, 몰염치, 위화감
조성, 오염물질 배출 등 온갖 해악들을 우리는
기꺼이 용서한다. 그러나 자동차가 인간에게
얼마나 위협적인 존재인가를 자세히 알게 되면
사정이 달라질 것이다.

우리는 왜 자동차를 용서하는가

현대인의 우상, 자동차

과학적 사고라는 것은 현대인들에게는 신성불가침의 선(善)이다. 과학자라고 스스로 자부하는 사람들은 과학적 사고를 하지 않는 사람들을 무시한다. 그러나 그 과학이라는 것은 우주 질서의 매우 단편적이고 부분적인 것을 인간의 경험으로 해석해낸 체계인데, 이상하게도 그 세계에 깊숙이 빠지면 빠질수록 과학을 절대 선이라고 믿게 만드는 속성을 갖고 있다. 요즘에는 과학이 너무나 세분화되어 있어 코끼리 다리 중 일부를 만져본 각자의 주장이 다르기 때문에 코끼리 전체는 고사하고 다리의 실체에도 접근할 수 없게 되었다.

나는 과학 반대론자도 아니고 낭만적 자연주의자도 아니다. 그러나 지구의 곳곳을 파헤치고 무수한 생명들을 하나씩 싹쓸이해가는 주도세력이 바로 인본주의, 환경주의가 결여된 과학이라는 점을 지적하지 않을 수 없다. 과학의 근시안적 폭력성과 비합리성을 보면서 나는 과학에 비판적 시각을 갖게 되었다. 예를 들어, 우리가 식품 안에 화학첨가물들을 넣을 때 각 성분의 안전성은 확보되었을지 모르지만(그것도 당시의 안전성을 말하는 것이다), 그 물질들과 다른 물질들의 혼합으로 생기는 효과에 대해서는 무관심한 것이 과학이다.

그런 면에서 볼 때 과학은 부분적으로는 매우 합리적으로 보이지만 전체적으로는 매우 비합리적인 사고체계다. 전체적 비합리성이란 과학의 행위로 만들어진 성과물들이 만들어가는 통제되지 않는 혼란을 말한다. 가장 좋은 예가 바로 각 분야의 첨단 과학기술이 동원되어 탄생한 자동차라는 물체다.

각 분야를 개발한 과학자들의 순수한 원래 의도와는 달리 우리 인간에 대해 끊임없이 위협을 가하는 흉기로 자리 매김하고 있는데도 이 물건을 퇴출시킬 힘을 누구도 갖고 있지 못하다. 전쟁보다도 참혹한 일들이 우리 일상에서 벌어지게 만드는 주범인데도 자동차는 우리가 필요로 하는 생필품들을 운반해주고 우리를 일터로 데려다주는 고마운 문명의 이기(利器)라는 생각이 지배적이다. 또 한편으로는 자동차 자체가 주는 배타적 안락함이나 경제 성장을 위해 절대적으로 필요하다는 생각이 부정적 측면보다 항상 우위에 있다. 그래서 인간의 몸을 위협하고 지구 전체를 파탄으로 몰고 가는 자동차를 우리 모두는 너그럽게 용서하고 있는 것이다.

구태여 이 책에서까지 자동차가 1년에 배기가스를 얼마나 배출하는가를 시시콜콜이 따지고 싶은 생각은 없다. 그러나 상식적으로 우리가 받아들인 개인 자동차 중심의 이동문명 패러다임만은 우리나라에 절대로 맞지 않는다는 점을 강조하고자 한다. 우리보다 땅이 100배나 넓은 미국의 자동차문명이 그대로 들어온 한국의 도시들. 이 도시들이 지금 어떻게 변해가고 있는지를 우리는 두 눈 뜨고 똑똑히 보아야 한다.

자동차는 시내의 길들을 하루 종일 점령하고 배기가스를 내뿜고 있다. 아무리 태풍 지나간 다음날 날씨가 맑더라도 오후가 되면 다시 스모그로 뿌옇게 변하는 게 서울이다. 사람들이 이동을 좋아하고, 이동의 자유를 원하는 것은 아주 자연스러운 일이다. 그러나 이 자유를 보장하다가 주택가 골목길은 물론 사람이 다니는 대부분의 길까지 모두 자동차로 뒤덮이고 말았다. 보도 줄여서 도로는 만들어도 도로 줄여서 보도 늘리는 작업을 나는 한 번도 본 적이 없다.

서울 시내 한복판을 관통하는 대한민국 1번지 세종로. 사람들은 이 넓은 길을 모두 자동차에 내주고 장애인도 노약자도 모두 에스컬레이터도 없는 지하도를 힘겹게 건너다녀야 한다. 지금은 좀 줄었지만 차량의 흐름을 빠르게 하기 위해 육교들이 앞다투어 세워졌고 몸이 아픈 우리 이웃들이 그곳을 힘겹게 건너다니고 있다. 이것은 우리가 그동안 도시환경을 인간 중심이 아닌 자동차 중심으로 만들어왔다는 사실을 상징적으로 대변해주는 풍경이다.

독자들이 주거지 주변의 초등학교 등하굣길을 한번 꼭 돌아봤으면 한다. 과연 무슨 일들이 일어나고 있는가. 일본에 비해 자동차 대수가 5분의 1에 불과한 한국의 학교 앞에서 죽는 아이들의 숫자는 일본의 14배에 달한다. 일본 아이 한 명이 죽을 때 우리 아이 14명이 죽는 셈

이다. 자동차 숫자를 감안하면 무려 70배의 치사율이다. 자동차가 위협하는 학교 앞길의 상황조차 우리는 속수무책으로 내버려두고 있다. 아이들의 생명보다 자동차로 이동하는 사람들의 권리를 더 우선하는 것이다. 이것은 자동차가 절대적으로 적은 아프리카나 인도 같은 나라의 시골에서나 있을 법한 현상이다.

우리 아이의 생명을 자동차가 위협하는 상황을 방치하는 사회. 상식이 통하는 사회라면 절대 용납되어서는 안 될 어불성설이다. 이것이 용인되는 이유는 우리에겐 자동차가 하나의 사회 권력으로 인식되는 문화가 그대로 남아 있기 때문이다. 또한 모두가 자동차를 타고 다닐 권리가 보장되는 것이 평등이라고 잘못 해석해온 결과이기도 하다. 이것은 시민들의 잘못이라기보다는 그렇게 하도록 정책을 만든 사람들의 잘못이다.

문명이 생태를 파괴해온 것은 문명의 기저를 이루는 과학이 생태 환경 파괴에 무관심했기 때문이다. 상식과 인본주의, 환경을 고려하지 않은 과학의 발달이 만들어낸 필연적 결과이기도 하다. 그러나 과학 또한 인간이 만드는 것이라는 점에서 어쩌면 인간이 과학을 욕되게 하고 있다고 하는 편이 사실에 가깝다. 그래서 과학의 부산물로 태어난 자동차를 욕할 것이 아니라, 이 자동차문명을 속수무책으로 방임해온 인간의 무지와 이기심을 탓하는 편이 더 맞는 것 같다.

자동차를 욕하기 시작하면 인간의 모든 행동과 인간이 만들어낸 석기시대 이래 문명의 이기 전체를 문제 삼아야 하는데, 이것은 뭔가 새로운 것을 만들고 장난치고 싶어하는 인간의 본능적인 호기심과 그것을 만들 손을 가지고 태어난 인간 존재 자체를 부정하는 것이다. 자동차를 만드는 마음과 도로를 만드는 마음 그리고 궁극적으로는 그 속에서 상식적인 이용의 문화가 동시에 고려되어야 자동차가 문명의 이기로서 우리 곁에 계속 남을 수 있을 것이다.

자동차에 생명 공존의 문화를 접목시키는 것은 매우 어렵게 생각되지만, 불가능한 일은 아니라고 생각한다. 현실적으로 인간이 신줏단지처럼 모시고 사는 자동차를 좀 멀리하는 상식을 제도화하면 하나 둘씩 문제는 풀릴 것이다. 가령 골목마다 집 앞에 차를 주차할 공간을 만들기 위해 거주자 우선주차구역이 표시되어 있다. 그러나 내 차로 인해 동네 아이들의 놀이터를 빼앗고 아이들을 위험한 상황에 노출시켜서는 안 된다는 인식에 공권력과 시민이 함께 동의하는 문화가 만들어진다면, 자동차 소유자가 기꺼이 집에서 100미터고 200미터고 떨어진 곳에 주차한 후 걸어 다니든지 자전거를 타고 다니든지 아니면 차 타고 다니는 편리를 유보할 줄 아는 인간 보편의 상식을 회복할 수도 있다고 생각한다.

의식주, 자동차 등 새로운 문명이 우리 사회의 근본을 바꾸었는데도 우리는 미래에 대한 예측과 대비 없이 당장의 필요만을 생각해왔다. 새로운 문화가 만들어지면 새로운 사고의 틀이 세워져야 한다. 이때 미래의 삶의 질에 관심이 없는 사람들은 이 좋은 문명의 이기를 어떻게 하면 더 많은 사람들이 사용하게 할까를 고민하지만, 미래적 가치를 중요시하는 사람들은 이 새로운 문명의 이기가 초래할 인간 소외와 질병, 사고, 환경 등을 동시에 고려한다. 그런데 우리는 인류의 위기에 가장 크게 기여할 것으로 예상되는 자동차를 단지 석유로 움직이는 물건 정도로 생각하며 빠른 속도로 보급시켜왔다. 차가 늘어나자 길을 넓히고 다시 차가 늘어나는 악순환을 바보처럼 되풀이해왔다.

자동차는 여러 가지 불평등한 상황을 만든다. 차를 갖고 있는 사람과 운전면허를 갖고 있는 사람만 편리할 뿐, 경제적으로 여유가 없는 사람이나 어린이, 노인들은 불편하다. 자동차를 모는 사람들을 위해 더 많은 사람들이 생활의 불편을 감수해야 하는데, 자가용 이용이 늘면 대중교통이 위축되고 이로 인해 다수의 대중교통 이용자가 불편을 겪게 되기 때문이다.

최근 서울시에서(준비 부족으로 여러 문제를 안고 출발했지만) 이런 모순을 고치려고 버스중앙차로제를 도입하는 등 지극히 당연한 노력을 확대하고 있다. 그러나 안타까운 것은 도시를 자동차가 가득 메우기 전에 대중교통 중심으로 설계했어야 했다는 것이다. 뒤늦게 차를 묶어두는 것보다 처음부터 대중교통을 발달시켜 공평하게 모든 사람이 이용할 수 있도록 환경을 잘 갖추는 일이 더 중요하다.

우리 사회에서 자동차는 신으로 추앙받는다. 자동차가 주차한 곳 근처에서는 아무리 아이들이 놀고 싶어도 놀면 야단맞는다. 소방차 다닐 공간도 남겨놓지 않고 빼곡히 차가 들어찬 골목길에서 혹여 불이라도 나면 대형 참사가 예견되는데도 사람 목숨보다 자동차 주차가 우선이다. 그야말로 자동차가 사람 위에 군림하는 것이다. 사람 위에 군림하는 존재가 신이 아니고 무엇인가.

그런데 사람들이 자동차를 추앙하면서 생기는 첫 번째 부정적 효과가 바로 건강이 나빠진다는 것이다.

어느 장수촌의 몰락

장수촌 중에 자동차라는 끊기 어려운 마약이 들어오면서 더 이상 장수촌으로 불리지 않는 곳이 있다. 일본 도쿄에서 자동차로 한 시간 거리에 있는 유즈리하라. 장수촌으로 유명한 곳이었으나 최근에는 그저 평범한 농촌이 되어버렸다. 그 이유가 바로 자동차가 불러온 생활습관의 연쇄적 변화다. 나는 이 지역이 어떻게 변했는지 직접 눈으로 보고 싶었다.

유즈리하라는 산중턱에 자리 잡고 있는데 마을 입구까지 2차선 도로가 시원스레 뚫려 있었다. 요란한 현수막이 걸려 있는 중고 자동차 판매장과 대형 슈퍼마켓에 자동차를 몰고 장을 보러 오는 주민들의 모습이 눈길을 끌었다. '여기 장수촌 맞아?' 조금 더 들어가니 '장수촌 유즈리하라' 라는 커다란 돌 표석이 서 있었다. '맞긴 맞는 것 같은데…….' 마을 한복판에는 장수촌 전시관도 있었다. 그런데 그 옆에 빨갛고 노란 현수막이 바람에 휘날리고 있었다. 주유소였다. 자세히 보니 집집마다 자동차가 한두 대씩은 주차되어 있었다.

이시이 씨(78세)라는 동네 유지를 소개받아 그의 집을 방문했다. 현관에서

집집마다 자동차가 있는 유즈리하라 전경

유즈리하라의 옛모습

93세의 노모가 나와 일본식으로 절을 하며 취재진을 반갑게 맞아주었다.

"1960년대 전반까지는 80~90세 층이 매우 두터웠는데 지금은 그렇지 못합니다. 의학자들에 따르면 생활환경과 음식환경이 변해서라고 합니다. 옛날에는 고기 섭취량이 정말 적었는데 그것이 오히려 장수에 도움이 되었던 것 같습니다. 또 옛날에는 지금처럼 도로가 정비되어 있지 않았습니다. 동네가 오르막 내리막이 심하니까 자연히 운동이 되어 좋았던 것 같습니다."

공기도 바뀌었나요?
"차가 다니기 시작한 다음부터는 가끔 산성비까지 옵니다."

무슨 질병이 많은가요?
"과거에는 폐결핵 같은 병이 있었는데 항생제 덕분에 완전히 박멸되었습니다. 지금은 동맥경화나 뇌경색 같은 병이 많습니다. 식생활이 변해 당뇨병도 훨씬 많아졌지요."

나는 주민들의 질병 상태를 알아보기 위해 아랫마을에 있는 우에노하라병원을 찾아갔다. 병원에서 만난 에구치 히데오 원장은 생활습관병(성인병)의 빠른 증가를 걱정하고 있었다.

"고지혈증, 고혈압, 당뇨병 등이 늘어갑니다. 동물성 단백질을 중심으로 한 미국식 식생활에서 탄수화물 또는 식물성 단백질을 중심으로 한 식생활로 바꾸어야 합니다. 식탁에 같이 앉아서도 나이 드신 분들은 예전 그대로 우동을 먹거나 고구마, 야채류를 많이 먹지

유즈리하라의 전통 식사

이시이 씨 집 냉장고를 가득 채우고 있는 가공식품들

만 아이들과 젊은 사람들은 카레라이스, 스파게티, 햄버거를 먹습니다. 50대 이하가 문제입니다."

유즈리하라가 평범한 시골 마을이 되게 한 결정적 원인을 제공한 것이 자동차라는 데는 이론의 여지가 없다. 음식을 스스로 만들어 먹다가 교통이 좋아지니 각종 가공식품을 사서 먹게 되었고, 자동차를 타고 다니다 보니 운동량이 부족해져 당뇨병, 고혈압, 심근경색이 늘어났다.

생활의 편리함을 얻은 대신 생명 단축을 대가로 지불한 유즈리하라. 취재하고 내려오는 길에 마을 주변에 도로를 확장하는 대규모 공사가 벌어지는 광경이 눈에 들어왔다. 앞으로 마을 사람들은 더 넓어진 아스팔트 도로 위로 자동차를 신나게 몰고 다닐 수 있겠지만, 당장 내 눈에 들어온 것은 어느 화물 트럭이 산동네를 힘겹게 오르며 내뿜는 검은 매연이 온 마을을 뿌옇게 만드는 모습이었다.

누구나 실천할 수 있는 무병장수 비법

장수를 누리는 것은 모든 사람들의 공통된 소망이다. 특히 병치레 없이 장수하다가 짧은 순간 자연의 명을 다하여 죽는 것을 최고의 행복으로 꼽는다. 그런데 장수를 하려면 몇 가지 전제 조건들이 충족되어야 한다. 과거의 장수 방법과 현대의 장수 방법은 확실히 다른데 그 이유는 현대가 오염물질 과잉시대이기 때문이다. 그러니까 과거에 장수했던 선조들이 사는 방식으로 요즘도 살아서는 장수하기 어렵다는 얘기다.

장수에서 가장 기본적인 것은 먼저 조상들의 장수유전자를 타고나는가 하는 점이다. 100세 이상 장수하는 사람들에게서는 장수유전자라는 것이 발견되는데 이런 집안의 자손들은 일단 남들보다 장수할 가능성이 높다. 그러면 장수유전자 없는 집안에 태어난 대다수 사람들은 장수할 희망이 없는가. 천만에, 전혀 그렇지 않다.

장수유전자를 갖고 있지만 바람직하지 못한 생활습관을 갖고 사는 사람들보다 장수유전자를 갖고 있지 않지만 좋은 생활습관을 유지하며 사는 사람들이 훨씬 더 장수할 가능성이 높다. 왜냐하면 요즘은 대부분의 사람들이 과거처럼 자연에 순응해 단순하게 사는 게 아니라 오염환경 속에서 인공적인 삶을 살기 때문이다. 장수유전자보다 더 중요한 것은 바로 '생활습관'이다.

그루지야, 아르메니아, 코카서스, 우즈베키스탄, 카자흐스탄, 훈자 등 장수촌으로 이름난 곳에서 사는 사람들의 공통된 생활 패턴은 대개 요즘 우리가 누리는 도시의 인공적 삶과는 거리를 두고 있다. 그곳에 사는 사람들은 이동할 때 거의 차를 타고 다니지 않아 특별히 따로 운동할 필요가 없다. 맑은 공기를 마시고 가공식품과 거리가 먼 자연적인 식생활을 한다. 또 경쟁이 치열하지 않아 스트레스도 별로 없다. 우리가 이런 생활을 그대로 흉내 낼 수는 없지만 몇 가지 따라 할 수 있는 부분도 있다.

먼저, 생활습관 중에서 가장 중요한 것이 음식을 먹는 습관이다. 다음과 같이 식사를 하면 장수할 가능성이 훨씬 높아진다. 먼저 밥이든 반찬이든 가공식품을 덜 먹는 것이다. 밥으로 치면 현미가 중심이 된 잡곡밥을 주식으로 하루 2~3회 조금(3분의 2공기) 먹는다. 반찬으로는 각종 유기농 야채와 콩(단백질 41.3%, 지방 21.6%, 수분 9.2%, 섬유질 3.5%, 회분 5.8%, 칼슘, 인, 철분, 비타민 B_1, B_2 등이 들어 있어 고기보다 영양분이 풍부하다), 뼈째 먹는 멸치 같은 작은 생선과 해조류 등을 먹는다. 큰 생선이나 민물생선은 중금속에 오염되어 있을 가능성이 높다.

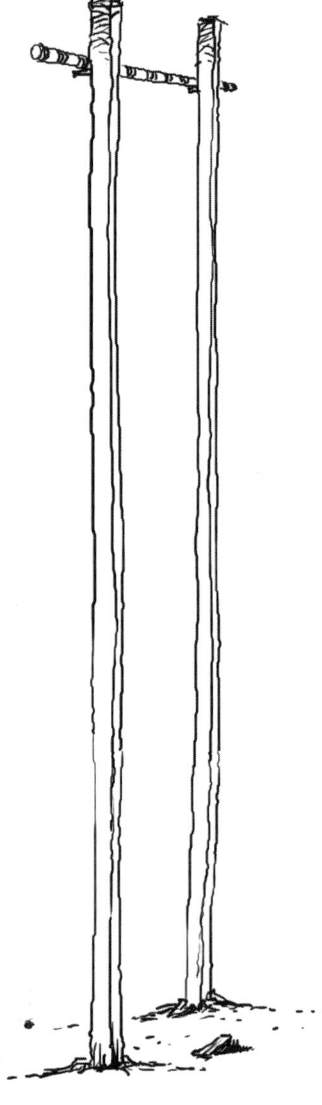

또한 우리의 전통 음식인 된장(국), 김치 등 발효 음식을 자주 먹는다. 김치에 함유된 각종 비타민과 풍부한 칼슘, 인 등은 간을 튼튼하게 하고, 젖산균은 체내에서만 합성되는 비타민 K를 만들어낸다. 고춧가루 속의 캅사이신이란 성분은 동물실험에서 항암 효과가 입증되었다. 김치는 콜레스테롤을 낮춰줄 뿐 아니라 김치 안의 유산균은 해로운 세균의 증식을 막아준다.

그런데 요즘같이 짜고 매운 김치는 장수식품으로서 좀 문제가 있다고 생각한다. 김치도 소금과 고춧가루를 덜 넣고 심심하게 만들어 발효를 시켜야 좋은 건강식품이 될 수 있다. 식당이나 시중에서 파는 김치 중에는 원가를 낮추려고 화학 소금과 질이 낮은 고춧가루, 젓갈류를 사용하는 제품이 많다.

요구르트는 대표적인 발효식품 중 하나다. 요구르트의 질은 원유의 질이 어떤가에 따라 결정된다. 불가리아에서는 자연 방목한 소나 양의 젖을 짜서 요구르트를 만든다. 요즘의 유제품처럼 수입 사료를 먹인 소의 젖으로 만든 가공식품이 아닌 것이다.

된장도 마찬가지다. 유전자 조작 콩을 수입해(모든 농산물, 사료 등은 수입 과정에서 부패 방지를 위해 약품 처리를 하게 된다) 만든 된장을 과연 장수식품이라고 말해야 할지 나는 매우 회의적이다. 내가 어렸을 때 먹었던 벌레 먹은 배추에다 양질의 양념을 넣은 김치, 우리 콩과 천일염과 태양광선으로 만든 전통 된장, 방목하여 좋은 풀 먹여 키운 소·염소·양의 젖으로 만든 요구르트가 훌륭한 장수식품들인 것이다.

음식이 발효되는 것은 부패하는 과정과 비슷하다. 그러나 부패균은 몸에 해롭지만 발효균은 매우 유익하다. 좋은 균들이 몸에 들어가면 일부는 위장에서 죽지만 우리의 장 생태계에 매우 좋은 균형 상태를 만들어준다. 생존환경이 열악할수록 발효균은 몸의 면역력을 증강시켜주는 데 매우 탁월한 효과를 낸다. 친환경 양돈·양계·목축업을 하는 사람들은 사육장의 규모는 작지만 발효된 미생물이 많이 들어 있는 사료를 만들어 줌으로써 가축들을 병 없이 건강하게 키우고 있다.

여기서 〈환경의 역습〉을 제작하면서 만든 실험 돼지 농장을 잠시 소개하겠다. 나는 이 실험에서 동물의 생존환경에서 공기와 음식이 차지하는 중요성을 다시 한 번 절감하게 되었다.

제작진은 자연농업협회와 함께 돼지 축사를 지어 돼지들의 생존공간을 환경친화적으로 바꾸어 키워보기로 했다. 이때 돼지들에게 만들어준 생활환경은 온통 발효환경이었다. 황토, 톱밥 등에 토착 미생물을 버무려 축사의 바닥을 만들고 먹이에 현미식초와 각종 발효 영양식품을 첨가했다. 거기다가 24시간 환기가 잘 되도록 했더니, 땅을

파 먹고 발효 음식을 먹은 어린 돼
지들이 항생제 한 번 안 먹고도 매
우 건강하게 자랐다(일반 축사에서
새끼 돼지들에게 항생제 들어간 사료
를 먹이지 않고 키우기란 거의 불가능
하다).

게다가 따뜻한 돈사에서 태어난
새끼 돼지들을 옮겨와 늦가을에서
겨울에 걸쳐 난방도 안 한 우리에
서 키웠는데도 감기 안 걸리고 씩
씩하게 잘 자랐다. 시골에서 뛰놀
며 자라는 아이들이 감기나 아토
피에 잘 안 걸리는 걸 보면, 가축

자연 채광과 환기가 잘 되는 축사

미생물 배양 흙을 먹고 있는 돼지들

이든 사람이든 맑은 공기와 좋은 음식 등 몸에 좋은 생존환경은 똑
같은 것 같다.

장수의 요건 중에 현대화된 식품을 가급적 덜 먹는 것도 매우 중
요하다. 고기, 닭튀김, 유제품, 흰빵, 각종 육가공 식품, 어패류 등은
가급적 적게 먹고 청량음료, 설탕 넣은 커피, 피자, 햄버거, 과자 등
의 가공식품은 특별한 날이 아니면 가급적 먹지 않는 것을 원칙으로
해야 한다. 음료는 물을 먹도록 한다. 이런 식사 내용에다 먹는 양을
70~80%로 줄여 소식을 하고 오래 씹어서 먹으면 금상첨화다. 오
래 씹어 먹으면 면역력이 증가하고 기억력이 좋아지며 위장병이 사
라지는 등 매우 다양한 이득을 볼 수 있다. 장수촌 사람들이 이런 식

습관을 갖고 있는 이유는 그들이 먹는 음식은 가공이 안 된 식품이어서 오래 씹지 않으면 잘 넘어가지 않기 때문이기도 하다.

마지막으로 한 가지 더 중요한 장수의 조건을 추가한다면, 나이 든 사람의 건강 상태가 심리적 안정감과 매우 깊은 상관관계를 갖는다는 사실이다. 퇴직해 직장을 잃은 사람은 직업을 가진 사람보다 훨씬 자주 아프고 빨리 늙는다. 바쁜 사람들이 그렇지 않은 사람들보다 훨씬 젊게 산다. 화목한 대가족에서 발언권을 존중받는 노인들은 그렇지 않은 사람들보다 훨씬 밝은 얼굴을 하고 산다. 제대로 대접을 받고 사는가가 노인들의 건강에 결정적인 역할을 하는 것이다. 세계의 장수촌들이 노인을 소외시키지 않는 문화를 갖고 있다는 점이 이런 사실을 입증하고 있다.

물리적 환경만 중요한 것이 아니라 심리적 행복감을 주는 정신적 환경도 매우 중요하다. 지역·빈부·세대 간의 갈등, 고부 간의 갈등, 부모 자식 사이의 가치관 차이에 이르기까지…… 관용과 협조보다 갈등이 팽배해 있는 우리 사회는 분명 정신환경 면에서 친환경적이지 못한 사회다.

노인들이 젊은 세대에게 대접받지 못하는 가장 큰 이유는 노인들이 합리적이지 못한 판단을 자주 한다고 생각되기 때문이다. 사람들은 대개 자신의 경험과 지식에 따라 판단하며 사는데, 나이가 들면 새로운 지식보다는 과거의 경험에 의존하게 된다. 그러나 젊은 세대는 빠르게 변화하는 세상의 중심에 서 있기 때문에 과거의 경험에 의해 관행을 답습하는 기성세대를 개혁의 대상으로 생각하는 것이다. 그래서 어느 사회나 나이 든 사람들은 변화를 싫어하는 보수적

경향을 띠게 되고 젊은 사람들은 변화를 빠르게 추구하려는 진보적 경향을 갖게 된다.

이것은 우리나라뿐 아니라 전 세계에 공통되는 현상이다. 그런데 한 가지 우리가 유념해야 하는 것은 개혁적이지 못한 보수와 철없는 진보는 계속 소모적인 싸움을 하는 숙명적 한계를 갖고 있기 때문에 서로 협조하지 않으면 둘 다 손해를 보게 된다는 점이다. 우리 사회에서 보수와 진보의 갈등은 정반합(正反合)이라는 과정을 통해 궁극적으로 발전을 지향해야 하는데 상대방을 굴복시키려는 싸움의 수준에 머물러 있다는 데 문제가 있다.

노인세대는 변화의 물결을 인정하고 젊은 세대는 그들을 공경하고 인정해야 우리 사회 전체가 건강, 장수하고 행복할 수 있다는 자각이 필요한 때다. 이것은 양비론이 아니라 윈 윈(Win Win)이다.

프레즈노의 비극

자동차 배기가스를 마시면 몸에 좋지 않다는 사실은 누구나 다 아는 상식이지만, 어느 정도 나쁜 것인지는 잘 알려져 있지 않다. 자동차 배기가스는 먼저 호흡기를 망가뜨린다. 배기가스가 천식을 일으키는 가장 좋은 사례 중 하나인 미국 캘리포니아 주의 프레즈노 지역을 소개하겠다. 이곳은 샌프란시스코에서 LA로 가는 길목에 있으며 농업이 발달한 지역이다. 하루 수십만 대의 트럭과 자동차가 오가면서 살기 좋은 분지였던 이 지역은 공포의 도시가 되어가고 있다.

나는 이 지역의 폐협회 회장인 아가타(Agata) 씨를 찾아갔다. 그의 사무실 앞에는 그날의 공기 오염도에 따라 외출 여부를 조언해주는 경고 표지판이 달려 있었다. 그는 표지판을 가리키며 말했다.

"오늘은 '건강하지 못한 날'(Unhealthy Day)입니다. 우리 사무실을 찾는 사람들은 이 표지판을 보고 현재 대기 상태가 어떤지 알 수 있습니다. 천식, 기관지염, 폐암 환자 수천 명이 사무실로 전화를 걸어 '오늘의 상태는 어떤가요?' 하고 묻습니다. 이건 폐에 문제가 있는 사람들에게 실외 운동을 삼가라는 표시입니다만, 이런 대기 조건에서는 보통 사람들도 눈이 따갑고 심장 박동이 빨라집니다.

건강한 사람들도 '공기가 나쁜 날'(Bad Air Day)에는 가급적 실외로 나가지 않는 것이 좋습니다. 화학물질은 색상이 없기 때문에 공기 중에서 보이지 않지만 높은 곳에서 보면 이 분지지역 전체에 뿌연 스모그가 끼어 있습니다. 엄청난 오염이죠. 이곳의 천식 환자는 미국 평균의 3배입니다."

　전 세계 천식 환자는 3억여 명이며, 천식 유병률(전체 인구 중 환자의 비율)은 영국 15.3%, 호주 14.7%, 미국 10.9%, 한국 4.2% 등이다. 그러나 국민건강보험공단의 조사에 따르면 우리나라에서 2003년 한 해 동안 무려 23%의 유아(67만 4,000명)가 천식을 앓았으며 18%의 유아(52만 7,000명)가 아토피에 걸렸다는 것이다. 또한 전체 천식 환자 201만 명중 유아의 비율이 31.5%이고 아토피 환자 116만 명 중 유아가 43.3%에 이르고 있다. 뿐만 아니라 프랑스 국립보건의료연구소의 조사 결과 주유소, 정비업소 인근에 거주하는 아이들의 백혈병 발병이 4배나 높다는 것이다. 그 원인으로 학자들은 휘발유에 함유된 발암물질인 벤젠을 지목하고 있다. 이렇듯 환경의 역습은 우리 사회의 대표적인 약자인 아이들에게 집중되고 있다. 어른들의 무관심이 아이들을 서서히 병들게 하고 있는 것이다.

　나는 센트럴 밸리에서 소아과의사 라우러 벌노 씨를 만났다.

　"프레즈노를 감싸고 있는 센트럴 밸리 지역은 지난 3~4년간 공기가 나쁘다는 원성을 들어왔습니다. LA보다도 더 나빠졌습니다. 오염이 심해지면서 천식뿐만 아니라 기관지염도 증가했습니다. 오염물질이 침실까지 들어오고 있습니다. 이로 인해 이미 천식에 걸린 어린이들뿐만 아니라 성인들에게까지 영향을 미치고 있죠. 이것은 건강문제에 국한되지 않습니다. 학교에 결석하고, 직장에 결근하는 것은 삶의 질뿐만 아니라 경제에도 큰 영향을 미칩니다."

천식 이외에 다른 질병은 없나요?

"천식에만 걸려도 폐렴, 기관지염, 중이염 등에 걸릴 수 있고, 노인일 경우 만성폐쇄성 폐질환(COPD)에 걸릴 수 있습니다. 폐렴이 있는 사람은 더욱 증세가 심해지고 있습니다."

나는 프레즈노 지역에서 호흡기내과를 운영하는 바즈(Baz) 박사를 찾아갔다. 병원 옥상에는 공기 오염도를 측정하는 측정소가 설치되어 있어 전광판으로 24시간 공기 상태를 알려주고 있었다.

"천식은 이미 미국 내 중요 사망 원인인데, 이 마을 주민들의 경우 사망 원인 3위입니다. 현재 배기가스와 천식 발병에 관한 연구가 활발히 진행 중입니다. 현재 이 지역에서는 두려움이 조성되고 있습니다. 저는 이곳에서 20년 동안 살았는데 천식 환자들이 계속 증가하고 있습니다. 천식용 응급 흡입기를 가진 아이들이 흡입기를 갖고 다니지 않는 아이들보다 더 많아요. 특히 지난 4~5년 동안 천식 환자가 급속히 증가했지요."

학교에서 몇 퍼센트의 학생들이 천식에 시달리고 있나요?

"아주 높습니다. 20~30퍼센트의 아이들이 천식에 시달리고 있습니다. 아래 동네에 있는 학교의 경우 가난한 집안의 아이들이 많은데 다른 지역의 학교보다 천식 유병률이 조금 더 높습니다. 하지만 오염은 가족적인 배경에 상관없이 모두에게 악영향을 미치기 때문에 전체적으로 높은 편입니다. 지난 2년 동안 이 동네에서 4~5명의 아이가 천식 때문에 사망했습니다. 학교에서 제때 적절한 의료 조치를 취하지 않았다는 이유로 학부모들이 현재도 소송 중이지요."

배기가스 피해를 당하고 있는 주민들이 국가를 상대로 소송을 하는 경우는 호주의 시드니에서도, 일본의 도쿄에서도 일어나고 있었다.

대기를 악화시킨 국가는 배상하라

일본에서는 대기 오염의 피해에 관한 소송에서 자동차 배기가스와 천식의 인과관계가 인정되어 손해배상 결정이 난 재판이 5건 있었다. 도쿄 남쪽에 있는 게이힌 공업지역의 가와사키 재판, 나고야 재판, 오사카의 니시요도가와 재판, 아마가사키 재판 그리고 도쿄 재판이다.

도쿄 재판은 이중 제일 마지막에 열렸는데, 피고에 도쿄 도 말고 자동차를 생산하는 회사들도 포함되어 있는 게 특징이다. 자동차회사를 상대로 한 재판은 세계에서도 처음 있는 일이었다. 약 600명의 원고들은 주로 기관지 천식, 만성기관지염, 만성폐쇄성 폐질환에 걸린 도쿄 23구 주민들이다. 연령층도 어린아이부터 노인까지 다양하다.

1심 판결은 2002년 12월에 내려졌다. 재판부는 도쿄 23구에서도 특히 교통량이 많은 간선도로 50m 이내에 사는 7명에 대해 자동차 배기가스와 천식의 인과관계를 인정하여 도로를 관리하는 도쿄 도가 배상할 것을 판결했다. 그러나 자동차회사에 대한 책임은 인정하지 않았다. 이시하라 도쿄 도지사는 이때 항소를 포기하면서 항소할 힘이 있으면 도쿄 도의 대기 질 개선에 매진하겠다

간선도로변에 살면서 천식에 걸렸다고 소송 중인 원고의 모습. 그는 늘 산소통을 휴대하고 다닌다.

는 멋진 말을 남겼다.

도쿄 재판의 원고측 변호사인 오자와 도시키 씨를 만나 자초지종을 들어보았다.

법원이 자동차회사의 책임을 인정하지 않은 이유는 무엇인가요?

"크게 나누어 두 가지입니다. 첫째, 도쿄 23구는 세계에서도 유명한 과밀지역으로 사람들이 사는 주택가 바로 옆에 간선도로가 있습니다. 문제는 자동차 한 대 때문이 아니라 대량의 자동차가 집중하여 대기 오염이 발생한다는 겁니다. 재판부의 논리는 자동차회사가 자동차를 출고하면 그 다음에 차가 어디를 달릴 것인지는 컨트롤할 수 없다는 것입니다. 즉 자동차가 모여드는 데 따른 책임은 자동차회사가 아니고 도로를 관리하는 쪽에 있다는 거지요.

둘째, 최근 30년간 배기가스 규제가 심해져서 자동차회사가 세계 제일의 기술로 저공해 차를 만들어온 사실을 재판부가 어느 정도 인정했기 때문입니다. 저공해 차를 만들기 위해 노력했는데 책임까지 지게 할 수는 없다는 것이죠."

도쿄 도는 왜 항소하지 않았죠?

"디젤차에 대한 규제를 엄격하게 시행하지 않은 책임을 물은 판결에 대해 도쿄 도가 인정하고 항소하지 않겠다고 한 것은 정말 이례적입니다. 행정기관이 항소하지 않는 것은 매우 드문 경우이죠.

더 중요한 것은 천식이라 하면 알레르기, 유전적인 문제라 생각하는 사람이 많았는데 물론 그런 요소도 있지만, 대기 오염이 발병의 중요 원인이라는 사실이 인정된 겁니다. 이런 사실을 이제 모든 어머니, 아버지들이 알게 되어 사회적 관심이 커졌습니다. 그래서 저희가 재판을 시작한 이후 디젤차에 대한 국가의 규제가 더 엄격해졌습니다. 요즘 출시되는 트럭은 10년 전에 비해 배기가스가 몇 분의 1로 줄었습니다. 재판하느라 힘들었지만 사회적으로 큰 성과가 있었다고 생각합니다."

천식의 직접적인 원인이 배기가스라는 것을 공식적으로 인정한 나라는 아직 없는 것으로 알고 있었는데 의외였다.

하지만 재판부와 달리 국가에서 배기가스와 천식의 관계를 인정한 것은 아니지 않습니까?

"정부의 현재 입장은 자동차 배기가스와 천식의 인과관계가 입증된 바 없거나, 아직 모른다는 것입니다. 그러나 다섯 건의 재판에서는 배기가스와 천식에 인과관계가 있다는 판결이 내려졌습니다. 학계에는 인과관계가 있다는 통계와 그렇지 않다는 통계가 있습니다. 저희들이 이용한 것은 지바 대학의 조사 결과인데, 큰 간선도로 주변을 시골과 비교할 때 초등학생의 천식 발병률이 4배나 되고 도심부와 시골을 비교하면 2배가 된다고 합니다.

또 하나는 동물실험에서 디젤 배기가스를 마신 쥐가 천식을 일으킨다는 최신 연구 결과입니다. 이런 연구 결과들이 있어서 재판부가 배기가스와 천식의 인과관계를 인정한 것이지요. 그러나 정부의 입장은 전국적으로 광범위한 연구가 진행되기 전에는 배기가스와 천식의 관계를 확실히 말할 수 없다는 것입니다.

　저희들은 빨리 인정하라고 하는데 정부는 끝까지 인정하지 않고 있습니다. 그 이유는 만약 인정하게 되면 정부 정책에 엄청난 변화가 일어나기 때문입니다. 자동차 배기가스는 복합적인 요소가 있습니다. 자동차를 만드는 회사, 도로를 관리하는 행정기관, 자동차를 타는 시민들의 문제가 얽혀 있는 복잡한 문제입니다. 이 재판을 하면서 느낀 건데, 자동차에 의존하는 생활에 대해 다시 한 번 생각해 보는 기회가 되었으면 좋겠습니다."

　그러나 각국 정부의 부인에도 불구하고 배기가스가 천식의 원인이라는 확실한 연구 결과들이 학자들에 의해 속속 발표되고 있다.

천식의 새로운 원인

나는 대기와 질병에 대한 연구가 발달해 있는 LA로 향했다. LA는 세계 자동차문명의 중심지라고 할 만큼 큰 땅덩어리에 자동차가 그야말로 차고 넘치는 곳이다. 웬만한 중산층 가정은 가족 수보다 많은 자동차를 소유하고 있는데 아이러니컬하게도 이곳이 배기가스에 관련된 연구가 가장 활발한 곳 중 하나다.

미국에서는 1년에 천식으로 5,000명이 사망한다. 나는 천식의 원인에 대해 새로운 연구 결과를 발표한 사우스캘리포니아 대학의 존 피터스(John Peters) 교수부터 찾아갔다. 그는 최근 배기가스가 천식을 악화시키는 것만은 아니라는 연구 결과를 발표했다.

"그동안 배기가스가 천식을 악화시키는 원인으로만 알려져왔지만, 제가 연구한 바로는 없던 천식을 새로 만들어내는 원인이기도 합니다. 배기가스가 만드는 오존은 어린이들의 폐 발달을 저해합니다."

천식의 원인이 하나 둘 새로 밝혀지면서 천식 등 호흡기 환자에게 환경적 요인이 절대적인 것으로 드러나고 있다. 나는 UCLA 의과대학 교수인 천식 전문가 스펙터(Spector) 박사도 만났다.

천식의 원인에 대해 박사님은 어떻게 생각하십니까?

"UCLA에서 천식의 원인과 디젤 입자에 관해 연구했는데 디젤 입자는 염증을 유발하는 인자입니다. 디젤 입자가 IgE라고 불리는 알레르기 항체를 증가시키면 천식의 염증이 더 심해집니다. 이것이 첫 번째 이론입니다.

또 다른 이론은 위생가설(Hygiene Hypothesis)입니다. 그동안 아이들을 키울 때, 집 안을 깨끗하게 유지하는 것이 좋다고 생각해왔습니다. 그러나 요즘엔 이런 생각이 바뀌고 있습니다. 어린이가 발달기에 먼지나 유해물질에 노출되면 알레르기에 대한 면역이 증가한다는 것입니다.

세 번째는 식이요법과 관련된 이론입니다. 유럽에서는 인구의 15퍼센트가 체중 과다라고 합니다. 정말 많은 숫자죠. 그런데 미국은 30~40퍼센트 정도가 체중 과다입니다. 이 이론에 따르면, 체중이 과다할수록 천식에 걸릴 확률도 늘어난다고 합니다. 그만큼 숨을 쉬는 횟수가 많아지기 때문이죠. 다른 하나는 비만일 경우 위의 위산이 폐로 올라온다는 것입니다. 식이요법이 천식을 호전시킨다는 타당성 있는 연구도 많습니다.

또 다른 가능성은 음식의 양이 아니라 식품의 다양화에서 찾을 수 있습니다. 사람들은 전에 경험해보지 않은 다양한 식품들에 노출되고 있습니다. 음식에 대한 피부 테스트를 하면 음식 알레르기성 현상이 더 많이 나타나는 것을 볼 수 있지요."

식품첨가물과 같은 것도 천식에 영향을 주나요?

"바로 제가 말하고 싶은 거였죠. 방부제나 식품첨가물도 알레르기성 천식을 일으키는 원인이 됩니다."

> **위생가설** 면역계의 성장을 위해서는 세균, 먼지 등 적절한 자극이 필요하다는 학설. 도시와 농촌, 선진국과 후진국 간의 비교 연구를 통해 비위생적인 환경에서 사는 아이일수록 천식 같은 알레르기성 질환에 적게 걸린다는 사실이 밝혀졌다. 옷과 카펫, 생활환경 등에서 나오는 먼지에는 '내(內)독소' 즉 엔도톡신이 있어 알레르기성 천식 등을 일으키는데, 도시 아이는 노출 기회가 적어 집 밖 환경에 노출되면 쉽게 알레르기성 질환이 생길 수 있다고 한다.

일본의 천식 전문가인 아라이 야스오 박사를 만났을 때 그도 스펙터 박사처럼 식품첨가물의 위험성에 대해 경고했다.

"식품첨가물 중에서도 식품에 색을 내는 착색제가 알레르기를 일으킨다는 사실은 널리 알려져 있습니다. 가장 많은 것이 두드러기인데 만성두드러기의 원인은 아질산염인 경우가 가장 많습니다. 그 다음이 황색 4호, 적색 5호라는 착색제입니다. 이로 인해 두드러기가 일어나거나 혹은 천식이 만성화하기도 하지요."

일본에는 '알레르기 행진'이라는 말이 있는데 유아기에 아토피성 피부염, 성장하면 천식, 초등학교 들어갈 무렵에는 알레르기성 비염 등으로 알레르기 증상에 변화가 나타나는 것을 말한다. 아이의 경우 음식물이 원인인 경우가 가장 많고, 자라면서는 진드기가 주 원인이 되고 있다.

알레르기 소인, 아토피 소인을 가지고 태어난 아이가 대기 오염이 심한 환경에 있으면 기관지 점막이 상하여 꽃가루, 진드기 등이 기관지 점막을 통해 체내로 들어가기 쉬워진다. 이런 식으로 대기 오염은 원래 알레르기 소인을 가진 사람에게 천식을 일으키는 작용을 한다. 그러니까 알레르기 체질을 가진 많은 사람들이 일생 동안 아무런 증상 없이 살아갈 수도 있는데 대기 오염으로 인해 증상이 나타나게 되는 것이다. 자동차가 많이 다니는 길가에 사는 사람들에게 천식이 많은 것은 이 때문이다. 천식 등 호흡기질환을 앓고 있거나 호흡기가 약한 사람들에게 자동차 배기가스가 결정적인 영향을 준다는 증거는 무수히 많다.

수많은 이론에도 불구하고 아직 천식의 정확한 원인은 밝혀지지 않고 있다. 그러나 내가 세계 각국을 돌아다니며 취재한 바를 종합해보면, 유전적 요인을 뺀 천식의 원인은 다음과 같이 정리된다.

1 자동차 공해가 심하다(특히 오존 등은 폐 발달을 늦추는 등 폐에 치명적이다).

2 길거리가 아스팔트와 콘크리트로 덮여 있다.

3 선진국의 저소득층 아이들은 땅과 유리된 삶을 살아서 면역력이 발달하지 못한 데다 주변환경마저 불결하여 천식 환자가 더 많을 수밖에 없다(서구의 고소득층 아이들은 단독주택에 살기 때문에 땅과 접촉이 많아 천식이 상대적으로 적은 것으로 추정된다).

4 이렇게 면역력이 저하된 아이들이 몸의 면역력을 더 떨어뜨리는 인스턴트 가공식품을 달고 산다(인스턴트 가공식품에는 천식에 영향을 주는 설파이트[Sulfite, 산화방지제] 등 각종 화학첨가물들이 들어 있다).

5 면역력이 저하된 아이들에게는 시골 아이들에게 아무 문제가 되지 않는 꽃가루, 강아지 털, 진드기 등도 면역시스템을 교란시킨다.

6 먼지와 진드기를 번성케 하는 카펫, 다다미 문화가 발달되어 있다.

7 감기에 잘 걸리는 날씨(아침과 낮의 기온차가 큰 사계절)를 갖고 있다.

8 선진국일수록 사람들이 야외보다 실내에 머무르는 시간이 많기 때문에 실내 화학물질의 영향을 더 많이 받는다.

이러한 것들이 내가 파악한 천식을 발생시키고 촉진시키는 원인이다. 그러나 가만히 들여다보면 그 모든 것이 한 가지 원인으로 연결된다는 사실을 알 수 있다. 천식 같은 알레르기성 질환은 다양한 원인들이 서로 의존관계를 이루고 있지만, 따지고 보면 우리가 자연적인 삶에서 멀어졌기 때문에 생기는 병이라고 할 수 있다. 바로 문명의 발달과 반자연주의적 삶의 확산이다.

그동안 다양한 미생물들은 생명체 공존의 메커니즘을 형성하면서 적절한 수명을 유지해왔다. 이런 현상은 자연계의 식물, 동물을 비롯해 바닷속 생물까지 모든 생물에 똑같이 적용된다.

우리는 도시에서 살면서 땅 한번 밟지 못하고 하루를 보낼 때가 많다. 이것은 생명과의 교감이 없는 무생명의 삶이다. 땅을 밟고 살아야 하는 가축을 콘크리트 우리에 가두어 키우면 당장 병이 난다. 요즘은 물고기도 콘크리트 양식장에서 살고 가축과 사람도 콘크리트 속에서 산다. 길거리도 온통 콘크리트, 아스팔트로 포장되어 있다. 오늘날 인간과 가축의 유약함은 이렇듯 땅과 멀어져 살아가는 생명체가 겪어야 하는 필연적 결과이다.

우리가 아무런 가치를 인정하지 않는 흙 한 줌에도 전 세계 인구를 능가하는 미생물들이 살아 움직이고 있고 우리의 내장 안에도 수십 조의 미생물들이 균형관계를 이루고 있다. 우리는 이런 미생물의 가치를 제대로 인정하지 못하고 있다. 내 몸과 땅이 건강하기 위해서는 미생물의 존재가 필수적이다. 이런 유익한 미생물들이 살아 숨쉬는 땅을 아스팔트와 콘크리트로 덮어버리고, 그것도 모자라 항생제와 농약으로 인간의 건강에 꼭 필요한 미생물들을 무차별적으로 몰살하고 있다.

거듭 강조하지만, 건강의 기본은 흙 등 자연과 가깝게 지내는 것이다. 사실 흙은 모든 생명체를 감싸고 있는 생명의 어머니 같은 존재다. 이런 어머니와 몸을 부대끼며 산다는 것은 나쁠 것이 하나 없다. 어렸을 때 나는 친구들과 흙 속에서 뒹굴고 놀며 지냈는데 구슬

치기, 딱지치기, 땅따먹기, 오징어, 다방구, 축구, 씨름, 레슬링 등 대부분이 맨땅에서 뛰고 넘어지며 하는 놀이였다. 당시에는 몰랐지만 지금 생각하면 그 덕분에 도시에 살면서도 흙도 먹고 흙 안에 있는 다양한 미생물과 접촉하면서 나와 내 친구들은 건강하게 성장했다. 요즘 아이들에게 빈발하는 아토피라는 질병도 없었고 대학 졸업할 때까지 주변에서 천식에 걸린 사람을 본 적이 없다.

그런데 요즘은 흙 밟고 사는 아이들이 거의 없다. 흙이라고 해봐야 아파트 놀이터의 모래 정도인데, 이 모래에는 저항력을 키워주는 미생물 대신 놀이터 시설물 페인트에서 나오는 납과 개의 배설물에서 나오는 기생충 알이 들어 있다. 개 회충알은 입을 통해 사람의 몸속으로 들어올 경우 복통이나 알레르기 증상을 유발하고 심하면 시력 장애까지 일으키는 것으로 알려져 있다.

아이들이 땅을 접하며 커야 하는 이유를 조금 복잡하게 설명하면 이렇다. 면역을 일으키는 세포에는 두 가지가 있는데, 세균을 죽이려는 세포(TH1)와 알레르기를 일으키는 세포(TH2)이다. 아이가 태어났을 때는 2형 즉 알레르기를 일으키는 것이 면역세포가 우세하고, 자라면서는 점점 1형이 올라간다.

그런데 세균 감염이 일어나면 세균을 죽이는 데 정신이 없어서 알레르기를 일으키는 세포(2형)가 활동할 수 없게 된다. 그러나 만약 주변이 너무 청결하면, 즉 세균 죽이는 면역세포가 할 일이 없어지면 알레르기를 일으키는 면역세포의 활동이 활발해져 알레르기가 발생하는 것이다.

그동안 도시화가 빠르게 진행되어 사람들이 균에 노출될 기회가 적어지면서 과거에 자연적으로 유지되던 미생물과의 교감을 통한 면역 작용의 균형이 깨져버렸다. 사람은 흙을 밟고 살며 미생물과 교감을 해야 건강하게 살 수 있다. 사람도 지구의 입장에서 보면 미생물에 불과한 존재 아니던가.

자동차의 역습

나는 자라면서 꽃가루 알레르기로 고생하는 사람들 얘기를 거의 들어본 적이 없다. 그런데 최근에는 꽃 피는 계절이 오면 선진국일수록 알레르기 클리닉이 문전성시를 이루고 있다. 우리나라도 집집마다 정도의 차이는 있지만 알레르기 환자 없는 가정이 거의 없을 정도가 되었다.

나는 꽃가루 알레르기와 배기가스의 상관관계를 연구하고 있는 일본 국립환경연구소 환경연구팀의 고바야시 다카히로 박사를 찾아갔다. 그는 소형 디젤엔진의 배기가스를 실험용 쥐가 있는 밀폐된 유리방에 연결해 실험하고 있었다.

"일본에는 삼나무 꽃가루가 많아져서 국민 중 3분의 1이 삼나무 알레르기를 갖고 있습니다. 옛날에는 없었죠. 그래서 그 원인이 자동차 배기가스가 아닌가 하고 실험하는 겁니다. 밤 10시에서 아침 10시까지 노출시키는데 각 방마다 배기가스 농도를 바꾸어 일본 환경 기준의 30배($3mg/m^3$), 10배($1mg/m^3$)를 투여합니다. 어느 정도 농도에서 꽃가루 알레르기가 악화되는지 알아보는 실험이지요."

그는 실험동물을 배기가스에 노출시킨 다음 재채기를 하고 콧물이 나오는 횟수를 소형 마이크를 달아 측정하고 있었다. 지금까지 배기가스가 알레르기 반응을 촉진한다는 것이 밝혀졌고, 이제는 문제가 되는 것이 배기가스 안의 가스 성분인지, 입자 성분인지 알아보기 위한 장치를 달고 실험 중이었다.

입자 성분과 가스 성분 중 어느 쪽이 더 나쁩니까?

"둘 다 악화시키는데 입자 성분이 더 강한 작용을 하는 것으로 결과가 나왔습니다. 꽃가루 알레르기가 자동차 배기가스가 심한 곳에 많으며 천식 환자가 간선도로 옆에 사는 사람 중에 많다고 하지만 역학적으로 확실하게 알지는 못합니다. 그런데 동물실험에서는 배기가스 농도에 비례하여 노출된 동물의 재채기, 콧물, 눈 충혈 횟수가 증가한다는 결과가 나왔습니다.

배기가스에는 환경호르몬 등 약 2,000종의 화학물질이 들어 있는데, 대부분 영향이 없는 물질이지만 그중에 10~20퍼센트는 큰 영향을 미치는 물질입니다. 생식기세포에 작용하거나 뇌를 조절하는 호르몬 균형을 무너뜨리고 자궁의 수축 운동을 바꾸어버리기도 합니다. 자궁은 아주 복잡한 호르몬 작용이 균형을 유지하여 아기를 생산하는데 도중에 이상을 일으키는 물질이 들어오면 엉망이 됩니다. 지금까지 생각해온 고농도보다 저농도에서 이런 일이 일어날 수 있다는 것을 알았습니다."

이 실험실에서 연구하는 또 다른 과제는 일본 환경기준치의 3배에 불과한 농도로 실험을 해도 쥐의 성장에 차이가 난다는 점이다. 환경기준치의 3배 정도면 우리가 일상적으로 차가 많이 다니는 도로변에서 접할 수 있는 농도다. 1, 2개월 정도 이 농도의 공기를 마신 쥐는 깨끗한 공기를 마신 쥐에 비해 성장이 늦어진다. 특히 암놈보다 수놈이 더 늦다. 어미 젖을 먹는 신생 쥐도 힘없이 축 처져 있고 어미의 젖도 잘 나오지 않는다. 일본에서는 대기 중 미세먼지(PM 10=10마이크로미터=100만분의 10미터)의 약 60%와 더 작은 미세먼

지인 PM 2.5의 약 80%가 디젤 배기가스에서 나온다고 추정한다.

미국 건강영향연구소(HEI)의 연구 결과에 의하면, 직경 2.5마이크로미터(PM 2.5) 이하의 미세입자가 PM 10보다 더 위험하며 많은 발암물질을 포함하고 있다고 한다. 선진국에서는 기술의 발달로 인해 검은 연기가 나오는 입자는 필터로 거의 제거할 수 있게 되었지만, 50나노미터(1나노미터 = 10억분의 1미터) 이하의 미세입자는 필터를 통과시켜도 거의 줄지 않는다고 한다. 이런 극미세먼지는 쉽게 폐를 지나 혈관을 통해 뇌나 심장으로 가고 태반을 통과한다. 또한 디젤 배기가스는 폐나 기관지 표면의 상피세포를 손상시키기 때문에 그 속으로 항원이 들어가 염증이 생기기 쉽다. 그러면 기도가 과민한 상태가 되어 조그만 자극에도 수축하는 반응(기침)이 일어나게 된다.

특히 최근에는 배기가스가 정자의 생산에 영향을 준다는 연구 결과들이 속속 발표되고 있다. 1998년 일본 도쿄이과대학과 국립환경 연구소 등은 공기 1입방미터 중 디젤 배기가스에 함유된 미립자의 농도를 일반 도심지역의 농도인 0.15mg의 2배(A그룹)와 6.5배(B그룹), 20배(C그룹) 등으로 조절하여 하루 12시간씩 6개월 동안 쥐에게 노출시켰다. 그 결과 A그룹에서 21%, B그룹에서 36%, C그룹에서는 53%의 정자가 줄어들었다. 또한 이탈리아 나폴리 대학의 미첼레 데 로사 박사가 톨게이트에서 근무하는 근로자 85명을 대상으로 조사한 결과, 전반적으로 정자의 활동성과 수정능력이 떨어지는 것으로 밝혀졌다. 그러나 배기가스 노출이 중지되었을 때 나빠진 정자의 질이 다시 회복되는지는 알 수 없었다고 한다.

일본의 연구 결과 중 주목해야 할 점이 있는데, 이들 실험쥐에 좋은 공기를 공급해주니 50% 정도 정자 상태를 회복했다는 것이다.

나는 이런 연구 결과들을 근거로 해서 우리나라에서는 처음으로 한국 도심에서 일하는 노점상들의 정자를 분석해보기로 했다. 조사와 분석은 삼성제일병원 서주태 박사와 같이 진행하기로 했다. 일단 노점상들을 섭외해야 하는데, 보조 작가(지금은 어엿한 작가가 되었다)가 나에게 정자를 어떻게 채취하는지를 물어왔다. 나는 우리나라 학교 성교육의 한계라며 내일까지 알아오라고 농담했는데, 다음날 출근해 물어보니 아직도 잘 모르겠다는 것이었다.

아무튼 우리의 숨 막히는 도심 공기가 분명 사람에게 문제를 일으키고 있을 것으로 확신하는 나로서는 힘들어도 밀어붙일 수밖에 없었다. 대상자는 자녀가 한 명 이상 있는 기혼자로서 정자의 상태가 과거에는 괜찮았던 사람들로 범위를 줄였다. 결국 순진한 보조 작가

덕분에 노점상 35명을 4개월이나 걸려 섭외할 수 있었다.

조사 결과는 참담했다. 35명 중 8명이 정자 활동성과 정액의 양에서 일반 사무직 근로자보다 훨씬 떨어진다는 결과가 나왔다. 아기를 갖기 곤란할 수도 있는 수준이었다. 자동차의 역습은 우리 세대뿐 아니라 미래 세대가 탄생하기 전부터 시작되고 있었던 것이다.

1,400만 대가 넘는 우리나라의 자동차를 포함하여 지구상에 있는 수억 대의 자동차가 인류의 생존을 심각하게 위협하고 있다. 특히 중국, 인도 등 인구는 많으면서 저개발 상태에 머물러 있던 국가들의 급속한 산업화는 지구환경을 위기로 몰아가고 있다. 과거 마르크스레닌주의가 세계를 공산주의와 자본주의로 양분시킴으로써 각종 소모적 전쟁으로 인해 인류가 겪었던 아픔과는 비교도 되지 않을 심각한 문제가 서서히 그 모습을 드러내고 있는 것이다.

이데올로기 전쟁에서 승리를 거둔 자본주의 선도 국가들은 절제되지 않은 무한 소비 경쟁을 촉발시킴으로써 전 세계를 다시 환경 재앙의 수렁으로 몰아넣고 있다. 소비를 미덕으로 삼는 나라들이 소수에 머물렀을 때는 지구가 그 부담을 충분히 감당할 수 있었지만, 20세기 말 이후 거의 모든 나라에서 불고 있는 산업화와 개발지상주의 바람은 에너지, 원자재 수요 폭증으로 이어지면서 한계에 봉착하고 있다. 더 심각한 것은 한번 시작된 산업화는 속도를 조절할 자체 능력을 갖고 있지 못하다는 데 있다. 그 누구도 인간의 소비욕구를 통제하지 못할 것이기 때문이다.

하루가 멀다 하고 석유 값이 치솟고 원자재 품귀 현상이 벌어지는 작금의 사태는 어쩌면 문제의 시작에 불과할지 모른다. 인류가 이룩

한 경제적 풍요도 환경문제 중 가장 심각한 문제인 빈곤환경문제를 해결하지 못한 채 일부 국가에만 부를 안겨주고 있어 지역 간 불균형이 극에 이르고 있다. 특히 빠른 속도로 전개되는 도시화의 거대한 물결로 인해 앞으로 수십 년 안에 거의 모든 사람들이 크고 작은 도시 안에 모여 살게 될 것이고, 대량 소비를 촉진시켜 남획·남벌·폐기물 문제 등으로 지구 황폐화를 가속시킬 것이다. 그것은 멀리 볼 것 없이 우리나라와 중국에서 벌어지는 자연환경 파괴, 화학물질 생산과 소비 증가로 인한 각종 질병 증가, 자동차 배기가스로 인한 사망률 증가 현상을 보더라도 알 수 있다.

우리나라의 자동차회사들은 환경단체들의 반발에도 불구하고 2005년부터 경유승용차를 생산·시판할 예정이다. 자동차회사들이 경유승용차를 판매하기 위해 취한 조치는 배출가스 기준을 완화시키는 것이었다. 우리나라의 경유차 비율은 2001년 현재 31%(독일과 일본 18%, 영국 19%, 스웨덴 8%, 미국 3%, 프랑스 39%) 정도인데 신차 출고 비율은 2003년 49.8%로 연료비 상승으로 인해 폭발적으로 증가하고 있어 대기환경이 갈수록 악화되고 있는 실정이다(질소산화물과 미세먼지가 런던, 파리, 뉴욕 등 선진국 도시보다 2~3배씩 높다).

경유차 시장을 확대하려면 전제조건이 충족되어야 한다. 경유차는 이산화탄소 배출량이 휘발유차에 비해 20~30% 적지만 미세먼지 등 건강에 치명적인 문제를 더 많이 발생시킨다. 따라서 미세먼지를 확실히 잡는 배기가스 저감장치가 먼저 개발된 후에 확대되어야 한다. 경유차는 휘발유차에 비해 미세먼지는 10~20배, 질소산화물은 8배나 더 배출한다. 경제 논리만 앞세우면 폐암을 일으키는 질소산화물(NOx), 미세먼지 등 오염물질이 증가하여 피해는 시민에게 돌아가고, 경제적 이득은 특정 자동차회사들에게 돌아갈 것이다.

자동차회사들은 자동차 판매로 얻은 막대한 이익의 일부를 사회에 환원해야 한다. 사회 환원 하면 불우이웃돕기 성금 내는 것을 생각할지 모르지만 자동차회사들의 사회 환원은 이와 다른 차원이 되어야 한다. 자동차의 최대 해악인 자동차 사고와 공기 오염을 방지하려는 노력이 곧 사회 환원이다. 먼저 소비자 주권시대에 걸맞게 자동차회사들의 이익 일부가 수익자 부담 원칙에 따라 소비자들의 안전을 위해 투자되어야 한다. 자동차세금과 자동차 가격에 '소비자 안전기금'(가칭)을 강제 부과함은 물론 자동차회사의 세전 이익금 중 일정 부분을 이 기금에 강제 할당하는 법안을 제정해야 한다(참고로 2003년 H자동차의 매출액은 24조 9,672억 원, 영업이익은 2조 2,357억 원, 당기순이익은 1조 7,493억 원이었다).

이런 발상이 자본주의 원칙에 위배되는 것 아닌가 하고 당사자들은 반발할 수도 있을 것이다. 그러나 공공 전파를 사용하는 방송사들도 수익금의 일정 부분을 공익기금으로 강제 출연하고 있다. 조성된 안전기금은 도로를 넓히는 사업 말고 어린이들의 보행 통로를 확보한다든지 안전시설물을 확충한다든지 주택가 공용주차장 확보를 위한 지자체 지원용 보조금으로 활용한다든지 배기가스 배출 단속 요원의 인건비로 활용될 수 있다. 이런 정책은 요즘같이 실업률이 높아가는 세상에 고용 창출의 효과도 거둘 수 있을 것이다.

두 번째로 자동차회사들이 사회에 환원해야 하는 것은 바로 시민들이 숨쉬는 공기를 악화시킨 책임의 일부를 감당하는 일이다. 담배

회사들이 건강을 악화시킨 책임에서 자유롭지 못한 것처럼 말이다. 자동차가 사람들에게 이동의 편리함을 제공하고 산업을 발달시켜 삶을 풍요롭게 만들어준 공로는 인정한다. 그러나 지금 한국인들이 마시는 공기의 질을 세계 최악의 수준으로 떨어뜨린 데 결정적으로 기여한 자동차회사들의 사회적 책임을 묻지 않을 수 없다(서울의 대기 오염물질 중 자동차 배기가스의 비중은 1996년 82%).

자동차회사들이 대기의 질을 높이는 데 기여하는 방법은 무엇일까. 먼저 자동차 배기가스의 질을 높이기 위한 기술개발비에 이익의 일부를 강제 할당해야 한다. 또한 노후화된 차량과 경유차량, 버스·화물차 등 대형 차량의 배기가스가 미치는 영향이 매우 크므로 이런 차량들에 대해 판매 후 특별 관리를 해야 한다. 이를 위해 정부와 지자체도 법제화를 서둘러야 한다. 복잡하고 형식적인 차량 검사를 할 게 아니라, 매연여과장치(DPF)를 강제로 부착시키고 차고지를 정기적으로 순회하여 시민단체와 공무원, 전문가로 구성된 합동검사단의 검사에서 합격한 차량만 운행할 수 있도록 해야 한다. 고기 한 마리가 큰 강물을 흐려놓듯이 시커먼 배기가스를 뿜어대는 자동차 한 대가 수많은 사람들의 생명을 위협한다는 사실을 알아야 한다.

암은 현대인의 첫 번째 사망 원인이다. 실생활에서 체감하는 암 사망률은 통계 수치보다 훨씬 더 높다. 주변에 문상을 가보면 열이면 여덟은 암으로 사망한 경우다. 그런데 2002년 3월 14일 모 일간지에 '주거지역 발암 공기'라는 제목의 사설이 등장했다. 내용인즉 서울 강남구 대치동의 공기가 시화공단이나 인천 매립지의 공기와 다를 바 없다는 것이었다. 벤젠과 스틸렌 등 대표적 발암물질은 매립지 부근인 인천 연의동보다 높았고 스틸렌은 시화공단 부근보다 높았다. 국내 대도시의 대기 중 휘발성유기화합물은 1만 명당 7명에게 암을 일으킬 수 있는 수준(조사기관 : 연세대 환경공해연구소)인데, 이런 물질이 대기에 많이 떠도는 것은 대부분 자동차의 배기가스 때문이다. 강남 사람들은 세계에서 가장 비싼 축에 끼는 주거비를 치르면서 가장 나쁜 공기를 마시고 사는 셈이다.

자동차를 팔아 국민경제가 윤택해지고 생활이 편리해진 측면만 강조했지 그동안 우리가 모르게 지불한 비용에 대해서는 알지 못하고 살아왔다. 자동차 한 대가 1년 동안 내뿜는 오염물질의 양은 평균 1톤이며 차가 밀려 평균 시속 17km 이하로 운행할 경우 오염물질 배출량이 최고 4배까지 증가한다. 서울에서 매년 약 1,000명이 대기 오염으로 인해 조기 사망하고 있으며, 오염도가 높지 않은 선진국 도시에서도 대기 오염으로 1~2년 정도 수명이 단축된다는 연구 결과가 나와 있다. 우리가 이것을 비용으로 환산하면 자동차문명이 주는 혜택보다 훨씬 더 클지도 모른다.

그런데도 정부당국은 서울의 대기 오염도가 아직 '환경기준치'를 넘지 않았다며 느긋하다. 그러나 천식 및 심혈관질환 환자, 어린이, 노인, 임산부 등 생물학적 약자들은 현재 서울의 공기 수준으로도 치명적인 영향을 받는다. 평소 가벼운 질환을 가지고 있는 사람도 난치성 질환으로 발전하기 쉽다. 그런데도 우리가 기준치 이내에 살고 있는 이유는 서울 시내 27개 자동측정망 중 16개가 동사무소 옥상에 설치되어 있고, 그 외의 것들은 공원이나 정수장, 학교 등에 위치해 있기 때문이다.

나는 우리가 일상적으로 걸어 다니거나 노점상들이 장사하는 도로변 눈높이에서 대기를 측정해보기로 했다. 대학시절 데모할 때(나는 데모도 제대로 못한 변변치 못한 학생이었다) 최루탄을 마셔본 경험에 의하면, 최루탄 터진 곳 반경 20~30미터 이내와 100미터 떨어진 곳의 공기 상태는 달라도 한참 다르다.

우리는 전문가와 함께 서울의 종로 6가와 영등포구 당산동, 강남구 도곡동의 보도 위에서 사람 키 높이에 측정기를 설치했다. 그리고 그 결과를 당일 동일 시간에 측정된 서울시의 수치와 비교해보기로 했다. 예상대로 엄청난 차이가 났다. 아황산가스는 서울시 측정치의 128배(그러나 환경기준치에는 약간 미달)였고 이산화질소는 환경기준치(0.15ppm)를 4배나 넘었다. 배기가스는 아래로 가라앉기 때문에 키 작은 어린이들이 어른들보다 훨씬 좋지 않은 공기를 마신다. 국가가 설정한 각종 안전기준치라는 것의 허상을 다시 한 번 확인하게 되었는데, 다른 환경기준치라는 것도 대부분 이런 식이다.

전 세계적으로 볼 때 대기 오염으로 인한 사망자는 교통사고 사망자보다 약 3배나 많다고 한다. 매년 300만 명이 대기 오염의 직·간접적 영향으로 인해 호흡기질환과 심장병 등으로 죽는다. 세계보건기구(WHO)는 2020년에는 대기 오염으로 약 800만 명이 사망할 것으로 예측하고 있다. 세계보건기구는 전 세계 사망 원인의 5%가 대기 오염이며 천식의 30~40%, 호흡기질환의 20~30%가 대기 오염과 밀접한 연관이 있다고 발표했다.

인간을 위한 자동차문화

자동차산업이 급속하게 발달하면서 우리는 지난 20년간 자동차문명을 아무런 대비책 없이 받아들였다. 물밀듯이 밀려온 자동차문화는 우리의 삶을 송두리째 망가뜨려왔다. 전국의 산하가 잘려나가고 그 자리에 불필요한 도로들이 각종 선거공약으로 만들어졌으며, 도심의 길거리는 사람이 걸어 다니고 대화하는 공간이 되지 못한 채 소음과 배기가스를 방출하고 생명을 위협하는 자동차에게 모든 권리를 내주었다.

자동차 1만 대당 교통사고 사망자 수
우리의 자동차 1만 대당 교통사고 사망자 수는 약 13명인데 스웨덴은 1.35명, 영국은 1.40명, 미국은 2.12명, 일본은 1.64명이다. 쉽게 설명하면 자동차 사고로 스웨덴 사람 1명이 죽는데 우리는 12명이 죽는 것이다. 인구 10만 명당 교통사고 사망자 수도 27.25명으로 9.28명인 일본의 3배에 달한다.

전 세계적으로는 교통사고로 매년 70만 명이 죽고 1,000만 명에서 1,500만 명이 부상을 당한다고 하는데, 사망 및 부상자 가족들의 입장에서 보면 이는 그 어떤 전쟁보다도 참혹한 것이다. 멀쩡한 집안이 송두리째 파탄을 맞게 되는데 교통사고 유가족이나 평생 장애인이 된 사람, 이들의 가족들에게 그야말로 청천벽력인 셈이다.

과거에는 산업화된 사회만 자동차문명을 받아들였지만 지금은 전 세계 저개발 국가에서도 고급 승용차는 부와 지위의 상징으로, 일반 승용차는 시민들의 생활필수품으로 자리 잡아가고 있다. 그러나 이 자가용이 정작 도시 생활의 질을 떨어뜨리는 가장 큰 요인이 되고 있다.

이제 우리는 자동차에 대한 맹종에서 벗어나 자동차를 우리가 통제 가능한 교통수단의 일부로 다시 자리 매김해야 한다. 자동차를 과보호하고 보행자를 천대하는 문화. 골목길 아이들의 보행공간과 놀이공간을 자동차 주차에 스스럼없이 내주는 문화. 횡단보도에 자동차가 버젓이 올라가 있고 사람들은 자동차의 눈치를 보는 문화. 사람은 지하도나 육교로 다니고 자동차가 거리의 중심을 활보하는 문화. 이런 문화가 자동차라는 기계에 인간의 기본 권리를 양도한 증거들이다.

원래 인간을 위해 만들어진 자동차의 탄생 취지를 살리기 위해서는 도시에서 자동차를 가지고 다닐 때 그렇지 않은 경우보다 훨씬 불편하게 만들면 된다. 종로 거리에 무공해 버스와 노상 전차를 다니게 하고 인도 옆에 자전거도로를 만들면 아마 차 다닐 공간은 한 차선 정도밖에 안 될 것이다. 역 주변에는 자전거 주차장을 대폭 신설하고 기차와 버스를 타고 휠체어를 탄 사람이든 두 발로 걸어 다니는 사람이든 어디든 갈 수 있게 만들어야 한다. 도심의 좁은 골목길은 사람과 자전거만 다닐 수 있게 해야 한다. 자동차는 주 5일 근무로 늘어나는 휴일에 주로 이용하면 된다.

자동차회사들은 무공해 자동차, 전기 자동차 등 환경 부담을 최소화하는 질 높은 차를 생산하도록 노력해야 한다. 환경 최선진국인 독일의 도심에 가보면 대중교통수단에 도로를 모두 양보했지만 벤츠, 아우디, BMW, 폴크스바겐 등 세계 최고의 자동차 메이커들을 여럿 보유하고 있다. 환경과 사람 위주의 교통정책이 기업과 경제를 위축시키지 않는다는 증거다.

나는 국민 대다수가 지금보다 몇 배의 맑은 공기를 마시게 하면 그것은 그 어떤 정치 행위보다도 위대한 것이라고 생각한다. 지금 당장은 오염물질의 측정치가 환경기준치 안에 들었다고 해서 '건강에 해롭지 않다'고 안심하는 것이 위정자들의 수준이라면 우리의 미래는 별로 희망이 없다. 단순히 경제적 논리와 기업의 입장만 대변하는 그들이 우리를 잘살게 하면 얼마나 잘살게 할 것인가. 우리는 이제 환경과 경제 두 가지를 최소한 동일한 가치로 생각할 줄 아는 현명한 지도자를 요구해야 한다(이것은 정말 최소한의 조건이다).

일주일 내내 승용차의 도심 진입을 금지하고 있는 네덜란드의 유트레히트 시 교통담당관을 만났을 때, 나는 그의 입에서 환경친화니 공기의 질이니 하는 말이 먼저 나올 줄 알았다. 그런데 그는 전혀 예상 밖의 말을 했다.

"자전거가 중심이 되는 교통시스템이 가장 경제적입니다. 비싼 땅을 사서 도로를 건설할 필요도 없고 공기의 질을 높이기 위해 노력하지 않아도 됩니다. 사고로 인한 경제적 손실도 거의 없습니다. 물론 사람들의 건강에도 도움이 되고요."

세금을 거두어 무작정 자동차 다니는 시설에 들이붓는 우리와는 차원이 다른 발상이다.

자가용의 도심 진입을 금지한 네덜란드 유트레히트 시

자전거 고속 주행도로가 있는 네덜란드 하우텐 시

만약 서울 도심의 주차료를 현재보다 5배 올리고 출퇴근 목적으로 장시간 주차하는 차량의 주차료를 10배 올리면 어떻게 될까. 그러면 아주 돈 많은 사람들만 차를 타고 다닐 것이다. 그것은 또 다른 불평등을 낳는다. 그대신 지하철이나 노상 전철을 확충하고 저공해 버스를 연계해 운영하며 정류장 근처에는 대형 자전거 주차장을 만든다고 생각해보자. 자가용을 타고 다니는 것보다 대중교통수단을 이용하는 것이 더 편하게 만든다면, 그래서 다수를 위해 소수가 불편한 상황이 만들어지더라도 이것은 평등한 것이다.

자동차의 폐해를 줄이는 방법을 좀더 구체적으로 생각해보자. 팽창일변도의 자동차문화를 제어하기 위해서는 자동차가 다니는 길을 줄이는 것이 상식이다. 자동차를 타는 가장 기본적인 이유는 편리하고 빠르기 때문인데, 느리고 불편하고 비용이 늘어난다면 많은 사람들이 자동차 타는 것에 대해 다시 생각할 것이다. 에너지문제, 공해문제 이야기할 것 없이 간단하면서도 유일한 해결책은 자동차가 다닐 수 있는 길을 엄격히 제한하는 것이다. 일단 서울만 놓고 보면 자동차 전용도로에는 지금처럼 자동차가 다니게 한다. 그리고 자동차 전용도로에 연결되는 도로들도 지금처럼 자동차가 다닐 수 있도록 한다. 그러나 사람들의 주거공간, 도심의 사무실 주변, 쇼핑센터 주변, 보행공간, 휴식공간들에는 과감히 자동차가 들어오지 못하게 해야 한다.

아파트 같은 집단 주거공간

아파트의 주차공간은 모두 지하로 보낸다. 지하주차장이 없는 곳은 신설한다. 한 가구에 한 대의 주차공간을 의무화하고 더 주차가 필요한 집은 아파트 주변의 공용 주차공간을 이용하거나 아파트 주차공간의 여유분을 추가로 비용 부담하고 이용하게 한다.

단독주택, 연립주택 등 소규모 공동주택

단독주택, 연립주택 등의 주택지역 골목에는 아예 차를 주차하지 못하게 하고 이삿짐 차나 긴급 차량 외에는 통행도 못 하게 한다. 지방자치단체는 그 지역 자동차세금 납부자의 세금을 이용해 지속적으로 동네별 유료 공용주차장을 확보해나간다.

도심

- 도심과 부도심의 상당 부분에서 자가용과 오토바이의 진입을 일체 금지한다. 물건을 운반하는 화물차, 저공해 버스, 택시, 자전거만 들어올 수 있게 한다.
- 4대문 안에는 순환형 지상 전철, 모노레일 등을 신설한다.

대기 관리

- 도심 도로변 곳곳에 사람 키 높이의 매연 측정기를 설치하여 매일 엄격하게 배기가스를 관리한다.
- 매연 관리를 더 철저히 한다.
- 자동차에 환경세를 신설, 부과하여 대기의 질 향상을 위한 공원 확충, 나무 심기, 보행자도로 신설, 자전거도로 신설, 주차장 확보 등의 재원으로 활용한다.
- 현재 기름값에 부과되는 교통세가 도로 건설에 할당되는 양을 대폭

줄이고(현재 교통세 배분에 관한 시행규칙에 의해 도로에 67.5%, 철도에 18.2%, 항만에 0.4%를 사용하도록 명문화되어 있다) 이 재원의 상당 부분을 친환경 대중교통 확보에 쓴다.

위의 내용보다 훨씬 더 많은 친환경 대책이 세워져야 한다. 이러한 조치들은 사전에 세밀히 검토하여 시행상의 착오를 막아야 한다. 그러나 자동차에 인권을 빼앗긴 인간의 지위를 다시 자동차 위로 격상시키기 위해서는 다소 과격해 보이더라도 개혁의 차원에서 과감하게 밀어붙이지 않으면 안 된다.

내가 꿈꾸는 기본에 충실한 세상은 최소한 사람들의 권리가 자동차의 권리보다 존중받는 세상이다. 운전자와 보행자는 같은 사람인데 이들의 권리는 평등하지 않다. 자동차는 열차와 달리 궤도가 없기 때문에 운전자의 능력에 따라 보행자는 각종 사고의 위험에 일방적으로 노출된다. 만약 둘이 충돌한다면 보나마나 보행자의 완패로 끝난다. 전체 교통사고 사망자 가운데 보행자가 50% 정도나 된다. 또한 보행자는 운전자보다 훨씬 고농도의 배출가스를 마셔야 한다. 그러니 이런 불평등을 해소하려면 누구나 차 안으로 들어가야 한다(물론 자동차 내부도 길이 막히는 경우에는 바깥보다 더 심할 때가 많다).

도심을 떠나 국도로 들어가면 이런 상황은 더욱 악화된다. 국도 주변엔 경운기나 자전거 등 저속으로 이동하는 교통수단에 대한 배려가 전혀 없을 뿐 아니라 심지어는 도로변에 사람 다닐 공간이 없는 곳이 대부분이다. 오로지 2차선, 4차선 도로만 있을 뿐 사람이 다닐 틈이 없다. 도로를 이용해 학교에 가고 논에 가고 이웃 마을에 가야 하는 시골 사람들은 매일 생명의 위협에 시달리고 있다. 효순이와 미선이도 보행자가 다니는 공간조차 마련되지 않은 좁은 국도를 무방비 상태로 지나다 희생되었다.

그동안 자동차의 위세에 눌려 말 한마디 제대로 못한 시민들의 잃어버린 권리를 되찾아야 한다. 도시인이 누려야 하는 권리는 다음과 같이 소박한 것들이다. 맑은 공기를 마시며 걸어 다닐 권리. 자전거를 타고 안전하게 가까운 거리를 이동할 권리. 자동차들로부터 아이들이 보호받을 권리 등이다. 공공의 공간에서는 당연히 자동차를 탄 소수의 권리보다 다수의 권리가 우선되어야 한다. 어린이, 노인, 환자, 장애인들이 안심하고 이동할 권리가 보장되는 사회가 인본주의 사회다.

카 쉐어링을 아십니까

지금 유럽과 미국에서는 차를 소유하지 않고 필요할 때만 빌려 타는 운동이 활발하게 벌어지고 있다. 그것을 카 셰어링(Car Sharing) 즉 '차 나눠 타기'라고 하는데, 지금은 기업화되어 그 회사에 회원으로 가입하여 자신이 필요한 시간에 전화로 신청하거나 예약하면 차를 사용할 수 있다. 카 셰어링이 렌터카와 다른 점은 사용한 시간만큼 비용을 지불하면 되고 시내 요소요소의 카 셰어링 주차장에 차가 주차되어 있어서 비용도 저렴하고 쓰기도 편리하다는 것이다. 정부도 도로변에 카 셰어링 특별주차구역을 만들어 전폭적으로 지원하고 있다.

나는 시애틀에 있는 플렉스카(Flex-car)의 마케팅 책임자인 존 윌리엄 씨를 찾아갔다. 플렉스카는 미국에서 가장 오래되고 가장 규모가 큰 카 셰어링 회사로, 1만 6,000명의 회원이 있고 워싱턴 DC, LA, 샌디에이고, 포틀랜드, 시애틀에 지점을 두고 있다. 한 달에 1,000명

시애틀 도심의 카 셰어링 주차장

정도의 회원이 가입하며 260대의 차가 각 지역에 포진되어 있다.

"우리는 도심 한복판에 차량 네트워크를 만들어 사람들이 예약을 통해 차를 사용할 수 있게 하고 있습니다. 저희 회사에서는 연료와 주차 장소뿐 아니라 보험까지 제공합니다. 회원은 자신이 사용한 시

간만큼만 돈을 지불하면 됩니다. 만약 당신이 시내에 살고 있어 차를 소유할 필요가 없고 가끔 차가 필요할 경우, 플렉스카에서 몇 시간 동안 차를 빌릴 수 있는 거지요."

왜 이런 회사를 구상하게 되었나요? 환경적인 문제 때문인가요? 아니면 다른 이유가 있나요?

"플렉스카는 복잡한 도시환경 속에서 살아가기 위해 좀더 나은 방법을 찾을 수 있다는 믿음에서 생겨났습니다. 도시에는 현재 불필요한 오염과 교통 체증이 심합니다. 이런 문제는 사람들에게 짧은 이동수단을 제공함으로써 충분히 해결 가능합니다. 그럼에도 미국인들은 하루에 단 한 시간을 위해 여전히 하루 종일 차를 소유하고 있습니다. 대부분 차들은 주차장에 들어가 있기 일쑤죠.

카 셰어링 자동차를 공동 이용하는 제도. 개인별로 자동차를 소유하지 않고 회원으로 가입하여 필요할 때마다 예약하여 이용한다. 1회 주행당 이용 비용은 적지 않은 편이나 자동차세, 보험료, 관리비 등 전체 비용을 고려하면 자가용 승용차를 이용할 때보다 훨씬 경제적이다. 도시의 교통난과 환경문제를 동시에 해결해줄 새로운 대안으로 주목받고 있다.

만약 이들에게 필요한 시간만큼만 교통수단을 제공하고 대중교통과 자전거를 더 이용하도록 선도하고 더 걷게 한다면 환경에도 도움이 많이 될 겁니다. 우리가 조사한 바로는 현재 플렉스카의 회원 중 60퍼센트 이상이 소유하던 차를 팔았거나 새로 차 사는 것을 꺼리고 있습니다. 차는 환경에 결정적 타격을 주는 것 중 하나죠."

나는 카 쉐어링에 동참하고 있는 사람을 소개받았다. 건축가 그레이스 킴. 일주일에 두세 번 정도 차를 이용하는 그녀는 차를 소유하는 것이 낭비라는 생각을 하게 되었다고 한다.

언제 카 셰어링을 이용합니까?

"늦게까지 일하거나 여행 갈 때 혹은 그냥 놀러 갈 때 이용해요. 그래서 낮에 이용하기도 하고 또 밤에만 이용하기도 하죠. 어떤 때는 한 시간 정도, 때로는 5~6시간도 사용합니다. 얼마만큼 이동하느냐에 따라 다르죠. 비용은 시간당 계산됩니다. 한 달에 10시간 정도 사용하는 것으로 계약할 경우, 금액은 약 65달러(8만 원) 정도 됩니다. 추가할 경우 시간당 8달러(1만 원) 정도 더 내면 되고요. 차를 많이 이용하는 사람은 50시간을 기본으로 해도 되고 차를 자주 이용하지 않는 사람의 경우엔 0시간을 기본으로 계약해도 됩니다. 그럴 경우 이용 시간만큼 계산을 하게 되죠. 휴대폰 지불 방법과 비슷해요."

어떤 계기가 있었나요?

"10년 전에는 저희 부부도 차를 가지고 있었어요. 하지만 시애틀로 이사 온 후 도심에서 살게 되었기 때문에 굳이 차를 살 필요가 없었어요. 일단 처음 1년 동안은 차를 사지 않고 지켜보기로 했죠. 그런데 3개월 후부터 플렉스카에서 사업을 시작해서 그때부터 지금까지 카 쉐어링을 이용하고 있어요. 한 달에 약 400달러(50만 원)는 절감되는 것 같아요. 그런데 우리가 차를 사지 않기로 한 것은 차를 살 여유가 없어서가 아녜요. 라이프스타일에 따른 선택이라 할 수 있죠.

우리가 운전을 해야 하는 경우는 가족을 만나러 가거나 아니면 놀러 갈 때, 늦게까지 일을 할 때뿐입니다. 차는 우리에게 지위의 상징이 아니라 이동수단일 뿐이죠. 우리는 여기에 돈을 쓰느니 차라리 친구들과 보내는 시간과 삶의 질을 높이는 데 쓰기로 결정했어요. 우리는 자동차에 의한 대기 오염이 아이들에게 천식을 일으키는 주요 원인이라는 사실을 잘 알고 있어요. 우리가 차 이용을 좀 줄인다면 환경에 도움이 될 거라고 생각해요."

평범한 시민의 입에서 술술 풀어져 나오는 삶의 기본에 관한 이야기들을 들으면서 서울이 생각났다. 사람이 다치는 것은 용서가 되지만 '내 소중한 차'를 상처 내면 대로상에서도 멱살잡이를 하는 나라에서 과연 카 셰어링 같은 제도가 정착할 수 있을까.

한국에 도입해도 좋을 제도 중에 독일의 콜 자전거(Call a bike)라는 것이 있다. 회원으로 가입한 사람은 도시의 역 주변과 도심 한복판 사거리 등에 놓여 있는 콜 자전거(자전거에 'Call a bike' 표시가 되어 있다)에 비밀번호를 입력하고 이용할 수 있다. 이용 후에는 사거리 아무데나 사람들 눈에 띄는 곳에 시건장치를 하고 놔두면 된다. 이 자전거도 시간당 사용 요금을 내면 된다. 베를린역 주변에서 이용되고 있는 모습을 봤는데, 복잡한 도심 한복판에서는 매우 유용한 교통수단이었다. 열차를 타면 안내 팸플릿에 도시마다 콜 자전거 제도가 있는지, 카 셰어링 제도가 있는지 일목요연하게 표시되어 있어 사용자가 매우 편리하게 이용할 수 있다.

독일 베를린역 앞의 콜 자전거

미국같이 땅이 넓고 환경문제를 생각하기 이전에 이미 모든 집과 도로와 쇼핑센터와 공원들이 자동차 중심으로 설계된 나라에서 지금 당장 차를 타지 말자고 하면 정신 나간 사람 취급을 받을 것이다.

그러나 분명한 것은 이제 한국에는 한국에 맞는 교통문화를 만들어야 한다는 점이다. 자동차 도로를 줄이고 버스, 자전거, 지상 전철을 다니게 한다면 10년 후 천문학적인 경제적 사회적 이득이 생길 수도 있을 것이다. 자가용 타는 것보다 100배나 불편한 교통체계를 만들어놓고 자가용 이용을 자제해달라고 호소하는 것처럼 모순된 일은 없다.

나도 자동차를 한 대 소유하고 있다. 그 자동차를 팔 것인가 말 것인가로 〈환경의 역습〉 제작 초기에 무척 고민이 많았다. '환경프로그램을 만드는 자가 어찌 자동차를 소유한다는 말인가' 하는 생각에 가족과 합의해 차를 팔기로 결심하고 관련 서류까지 작성했다. 그러다가 마지막 순간에 마음을 고쳐먹었다. 그것은 일종의 '나만의 면피'일 뿐이라는 생각이 든 것이다.

내가 자동차를 팔면 생길 수 있는 문제를 생각해보았다. '무엇보다 디스크가 있어 의자에 오래 앉아 있지도, 오래 걷지도 못하는 아내의 이동에 문제가 생길 것이고, 어머니를 만나뵈러 가는 데도 지금보다 더 소홀해질 수 있을 것이고…….' 내가 차를 팔았을 때 곤란한 상황들을 쭉 나열해보니까, 카 셰어링 같은 대체 수단이 없는 상태에서는 차가 있어야 한다는 결론에 도달했다.

그래서 차선책으로 새 자동차를 구입한 2002년부터 지켜온, 1년에 주행 거리를 6,000km 이내로 제한하기로 한 나 자신과의 약속을 계속 지켜가고 있다. 1년에 6,000km 이내로 자동차를 타고 다니기 위해서는 일주일에 최소한 3~4회 이상은 출퇴근에 대중교통수단을 이용해야 했는데, 그러다 보니까 무엇보다 건강에 매우 도움이 되었다. 하루에 왕복 한 시간 정도 전철을 오르내리며 서 있다 보니 조금 피곤하기는 해도 살도 빠지고 다리도 튼튼해졌다. 나는 또 사람들이 많이 타고 다니는 시간에는 가급적 자동차를 몰지 않는다는 원칙을 세웠다. 그래서 월요일이나 금요일에는 거의 차를 가지고 다니지 않았다.

요즘은 출근 거리가 가까워져서 주로 자전거를 타거나 걸어서 출근한다. 밤새워 일해야 할 때나 늦게 퇴근할 때, 노모를 모시고 이동할 때, 가족과 오랜만에 외식할 때, 폭우가 쏟아질 때 등 스스로 생각하기에 자동차를 몰고 다녀도 괜찮을 때만 차를 몰려고 노력하고 있다. 환경에 관한 책을 쓰고 있고 특히 자동차의 피해에 관해서 강조해온 나로서는 나 자신이 이렇게 현실 타협적이고 나약한 데 대해 부끄럽기 그지없다. 하지만 자동차 팔고 내가 느낄 우월감보다 차선책으로 선택한 그 약속들을 지키는 것이 나를 더 행복하게 한다. 독자 여러분은 자동차를 버리지 못한 저의 선택을 용서해주실 수 있을는지요.

태아들이 가출하고 있다

자궁은 태아의 집이다. 자궁은 태아라는 미완성 생명체가 최적의 상태로 영양을 공급받고 환경적 피해를 최소화하도록 설계된, 인간이 흉내 낼 수 없는 완벽한 집이다. 그런데 이 위대한 집에도 새집증후군 같은 일이 벌어지고 있다. 집을 거부하고 더 이상 살 수 없다며 탈출을 감행하는 태아들이 늘고 있다. 태아의 가출은 과거에는 자살 행위였다.

나는 UCLA 공공보건대학 환경역학과의 비트 리츠(Beat Rits) 교수를 찾아갔다. 그녀는 주로 배기가스가 임산부에 미치는 영향에 대해 연구한다. 그녀가 LA에서 임신부들을 대상으로 조사한 바에 따르면 LA의 공기 오염이 기형아 출산, 저체중아 출산, 조산 등의 원인이라고 한다.

"만약 당신이 도로에 인접해 오염도가 높은 지역에 거주한다면, 저체중아를 출산하거나 조기 출산할 가능성이 높습니다. 또 태아의 심장은 정확히 임신 2개월째에 발달되는데, 이 기간에 임산부들이 배기가스 오염에 노출된다면 심장 막에 결손이 생길 위험이 높아집니다. 심장에 구멍이 생기면 아기는 수술을 받아야 합니다. 오염도가 높으면 이런 결점이 3~4배 증가하는 것을 볼 수 있었죠. 우리가 조사한 바로는 1,000명당 2명꼴로 이런 기형을 가진 아이가 태어나고 있습니다."

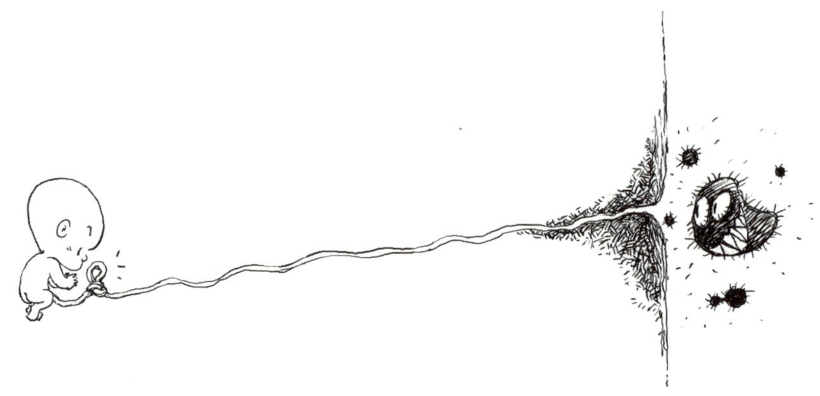

심장 기형을 어떻게 배기가스와 연관시킬 수 있습니까?

"태아의 심장이 발달되는 임신 2개월째에 높은 오염에 노출되면 여섯 가지의 기형이 나타납니다. 자동차 배기가스에는 독성이 강한 물질들이 포함되어 있는데 일부는 기형아 출산을 초래하는 유독물질이죠. 그래서 우리는 배기가스 내 아주 미세한 유해 입자들이 우리가 관찰한 LA 지역의 심장 기형과 관련이 있다고 보고 있습니다. 캘리포니아에는 기형을 가지고 태어나는 모든 아기들을 등록하는 기관이 있습니다. 저는 그곳의 자료를 가지고 공기 오염과 기형아 출산의 상관 관계를 연구할 수 있었죠. 제 연구가 이 관계를 조사한 최초의 연구였고요."

요즘 조산이 늘고 있는데 배기가스가 조산에 어느 정도 영향을 줍니까?

"제가 연구한 바로는 임신 7개월 이후에 오염도가 높은 공기를 들이마시면 저체중아를 출산하거나 조기 출산을 할 확률이 높습니다. 조기 출산한 아이들 중 많은 아이들이 저체중아였습니다. 이산화탄소의 경우, 엄마보다 태아에게 더 많이 축적이 됩니다. 태아의 헤모글로빈은 이산화탄소를 좋아하는 성질이 있기 때문이죠. 그리고 아주 작은 입자이기 때문에 인체의 모든 곳을 다 갈 수 있어요. 임산부가 초미립자를 흡입하면 폐로 가고, 폐를 통해 혈관으로 가고, 뇌에도 가는 거죠."

폴란드와 체코에서 행해진 연구에 따르면, 임산부를 관찰한 결과 임산부 내의 DNA에 붙어 있는 유해물질을 발견했다고 한다. 오염 입자들이 임산부 체내에 들어가면 아기에게 침투해서 태어난 후 혈액 속에서 발견된다. 가스와 극미세입자(Ultra Fine Particles)가 산모의 몸속으로 들어가 혈관을 타고 온몸을 돌아다니다가 태반의 방어막을 통과해 자궁의 아이 몸에 축적된 후 빠져나가지 않는다. 자궁 안에서 탯줄로 호흡하는 아이에게도 새집증후군이 일어나고 있는 것이다.

집 밖에 차가 다니면 창문을 닫고 있어도 우리가 잠자는 동안 미세먼지가 코나 기관지 점막 등 인체의 방어막에 걸러지지 않고 통과하여 폐 속까지 들어가 체내에 몇 년씩이나 체류할 수 있다. 이럴 경우 미세먼지 자체에 붙어 있는 독성물질이 인체에 영향을 줄 뿐만 아니라, 호흡기의 자체 정화능력을 저하시켜 독성이 강한 물질에 노출될 가능성도 높이게 된다.

이제 부모들이 나서서 어린이들의 목소리를 대변해주어야 한다. 만약 아이들이 원인 모를 천식이나 호흡기질환, 기관지염으로 고통받고 있다면 부모들은 주변환경에 혐의를 두고 목소리를 높여야 한다. 이런 질병들은 하늘에서 그냥 뚝 떨어진 것이 아니라 상당 부분 도시 오염의 직·간접적 영향으로 생긴 것이다. 부모들은 이제 자신들이 꾸미는 아파트의 실내 공기와 타고 다니는 자동차로 인해 자녀들이 천식 등 호흡기질환에 걸리고 자신들도 폐암에 걸릴 수 있다는 사실을 알아야 한다. 우리는 누가 폐암에 걸렸다고 하면 먼저 흡연 여부를 물어보고 담배를 피우지 않는다고 하면 고개를 갸우뚱한다. 그러나 실내 공기와 대기 오염이 흡연보다 훨씬 더 큰 원인이다.

아이들은 발달기에 있기 때문에 공기 호흡량이 성인보다 훨씬 많다. 대기 오염의 피해는 나보다 바로 내 아이들이 직접 감당해야 한다. 폐질환에 걸리거나 호흡이 어려워지면 아이들은 육체적 정신적으로 올바로 성숙할 수가 없다. 사회가 나서서 빨리 태아와 어린이들을 위한 대책을 마련해야 한다. 모든 기관은 자궁 내에서 발달하기 때문에 이 시기의 아이들을 안전하게 보호해서 성인이 되어서도 아프지 않도록 해줘야 한다. 그것이 사회가 감당해야 하는 태교다.

나무를 사랑하면 건강해진다

자동차가 사람의 생존환경을 파괴해왔다면 숲과 나무는 이를 보완해주는 사막의 오아시스 같은 존재다. 그런데 우리나라의 도시에서는 아파트와 도로 건설로, 시골에서는 도로 건설과 불법 묘지 조성으로 인해 무분별한 숲의 파괴가 지속적으로 이루어지고 있다. 대도시에 공원이 부족한 것은 말할 것도 없고 있는 나무조차 제대로 보호하지 못하고 있다. 외국에는 나뭇가지 한 개만 꺾어도 수백 달러의 벌금을 무는 곳이 많다. 그런데 우리는 아파트를 재건축하면서 수십 년 된 나무를 마구 뽑아버리고 새로 작은 나무를 사다 심는가 하면 아파트 단지 내 나무를 관리사무소에서 마음대로 잘라버린다.

지방의 국도와 고속도로를 막론하고 도로 옆 산야를 바라보면 기가 막힌다. 곳곳마다 들어선 묘지들이 원형탈모증 걸린 머리처럼 숲을 흉측하게 만들고 있다. 사회가 묘지 숭배사상에 젖어 있어 일단 만든 묘지는 주인 허락 없이 마음대로 손도 대지 못하는 게 우리의 현실이다. 그러니 불법이 일상적으로 일어날 수밖에 없고 아름다운 산에 하루가 다르게 온통 묘지들로 수놓아지고 있다.

한글타자기를 발명한 공병우 박사는 돌아가시면서 이런 말을 남겼다고 한다.

"내 죽음을 알리지 말고 쓸 만한 장기와 시신은 모두 병원에 기증하라. 죽어서 땅 한 평을 차지하느니 그 자리에 콩을 심는 게 낫다."

호주에 잠시 살면서 감동받은 것 중에 첫 번째가 바로 나무에 대한 그들의 엄격한 정책이었다. 호주에서는 내 집 뒷마당에 있는 나무도 함부로 벨 수가 없다. 나무를 베려면 합당한 이유가 있어야 하는데, 주로 나무로 인해 주인이 위험한 상황에 놓여 있거나 건물을 심하게 파괴하는 경우 등이다. 그런 일이 발생하더라도 무턱대고 나무를 통째로 자르는 것이 아니라 나뭇가지 일부만 자르게 한다든지 상황에 따라 처방이 다 다르다. 이런 결정도 현장에 파견된 나무담당관이 세밀한 조사보고서를 작성해 구청에 보고한 후 허가를 받아야 가능하다.

심지어 몇 년 전에는 이런 일도 있었다. 어떤 집주인이 나무 한 그루가 기울어져 집을 덮칠 것 같자 구청에 나무를 벨 수 있게 허락해 달라고 민원을 냈다. 그런데 구청에서 나무를 베도 좋다는 허가를 얻지 못했다. 세월이 갈수록 나무가 점점 기울어지니까 집주인이 다시 민원을 내어 결국 허가를 받기는 했는데, 허가를 받고 바로 나무를 자르지 않아 그만 사고가 나고 말았다. 나무가 비에 쓰러지면서 집을 덮쳐 주인이 죽은 것이다. 화가 난 부인이 구청의 늑장 대응을 이유로 소송을 했지만 법원은 구청의 손을 들어주었다. 허가한 시점 이후에 남편이 죽었기 때문에 구청의 잘못이 없다는 것이었다.

이 사건이 말해주듯 호주에서는 나무 한 그루도 철두철미하게 보호하는 정책을 펴고 있다. 그 덕택에 시드니를 처음 방문하는 우리나라 사람들은 누구나 신선한 공기를 체험하고는 감탄사를 연발한다. 도심에는 자동차가 가득 차 있지만 서울의 거리를 걸을 때보다 훨씬 피로도 덜하고 기분도 상쾌하다. 항구 도시라 바람이 자주 불기 때문이기도 하지만, 주택가를 가득 메우고 있는 나무들과 한 동

네 걸러 커다란 공원을 만들어놓은 도시계획 덕분이기도 하다. 도심 한복판을 차지하고 있는 공원들은 우리나라에서는 강원도 산골에서나 볼 수 있는 각종 야생 동물과 조류와 박쥐들의 서식처다.

그런데 그런 경치 좋고 공기 좋은 공원에 가만히 앉아 있다 보면 억울하다는 생각이 절로 든다. 시드니 사람들보다 서울 사람들이 도시에 사는 대가로 지불하는 생활 비용이 훨씬 더 비싸기 때문이다. 집도 비싸고 의료비도 비싸고(호주는 무료) 교육비도 비싸고(교육비도 대학까지 거의 무료) 교통도 더 막히고 물가도 비싸고 공기와 마시는 물도 나쁘고 소음도 더 나는 곳에서 우리는 뼈 빠지게 번 돈을 다 쏟아부으며 살고 있는 것이다.

그렇다면 나무는 구체적으로 인간의 몸에 얼마나 이로울까. 나는 일본 삼림종합연구소 실험실을 찾아갔다. 때마침 미야자키 교수가 노송나무의 추출액이 뇌에 미치는 영향을 실험하고 있었다. 실험자의 머리에 장치를 달아놓고 뇌 활동 상황을 측정하는 것이었다.

먼저 피실험자에게 암산을 하도록 숫자를 불러준다. 3 곱하기 8은? … 24, 8 곱하기 9는? … 72, 11 곱하기 12는? … 132, 13 곱하기 13은? … 169, 13 곱하기 11은? … 143.

이런 식으로 피실험자에게 암산을 하도록 하는데 뇌의 활동 상황이 1초마다 측정되고 있었다. 피실험자는 계산을 하면서 뇌의 혈압도 높아지고 자율신경도 활발해졌다. 이때 미야자키 교수가 노송나무 냄새를 피실험자의 코 밑에다 흘려보냈다. 그러자 그래프가 안정되기 시작했다. 나무 냄새가 스트레스 상태를 해소해준 것이다.

2차 실험. 듣기 싫은 소음을 피실험자에게 들려주었다. 그랬더니 뇌 활동이 거의 정지 상태를 보였다.

"지금처럼 너무 불쾌할 때는 뇌가 활동을 정지합니다. 지금은 극단적으로 불쾌할 때의 뇌 상태입니다."

소음이 계속되자 뇌의 혈압이 올라가기 시작했다. 혈압은 오르고 뇌 활동은 떨어지는 스트레스 상태였다. 계속해서 숲 속의 소리를 들려주었더니 다시 안정된 상태로 접어들었다.

이어서 미야자키 교수는 각종 알레르기의 원인으로 지목받고 있는 집진드기의 변화를 보여주었다. 나무에서 추출한 액체를 묻히자 집진드기의 활발하던 움직임이 멈춰버렸다. 노송나무 추출액은 집진드기뿐 아니라 살모넬라균의 증식을 막고 곰팡이의 번식도 억제한다. 천연 항생제, 항균제 역할을 하는 것이다.

인간이 도시와 도로를 건설하면서 파괴하는 숲이라는 공간은 이렇듯 우리 눈에는 보이지 않지만 우리 몸에 유익한 성분들을 방출하고 있다. 숲에 들어가면 기분이 좋아지고 정신이 맑아지는 것은 숲에서 나오는 산소 때문만이 아니라 나무에서 자연 방출되는 이런 유익한 성분 때문이다. 그 대표적인 성분으로는 피톤치드, 테르펜 등이 있다. 피톤치드(Phytoncide)는 그리스어로 '식물'을 뜻하는 Phyto와 '살균'을 뜻하는 Cide를 합성한 말로, 식물이 병원균에 저항하기 위해 방출하는 물질이라는 뜻이다. 테르펜(Terpene)은 식물 조직에 들어 있는 성분으로 살균, 살충 효과가 있다. 자율신경을 자극해 심신을 안정시키고 두뇌 건강에도 좋다.

살아 있는 나무가 아니더라도 사람에게 좋은가요?
"도시인들은 자연과 동화되어 살아야 합니다. 한 가지 예를 들면 금속을 만지는 실험을 하면 혈압이 상승합니다. 설문조사를 해도 불쾌하다는 반응을 보입니다. 스트레스 상태가 되는 거죠. 그런데 목재를 만지게 하면 혈압이 내려갑니다. 자연 소재여서 사람과 잘 어울리는 거죠. 그러니까 목재에 니스 칠 등을 약하게 하여 사용하는 것이 중요하다고 생각합니다. 노송나무 향기만 맡아도 우리 몸은 편안해집니다.

신주쿠에 다다미와 카펫을 간 아파트가 있었는데 진드기가 있어 그 집 아이가 아토피로 고생하고 있었습니다. 우리가 다다미와 카펫을 없애고 나무마루로 바꾸어 실험했더니 진드기 수가 확 줄어 아토피도 덜해졌습니다. 바닥만 바꾸어도 효과가 있다는 것을 알았죠. 작은 정원이 있으면 정원 생활을 즐기고 아파트에서도 베란다에 자기가 좋아하는 식물을 심거나 숲 소리를 들으며 생활하면 자연과 조화된 본래의 사람 모습에 가까워집니다. 가까운 공원에서 나무와 함께 지내는 것도 효과적이죠."

아카기 씨의 통나무집

정말로 숲과 나무와 친해지면 건강이 회복될까. 나는 도쿄에 살면서 자신은 천식과 화학물질과민증 그리고 아이는 아토피로 고생하다 숲으로 이사 갔다는 아카기 씨를 찾아갔다. 그녀의 집은 도쿄에서 자동차로 한 시간 반 거리의 숲 속에 있었다. 새소리와 물소리가 울려 퍼지는 숲 속 통나무집에서 그녀가 반갑게 맞아주었다.

집이 참 좋아 보이네요.

"자연과 일체가 되고 싶어 이런 집을 지었습니다. 도쿄 23구에 살았는데 이곳으로 도망 온 거죠. 35년 동안 천식이 심해 아침, 점심, 저녁으로 응급 흡입기를 달고 살았어요. 그런데 이 집에서 살게 된 후부터는 마법에 걸린 것처럼 발작이 안 일어나요. 집 지을 때 나무에 표면 처리를 전혀 하지 않았고, 왁스나 오일 같은 것도 바르지 않아서 좀 지저분하긴 하지만요."

그런데 집 주변에 사람들이 많고 어수선해서 그 이유를 물어보았다.

오늘은 사람들이 많이 있네요?

"화학물질과민증을 앓고 있는 아이들만 80여 명 모아 여름 캠프를 하려고 준비 중이에요. 음식 재료를 선택하여 모두 같은 음식을 먹는 것을 테마로 한 캠프죠. 또 환경을 이해하게 해주는 프로그램도 있어요. 아이들은 음식물 알레르기가 심해서 학교 급식을 먹을 수가 없어요. 아마 이 캠프에서 처음으로 모두 같은 음식을 먹는 경험을 할 겁니다. 완전 무농약 쌀로 준비했어요. 쌀도 못 먹는 아이들은 단백질을 제거한 쌀을 먹게 할 겁니다."

여기 온 다음 구체적으로 어떤 변화가 있었나요?

"믿기 어려운 얘긴데, 전 35년 동안 천식이 심해 학교도 잘 못 가고 일을 하면서도 아침에 일어나 응급 흡입기부터 착용하고 하루를 시작했어요. 밤에 잘 때도 이불을 펴면 호흡이 곤란해져서 다시 흡입기를 사용하고 잠들곤 했지요. 하지만 지금은 그것이 전혀 필요 없게 됐어요. 더 이상 힘들지 않게 된 날이 35년이 지난 어느 날 갑자기 찾아왔습니다. 지금 제가 마흔세 살인데 정말 놀라운 변화죠."

인터뷰 도중 감격하여 울고 있는 아카기 씨

아이는 어떤가요?

"제 아들은 아토피로 고생하다가 많이 좋아졌어요. 호흡 곤란 상태도 좀 있었는데 여기 오자 완전히 없어졌죠. 초등학교 2학년 때 와서 3학년 때 마라톤을 했는데 아이도 감동했지만 저도 감동했어요."

과거를 회상하던 그녀가 갑자기 울먹이기 시작했다.

"저는 제 아이가 그런 운동은 할 수 없을 것으로 생각했으니까요. 다른 사람이 보면 아무것도 아닌 일인데…… 저희는 정말 기뻤습니다. 살아남아 기쁘다고 아이와 이야기했습니다. 자연에서 살 수 있게 된 것이 저희에겐 정말 고마운 일이에요. 도시에서 살면서 주위 사람들의 이해를 얻기가 어려웠거든요. 그 때문에 저도 아이도 상처를 많이 받았죠. 말로 다 설명할 수 없지만……."

그동안 얼마나 마음고생을 했던지 다 지나간 일을 회상하면서 그녀는 울고 있었다. 숲과 나무는 그녀 가족에게는 생명의 은인 같은 존재였다.

『잘먹고 잘사는 법』 독자 중 한 분이 편지를 보내왔다. 잠시 소개하겠다.

"웰빙 바람으로 건강에 관심이 많은 요즘 서울 양천구 신정동의 아파트에서 생활하다가 지금은 마음의 고향인 충북 단양으로 내려와 황토와 소나무를 이용해 저희 부부가 직접 흙집을 지었습니다.

디지털시대를 살아가는 현대인이지만 우리 몸은 아직 아날로그라고 생각합니다. 그래서인지 서울 아파트에선 숙면을 취하지 못하고, 자고 일어나도 푹 잔 것 같지 않고, 늘 피곤하고 컨디션도 엉망인 나를 발견할 때 이렇게 살아야 하나 하는 생각을 많이 했습니다.

지금은 서울에서 생활할 때보다 많이 좋아졌습니다. 잠도 잘 자고 자면서 종아리를 긁던 버릇도 없어졌습니다. 먹을거리도 채식 위주의 자연식으로 바꾸었습니다. 세 살 된 저희 아들은 아토피가 심했었는데 지금은 다 나았습니다.

『잘먹고 잘사는 법』이란 책을 읽으며 건강에 대해 더 많이 알게 되었고, 제가 시골로 내려오길 잘했구나 하는 생각을 했습니다. 제가 아파트에서 생활할 때 겨울철에 습도를 재어보니 5퍼센트 정도밖에 안 나오더군요. 가습기를 최대한 틀었을 때 20퍼센트, 빨래를 널어도 20퍼센트, 욕조에 물을 받아도 20퍼센트…… 욕조에 물을 받을 경우 하루에 증발하는 양이 엄청났습니다.

하지만 숨쉬는 흙집은 겨울철 가습기를 틀지 않아도 50~60퍼센트의 습도를 유지합니다. 그래서 건강에 좋은가 봐요. 이것 외에도 친구가 방에서 밤새 담배를 피웠는데 다음날 방에서도 자기 몸에서도 담배 냄새가 나지 않는다며 신기해하더군요. 저는 과학자가 아니기에 흙집이 시멘트 집에 비해 어떻게 좋은지 자세하게 알 수는 없습니다. 하지만 좋은 것만은 확실합니다.

감사합니다. 정○○ 올림."

얼마 전 TV 프로그램에 아무것도 먹지 않고 황토만 먹는 외국 할머니가 나왔는데 그분은 수십 년간 황토만 먹고 살았다고 한다. 황토 안에는 눈에 보이지 않는 다양한 미생물이 있다. 자연농업협회에서 만드는 친환경 돼지우리의 바닥에도 황토가 들어가고 돼지들의 사료에도 황토가 30%나 들어간다. 흙은 생명체의 자궁과 같은 곳이고 우리는 모두 흙으로 돌아갈 것이다.

상품으로 가공하여 미생물을 다 죽인 '무늬만 황토'가 아니라 진짜 자연 그대로의 황토와 흙은 원적외선을 방출하여 신진대사를 활발하게 해준다. 또한 곰팡이를 죽이는 살균력도 있고 앞에 소개한 독자가 신기해한 냄새 탈취력도 뛰어나다. 흙에는 숯처럼 수많은 구멍들이 있는데 이곳에서 냄새나 화학물질을 흡착하는 기능이 있기 때문이다. 흙을 물에 담가두었다가 위의 맑은 물은 마시고 아래 가라앉은 앙금(지장수)을 아토피를 앓고 있는 아이들 목욕물에 타서 효과를 본 사람들도 많다.

초기의 불안전한 지구환경이 지금처럼 헤아릴 수 없는 생명체들이 번성하기 적합한 환경으로 안정되기까지 수십억 년의 세월이 걸렸다. 그런데 이 안정된 환경을 기형적으로 번성한 인간이라는 별종들이 하루가 멀다 하고 온통 파헤치며 지표를 형성하는 토양과 숲을 파괴하고 있다.

지표의 흙은 오랜 기간 풍화 및 침식 작용을 거치면서 나쁜 물질은 다 씻겨 내려가고 광물이 갖고 있는 좋은 점들만 남아 다양한 생물들을 보듬는 소중한 존재다. 그런 지표 위에 형성된 숲은 많은 생물들의 안식처가 된다. 그런데 이런 숲을 무분별하게 파괴하는 것은 토양 안에 존재하는 생명체들과 숲 속에 사는 그 모든 생명체들의 네트워크를 한꺼번에 파괴하는 것이다. 숲이 파괴되면 파괴된 그 숲에만 영향을 주는 것이 아니라 주변 지역까지 광범위하게 영향을 준다.

숲의 유익한 생명체가 사라지고 나면 숲이라는 거대한 안전망에 갇혀 꼼짝 못하고 있던 각종 바이러스들이 그야말로 제 세상을 만나게 된다. 에이즈, 에볼라, 나일, 구제역, 조류독감, 사스 등 과거에는 별로 문제가 되지 않았거나 들어보지도 못했던 악성 바이러스들이 생태계의 방호벽을 뚫고 인간을 공격하기 시작했다. 이것은 일부 학자들이 주장하는 것인데, 공인된 학설은 아니지만 나는 그들의 생각에 동의한다. 왜냐하면 흙이라는 것은 거대한 항생물질 덩어리이기도 하기 때문이다. 우리가 개발한 각종 항생제들(페니실린, 테라마이신 등)과 항암제들이 흙의 미생물, 효소에서 나왔다는 사실을 알아야 한다. 이런 식으로 인간이 숲과 땅을 파괴해간다면 머지않아 지금보다 퇴치가 불가능한 바이러스들이 더 자주 나타나 인간을 괴롭히게 될 것이다.

산업혁명 이전에 인간은 99%가 자연 속에서 살고 있었다. 당연히 인간의 몸(피부와 폐 등 각종 장기)은 숲에서 나오는 이로운 물질들을 매일 접하며 자연과의 교감 속에서 살도록 진화되어왔다. 그러나 인간은 도시를 만들고 소비의 달콤한 맛에 길들여지면서 불과 100년 만에 철저히 인공적인 환경, 오염환경 속에 스스로를 몰아넣었다.

지난 100년이라는 세월은 인간의 유전자가 도시에 적응하기에는 너무 짧은 기간이다. 그러니 몸이 알게 모르게 자주 스트레스 상태에 놓이거나 질병에 노출되는 것이 당연하다. 문제는 도시에서 살아갈 수밖에 없는 사람들 중에서 몸이 약한 사람들이 이런 변화된 환경으로부터 가장 먼저 역습을 받게 된다는 점이다. 그래서 우리의 건강을 지키기 위해서도 천연 공기청정기, 살균제 역할을 하는 나무 한 그루는 양보할 수 없는 소중한 존재다.

냉장고의 이중성

나는 학자가 아니기 때문에 우리의 환경 위기를 복잡하게 설명할 재주가 없다. 그래서 아주 간단하게 냉장고라는 물건을 통해 설명하려한다. 냉장고는 과연 문명의 이기인가, 흉기인가.

냉장고는 현대문명의 혜택 중 가장 생활 깊숙이 자리 잡은 필수품이다. 요즘 사람들은 냉장고 없이 사는 것은 아예 상상도 해보지 않았을 것이다. 그러나 이 편리한 냉장고로 인해 우리는 매우 소중한것들을 잃어가며 살고 있다.

냉장고가 음식을 저장하는 곳인데 뭘 잃을까 할지 모르지만, 우선냉장고가 있으면 언제 먹을지 모를 음식을 보관하기 위해 전기를 잃게 되고 전기를 만드는 연료를 잃게 된다. 그러나 가장 심각한 손실은 인정을 잃는다는 데 있다. 냉장고가 없던 시절에는 식구가 먹고남을 정도의 음식을 만들거나 얻게 되면 미련 없이 이웃과 나누어먹었다. 그런데 냉장고가 생기면서 이웃과 나누어 먹던 풍습이 사라졌다. 냉장고에 넣어두면 일주일이고 한 달이고 천천히 내 식구만먹는 것이 가능해졌기 때문이다. 그래서 냉장고는 자꾸 커지고 숫자가 하나 둘 늘어간다.

이러다 보니 냉장고 안에는 불필요한 음식들이 하나 둘 쌓이기 시작한다(그러면 전기 손실이 더 커지게 된다). 또한 가족들이 언제고 먹을 수 있는 음식들이 쌓이면서 필요 이상의 칼로리를 섭취하게 된다. 아이들은 배고프면 냉장고부터 열어 그 안의 가공식품들을 마구 꺼내어 먹는다. 그러다 보니 비만 아동이 기하급수적으로 늘어나고 이는 어린 나이에 치명적인 정신적 위축감을 가져온다. 자신감의 결여, 운동능력의 저하, 건강의 악화로 이어져 어려서부터 평생 회복하기 힘든 짐을 지고 살게 된다.

또한 냉장고는 당장 소비할 필요가 없는 것들을 사게 만든다. 그래서 생태계에서 유지되어야 할 적정한 수요와 공급의 기본을 훼손한다. 남획을 하게 하고 당장 죽이지 않아도 될 수많은 가축들을 죽여 냉장고 안에 보관하게 만든다. 대부분의 가정집 냉장고에는 양의 차이는 있지만 닭고기, 소고기, 돼지고기, 물고기, 멸치, 포 등 다양한 생명들이 냉동되어 있을 것이다. 이것을 전국적으로, 아니 전 세계적으로 따져보면 엄청난 양이 될 것이다. 우리는 냉장고가 있음으로써 애꿎은 생명들을 아무렇지도 않게 죽여 냉동하는 만행을 습관적으로 저지르고 있다.

장기 보관하는 냉동실 음식들은 전기를 잡아먹고 살다가 대부분 제대로 먹지도 못하고 쓰레기통으로 들어가기 일쑤다. 이런 현상은 부자 나라들뿐 아니라 남태평양이나 아프리카의 가난한 나라에서도 일어나고 있다. 물고기를 잡아 시장에 내다 팔고 남는 것은 정답게 이웃과 나누어 먹던 소박한 사람들이, 저마다 자기 것을 챙겨 냉장고에 넣어두고 혼자만 잘 먹고 잘 살려는 삭막한 세상으로 변하고 있는 것이다.

우리가 냉장고 안에 오랫동안 넣고 먹는 음식들은 대부분 우리의 건강을 위협한다. 서양 사람들이 안 먹으면 못 사는 고기, 빵, 음료수를 비롯해 각종 가공음식들은 주로 냉장고 안에 보관해야 하는 것들이다. 하버드 대학의 테레사 풍 박사가 여자 간호사 7만 6,402명 (38~63세)을 대상으로 조사하여 2003년 3월에 발표한 연구 결과에 의하면, 냉장고 안에 주로 보관하는 고기와 정제·가공된 음식을 먹는 여성은 결장암에 걸릴 위험이 1.5배 높다고 한다. 이런 연구 결과는 왜 생기는가. 그것은 음식을 가공할 때 각종 해로운 물질이 생성될 뿐 아니라 유해한 물질을 흡착해 배출할 섬유질 같은 배설 촉진 물질이 제거되기 때문이다.

대형 냉장고 문화의 효시인 미국에서 1988년 전체 인구의 23%이던 비만 환자가 1994년에는 31%로 늘어났으며 2008년에는 39%로 늘어날 것으로 전망되고 있다(과체중 인구는 지금도 전체 인구의 3분의 2가 넘는다). 이런 현상의 밑바탕에는 세계 인구의 5%밖에 안 되는 미국인들이 세계 자원의 4분의 1을 소비하도록 하는 냉장고문화가 있다.

냉장고의 확산은 날씬하고 건강 장수하기로 소문난 일본 남성의 비만율을 지난 20년간 40%나 증가(2002년 일본 정부 발표)시키는 데 크게 일조했으며, 남 얘기 할 것 없이 우리의 비만 인구 증가에도 큰 기여를 하고 있다. 국제비만특별조사위원회의 조사 결과에 따르면 통가 여성의 55%, 사모아 여성의 74%, 나우루 인구의 77%가 비만인데, 이 나라들은 공통적으로 최근 몇십 년 사이 냉장고에 장기 보관하는 기름진 서양 가공음식들이 홍수처럼 밀려든 나라들이다.

내가 냉장고에 대해 비판적인 얘기를 하는 것은 냉장고를 당장 버리자고 주장하기 위해서가 아니다. 나는 솔직히 냉장고 없이 지낼 수 있지만 나의 아내와 아이가 참아줄지 회의적이고 그들을 설득할 자신도 없다. 내가 자동차를 소유하는 문제에서 타협했던 것처럼 냉장고 역시 적정한 선에서 타협하고 살려 한다. 나는 이 책을 읽는 독자들이 가지고 있는 환경의식 수준의 평균에 속하는 보통 사람일 뿐이다.

그러나 불필요한 물건들을 가득 쌓아놓고 문만 좀 세게 열어도 물건들이 우르르 떨어지는 냉장고를 가지고 있는 분이나, 가공음식을 냉장고에 재어놓고 사는 분은 생활습관을 좀 고칠 필요가 있다고 생각한다. 가끔가다 거창한 환경운동을 하는 것보다 이런 것을 생활 속에서 실천하는 것이 더 중요하다고 생각한다.

방독면, 방진복을 입고 퍼포먼스를 하며 출근하는 윤호섭 교수

취재 중에 생각과 실천이 일치하는 훌륭한 분을 알게 되었다. 국민대 시각디자인과의 윤호섭 교수. 그는 환경에 남다른 관심이 많을 뿐 아니라 생활 속에서 환경운동을 실천하고 있다. 여름만 되면 인사동에 나가서 아이들에게 무료로 환경 티셔츠를 그려주는데 일요일마다 대국민 환경교육, 특히 어린이 환경교육을 자기 돈 들여가며 몸으로 실천하고 있다.

당장 필요 없는 음식을 보관하느라 매일 전기를 소모하는 냉장고를 보다 못해 그가 냉장고를 포기했다는 말을 우연히 듣게 되었다. 나는 오지 말라고 손사래를 치는 그를 설득해 집을 방문했다. 내가 궁금한 건 나이 60이 다 된 그의 부인이 이 결정을 어떻게 받아들였을까 하는 점이었다.

처음엔 부인도 극구 반대를 했는데 남편의 고집을 꺾지 못해 결국 냉장고 없는 생활을 받아들이기로 했다고 한다. 그런데 냉장고 없이 살다 보니 김치가 금방 쉰다든가 하는 문제 외에는 불편한 점이 별로 없다고 한다.

"습관인 것 같아요. 냉장고 없으니 불필요한 음식을 훨씬 덜 사게 되고 남으면 이웃과 나누어 먹게 돼요. 김치도 쉬기 전에 나누어 먹고 과일도 나누어 먹고……."

소녀처럼 천진하게 웃으며 이야기하는 윤 교수 부인을 보며 그 남편에 그 아내라는 생각이 들었다. 취재하면서 만난 환경을 사랑하는 사람들의 공통된 특징이 있는데, 뭐든지 긍정적으로 생각한다는 것이다.

3

사람이 환경을 파괴해온 역사에 일대 반전이
벌어지고 있다. 눈에 보이지도 않고 형체도 없고
냄새도 없는 괴물들이 우리에게 서서히 다가오고
있다. 당신은 느끼십니까. 그들의 존재가 당신의
몸속에 있는 것을…….

보이지 않는 괴물들

당신의 입 안에 괴물이 있다?

아말감은 지난 150년 동안 전 세계에서 광범위하게 쓰인 안전한 치과용 충전재로 알려져왔다. 아말감에는 50%의 수은과 35%의 은, 13%의 주석, 2%의 구리와 미량의 아연이 함유되어 있다. 하나의 치아에 들어가는 아말감에는 약 750~1,000mg의 수은이 들어 있다.

초기 아말감은 좀 어설펐던지 수은이 나온다는 논란이 일어 기술적으로 많은 보완을 거쳐 오늘날에 이르렀는데, 최근 몇십 년 사이 다시 아말감의 안전성에 논란이 재연되고 있다. 다시 논란이 일게 된 것은 다름 아닌 과학의 발달 때문이다. 그동안 아말감에서 과연 수은이 흘러나오는지, 나오면 어느 정도 나오는지 제대로 밝혀지지 않았었다. 그런데 최근 아말감에서 수은이 소량 나온다는 연구 결과들이 발표되면서 이로 인해 인체의 유해 여부를 놓고 다시 논란이 일고 있는 것이다.

아말감 치과용 충전재로 널리 사용되는 합금. 치과용 아말감은 은·주석·구리·아연·팔라듐·인디움 등으로 이루어진 합금 가루에 이와 비슷한 양의 수은을 섞은 것이다. 다른 충전재에 비해 내구성이 뛰어나고 사용하기 편리하며 값이 저렴하다. 그러나 최근 방출되는 수은의 인체 유해 여부를 놓고 격렬한 찬반 논쟁이 벌어지고 있다.

수은은 인류가 접할 수 있는 최고의 독성물질 중 하나다. 수은에 대해 이야기하기 전에 먼저 설명해두어야 할 것들이 있다. 수은은 기초수은(HgO), 무기수은화합물($HgCl_2$), 유기수은화합물의 세 가지 형태로 존재한다. 기초수은은 두드러지게 독성이 있지는 않다. 무기수은은 온도계와 기압계에 많이 사용되는데 신장에 안 좋다. 공기

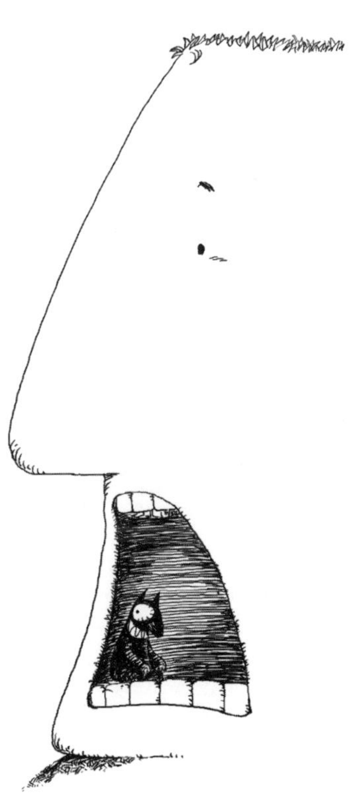

중에도 미량의 수은이 있는데 이들 대부분이 무기수은이다. 이 밖에도 치과용 충전재인 아말감이나 각종 산업시설에서 수은에 노출될 수 있다. 문제는 무기수은이 흙과 물 속에서 미생물의 생화학적 작용에 의해 천천히 유기수은으로 바뀐다는 데 있다.

유기수은의 일종인 메틸수은의 경우 뇌에 나쁘고 특히 IQ 저하의 원인이 된다. 1968년 일본 미나마타 지역의 괴질이 수은에 의한 것이라는 최종 판정이 나온 이후 수은에 대한 경각심이 전 세계적으로 높아지고 있다. 메틸수은은 생태계의 먹이사슬을 따라 축적되는데 특히 하천과 바다의 물고기에 농축된다. 우리가 생선을 통해 섭취하는 수은이 바로 이 메틸수은이다.

수은 같은 중금속이 독성이 높은 이유는 한번 몸에 들어오면 좀처럼 빠져나가지 않고 계속 누적되기 때문이다. 수은은 신장과 특히 태아의 뇌에 영향을 준다(아이를 공격하는 것은 이뿐만이 아니다. 납과 같은 중금속도 똑같은 메커니즘을 이루고 있다. 음식과 공기 속의 수은, 납, 카드뮴 등의 중금속은 태반도 쉽게 통과하여 조산, 유산, 사산, 기형아 출산의 원인이 된다. 태어난 아기의 혈액 내에 고농도로 축적되어 있는 경우도 있다).

그런데 특히 요즘 충치 치료용으로 쓰이는 아말감에서 수은이 녹아 나와 몸에 축적된다는 논란이 전 세계적으로 벌어지고 있다. 충치가 있는 많은 사람들이 입 속에 서너 개쯤은 기본으로 가지고 있을 정도로 흔하게 사용되는 아말감. 그 안에서 무시무시한 수은이 녹아 나온다는 것이다. 과연 진실은 무엇일까.

아말감을 빼고 불치의 피부병이 낫다

나는 먼저 일본의 치과와 알레르기내과에서 공동으로 진행한 연구를 취재하기 위해 일본 오사카로 향했다.

고치과의 고영화 원장과 시마즈의원 알레르기내과의 시마즈 쓰네도시 박사는 어떤 방법으로도 치료가 안 되던 만성적이고 고질적인 피부질환 환자들을 대상으로 아말감이나 치과 보철을 제거하고 나서 호전 여부를 장기간 관찰하였다. 그런데 그 결과는 놀라웠다. 대부분의 사람들이 치료가 된 것이다. 일본에는 현재 약 25%의 치과에서 아말감을 사용하고 있다. 먼저 시마즈 박사의 이야기를 들어보자.

왜 이런 연구를 하게 됐습니까?

"알레르기의 원인으로 알려진 진드기를 제거하고 음식을 바꿔도 낫

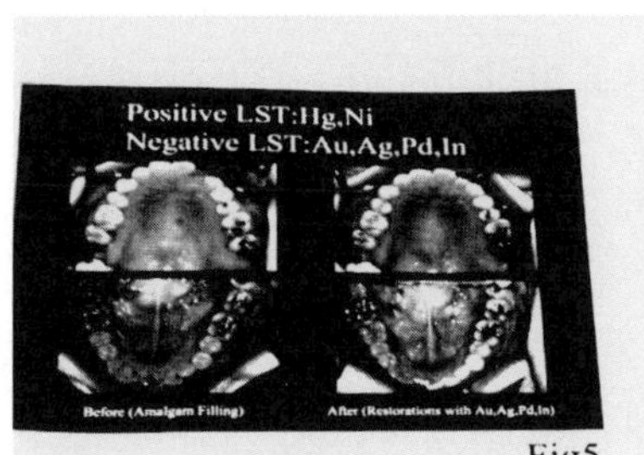

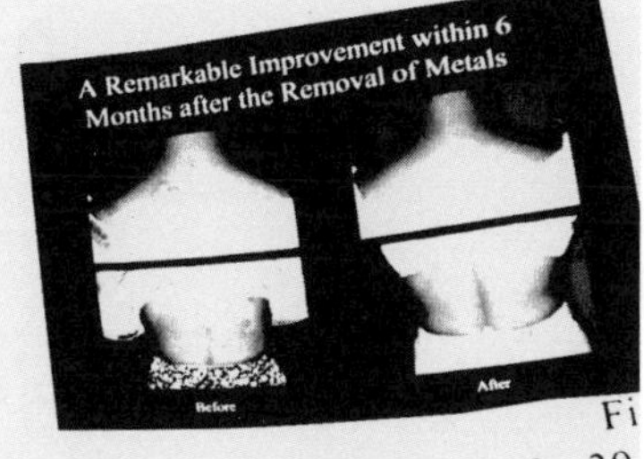

...soriasis at the age of 22. She had been treated with a topical steroid for 30
... (Fig4).   LST positive reactions were obtained with mercury (Hg),and
...Ag).
... All of her amalgam fillings were removed. (Fig5) A remarkable impro
... been observed. (Fig6)

아말감을 제거한 후 피부병이 호전된 경우

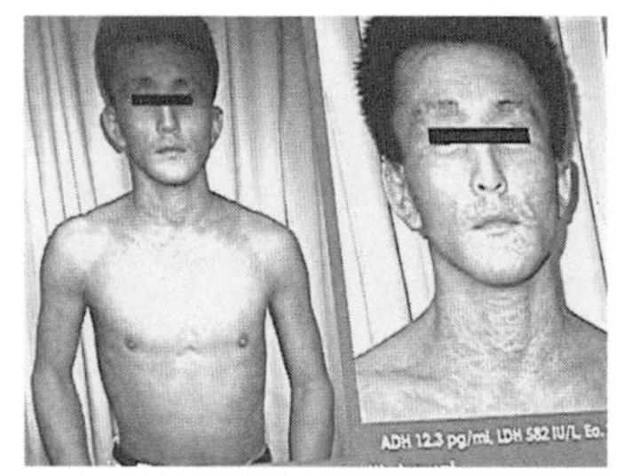

불치의 피부병을 앓던 사람(아말감 제거 전)

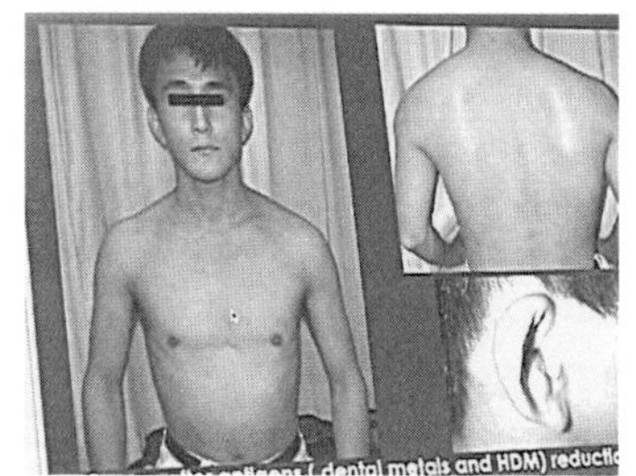

불치의 피부병을 앓던 사람(아말감 제거 후)

지 않는 사람이 많습니다. 그런 사람들에겐 분명히 다른 원인이 있을 거라고 생각했습니다. 그동안 치아의 금속이 피부염을 많이 일으킬 뿐만 아니라 신경성 질환이나 난치병의 원인이라는 것에 대해 사람들은 전혀 관심이 없었습니다. 1990년경에 아주 심한 피부병을 앓는 한 초등학생이 왔는데 그 아이를 진찰하는 과정에서 니켈 광산에서 일하는 사람의 니켈 피부병과 같다는 것을 알고 이상하게 생각했습니다.

조사해보니 그 아이의 입 안에 니켈이 많이 든 합금이 있다는 것을 알게 되었죠. 그것을 제거하자 피부염 증세가 좋아졌습니다. 그래서 입 안에 치과용 합금을 넣은 것과 피부염이 서로 관련이 있는 것이 아닌가 하는 생각을 갖고 환자를 보기 시작했습니다. 그러자 니켈뿐만 아니라 지금까지는 전혀 몰랐는데 치아의 아말감에 있는 수은이 큰 문제라는 것을 알았습니다. 물론 알레르기를 일으키는 금속으로는 니켈이나 수은 말고도 금, 은, 팔라듐, 인디움, 플라스틱 성분도 있습니다. 그중에 수은이나 니켈은 말도 못하게 나쁩니다.

저는 1994년 스웨덴 스톡홀름에서 열린 국제임상메디컬학회에서 고영화 선생님과 함께 치아 중금속, 특히 수은에 의한 피부염 환자 150명의 사례를 정리해 발표한 바 있습니다."

수은도 알레르기의 원인인가요?

"일본에선 1998년 약 38퍼센트의 아이들 치아에 아말감이 있었습니다. 조사해보니 그들 중 48퍼센트가 피부염이 있었고 치아에 아무것도 없는 건강한 아이들 중에는 약 7.8퍼센트만 피부염이 있었습니다. 일부 아이들, 일부 어른들이 수은에 대해 과민 반응을 일으켜 피부염이 생긴 것이 아니라 수은을 넣으면 피부염이 생기기 쉽다는 것을 설명해주는 증거들이죠.

알레르기는 원인을 제거하는 것이 가장 빠른 치료 방법입니다. 부신피질호르몬제나 강한 면역 억제제 같은 위험한 약을 사용하지 않아도 치료할 수 있습니다. 하지만 원인을 입 안에 계속 두고 부신피질호르몬제나 강한 면역 억제제를 사용하다 보면, 몸이 점점 약에 의존하게 되어 원인을 제거해도 약에 대한 의존성 때문에 난치병이 됩니다.

아말감 사용을 금지해야 앞으로 또 고통 받는 환자가 생기는 것을 막을 수 있습니다. 아말감은 절대로 사용해서는 안 됩니다. 다행히 올해 조사한 아이들의 치아에는 아말감이 거의 10퍼센트 이하로 줄었습니다. 저희들이 호소한 결과이기도 하고 그 유해성을 알게 된 치과의사들이 만들어낸 성과이기도 하지요."

그는 아주 단호한 어투로 아말감을 사용하면 안 된다고 힘주어 말했다.

그가 주장하는 아말감의 수은이 피부병을 일으키는 메커니즘을 정리하면 이렇다. 껌을 씹거나 뜨거운 커피 또는 차를 마시면 아말감에서 수은이 나와 폐를 통해 흡수된다. 일부는 침에 녹아 위를 통해 몸속으로 들어가는데, 이 과정에서 소화기관을 통과하면서 장 세균에 의해 무기수은이 유기수은으로 일부 변한다. 몸에 일부 녹은 무기수은은 몸의 단백질과 결합하여 항원이 되어 알레르기를 일으키는 원인물질로 변한다. 녹아 나온 수은은 혈액으로 들어가 땀, 피질, 지방을 통해 피부로 가는데 이것을 임파구가 공격하여 피부염이 일어난다는 것이다.

피부 외에 다른 기관에는 어떤 영향을 주나요?

"피부뿐만 아니라 간, 신장에 축적되어 신장장애도 일으킵니다. 잘 낫지 않는 신장장애가 있던 여자 환자 중에 입 안에 있는 아말감을 제거하자 혈뇨가 없어지고 상태가 아주 좋아진 경우도 있습니다. 수은은 뇌에도 들어가서 여러 가지 장애를 일으킵니다. 원인 모를 여러 신경계통 병이 생기는데 많은 사람들이 알츠하이머 등 신경 난치병으로 이어진다고 합니다. 저희들도 우울증이나 화학물질과민증, 만성피로증후군 등을 앓고 있는 사람에게서 아말감을 제거하자 정말 좋아진 경우를 보았습니다. 실제로 아말감이 피부염뿐만 아니라 신경 난치병, 원인 불명의 여러 가지 병과 관련이 있다고 생각합니다. 피부염 중 아토피 피부염 외에 마른버짐도 치아의 수은이나 중금속과 관련이 있다는 사실을 일본 학회에 발표했고 곧 국제 학회지에도 실을 계획입니다.

참고로, 임산부를 통해 태아의 뇌에 수은이 들어가면 아이들이 뇌손상을 입고 태어날 가능성이 있습니다. 아주 적은 양의 수은도 자폐증이나 정신적 문제를 일으키기 때문에 입 안의 수은은 위험합니다. 또 수은 한 가지만 들어 있는 것보다 옆에 금 등으로 치료한 보철이 함께 있을 경우 더 위험합니다. 입 안은 식염수와 같기 때문에 안에서 전기가 일어나 녹기 쉬운 금속부터 녹아 나옵니다(이것을 갈 바닉 효과[Galvanic Effect]라고 한다). 수은 옆에 다른 금속이 있을 경 우 수은만 있을 때보다 열 배 이상의 수은이 녹아 나옵니다. 어릴 때 아말감을 넣은 상태에서 어른이 되어 금 같은 금속을 넣으면 그때부 터 폭발적으로 수은 알레르기가 일어나는 것이지요."

나는 시마즈 박사가 진단한 환자를 대상으로 아말감을 교체했던 치과의사 고영화 원장을 찾아갔다.

어느 정도의 효과가 있었나요?

"환자 300명을 대상으로 조사했습니다. 특정 금속에 원인이 있을 것 으로 생각되는 사람들에게 금속 반응 검사를 하여 양성 반응을 나타 낸 경우만을 대상으로 했습니다.

문제의 물질을 제거하자 70퍼센트가 호전되었습니다. 완전히 나 은 사람이 41퍼센트이고 상태가 좋아진 사람이 29퍼센트입니다. 어 떤 사람은 36년 동안 낫지 않았던 증상이 나았습니다. 수은 알레르 기를 보인 사람의 아말감을 제거하자 나았기 때문에 아말감 안의 수 은이 원인이었다고 판정할 수 있는 것이지요."

그는 입 안의 금속에 알레르기를 보이는 사람들이 의외로 많다고 했다. 심지어 가장 안전하다고 알려져 있는 티타늄(인공 치아를 뼈에 심어 고정시키는 임플란트에 사용)에도 알레르기를 보이는 사람이 있 다고 한다. 정형외과에서 골절시 티타늄을 사용했을 때 알레르기를 보인다는 보고는 많지만, 입 안의 티타늄에 의한 알레르기는 세계적으로 드문 일이라고 한다.

고 원장이 실험한 사람들 중에는 난치성 아토피 피부염을 앓던 사람들이 많았다. 그들은 약을 먹거나 진드기를 제거해도 좋아지지 않은 경우였는데, 이들 중 특히 수은 알레르기 반응을 보인 사람들을 대상으로 아말감을 제거했을 때 90% 이상 좋아졌다고 한다.

나는 매우 혼란스러웠다. 그들이 보여주는 치료 사례들은 명백히 사실인데 왜 이런 일들이 그동안 알려지지 않았던 것일까. 나도 30대 때까지 아말감을 사용했고 지금도 수많은 사람들이 아말감을 사용하고 있다. 왜 일부 사람들에게 이런 현상이 나타나는 것일까.

나는 아말감에 관한 논쟁이 뜨겁게 벌어지고 있는 나라들을 찾아 나섰다.

아말감은 독인가

조사를 해보니 아말감을 입에서 빼낸 후 몸이 좋아졌다는 사람은 전 세계에 수도 없이 많았고, 이들은 각종 협회나 단체를 만들어 아말감에 의한 피해를 고발하고 있었다. 아말감 반대운동에 이론적 근거를 제공하고 직접 반대운동을 주도하는 학자들도 무수히 많았다.

아말감으로 고통 받다가 치아를 모두 빼버린 후 나았다고 주장하는 랄프 프레너 씨

　나는 아말감을 없앤 후 몸이 좋아졌다는 미국과 독일의 피해자들을 직접 만났는데, 그들은 한결같이 아말감을 입 안에서 제거한 후 원인 모를 두통, 떨림, 피로감, 무력증, 피부질환 등이 사라졌다고 말했다. 또한 정상을 넘어선 몸속 수은 수치가 6개월에서 2년 정도 지나자 정상으로 돌아왔다고 주장했다. 독일에서 만난 피해자 중에는 치아를 모두 뽑아버리고 틀니를 낀 사람도 있었다. 나는 그들의 의료 기록과 증언들을 꼼꼼히 살피고 청취했다.

　취재진은 미국의 대표적인 아말감 반대 학자인 보일리 헤어 박사(켄터키주립대학 화학과 교수)를 그의 연구실에서 만났다.

미국치과의사협회는 아말감이 건강에 아무 영향도 주지 않는다고 하던데, 이에 대해 어떻게 생각하십니까?

"아주 허무맹랑한 주장입니다. 미국 환경청과 전미과학아카데미

(NAS)에서 작년에 보고서를 발표했는데, 미국 여성의 10퍼센트가 혈액 내에 높은 수은 함유율을 보이고 있으며 이 여성들이 아이를 출산할 경우 신경계와 관련된 질병을 갖게 된다는 내용이었죠.

젊은 남자가 운동을 하다가 심장 발작을 일으켜 죽을 수도 있습니다. 연구에 따르면 그런 사람의 심장조직은 일반적인 심장질환으로 사망하는 남성보다 엄청나게 많은 수은을 함유하고 있었습니다. 그렇다면 그 수은이 어디서 온 것일까요? 미국의 젊은 남성들은 해산물을 즐겨 먹지 않습니다. 중서부, 도심지역의 젊은이들과 어린이들은 해산물을 별로 안 먹습니다. 1998년 미 국립보건연구원의 발표에 따르면, 1,127명의 군인들에게 나타난 체내 수은 축적의 주요 원인은 해산물이 아니라 치과용 아말감이었습니다. 그곳은 해안지방이 아니라 워싱턴이었죠."

미국치과의사협회는 아말감에서 나오는 수은이 아주 적기 때문에 아무 영향도 주지 않는다고 주장하던데요?

"소량인 것은 맞습니다. 하지만 소량이 사람을 죽일 수 있는 겁니다. 입 안에 수은을 넣고 다니며 숨을 쉬게 되면 몇십 년이 지나 심각한 건강상의 문제가 나타날 수 있습니다. 그런데 미국치과의사협회는 그저 소량의 수은일 뿐이라며 미국인들을 속이고 있습니다."

하지만 NIH(국립보건연구원), FDA(식품의약품안전청), WHO(세계보건기구) 등에서 안전하다고 발표하지 않았나요?

"미국치과의사협회는 당연히 NIH, FDA, WHO가 아말감에 수은 독성이 없다고 발표했다고 주장할 겁니다. 하지만 그것은 틀린 이야기입니다. 그 말을 정정하면 NIH, FDA, WHO 안에 있는 소수 치과의사들의 위원회가 아말감에 수은 독성이 없다는 주장을 했을 뿐입니다. 치과의사들은 독물학, 신경화학, 심지어 생리학에 대해서도 전혀 배우지 않습니다. 전미과학아카데미에서는 어떤 종류의 수은이든 그것을 호흡할 경우 위험하다고 말합니다. 미국치과의사협회는 분명 잘못된 주장을 펴고 있습니다.

현재 미국에서는 알츠하이머 병이 많이 있습니다. 최근까지의 연구 결과를 보면 알츠하이머 병에서 서너 개의 중요한 생화학적 문제를 식별해냈는데 그것이 수은입니다. 《미국치과의사협회저널》에서 실시한 연구에 따르면, 사망한 85세의 노인들을 살펴본 결과 그중 15퍼센트가 뇌에서 심각한 정도의 수은 독물이 발견되었습니다. 3주 전 《국제독성학저널》에 발표된 내용에 따르면, 신생아의 머리칼에 들어 있는 수은의 양을 조사해봤더니 산모가 치아를 아말감으로 때운 경우 그 양이 더 높게 나타났다고 합니다."

아말감에서 어느 정도의 수은이 나옵니까?

"국회 청문회에 나갔을 때 저는 수백 개의 아말감 덩어리를 하버드나 칼텍과 같은 연구소에 보내 물이 담긴 실린더에 넣고 24시간마다 얼마나 많은 수은이 검출되는지 한번 조사하게 하라고 말했습니다. 그러면 수은이 얼마나 나오는지 알게 될 겁니다. 아말감이 들어간 치아를 물에 넣은 상태에서 칫솔로 닦아보십시오. 수은의 양이 얼마나 증가하는지 보게 될 겁니다. 1988년 FDA는 이 실험을 전면으로 반대하고 나섰습니다. 그들은 이미 제가 실험을 했다는 이유로 다시 하기를 거부했는데, 저는 그들에게 제 실험 결과를 얘기해주었습니다.

아말감이 들어 있는 물에서 이를 닦을 경우 30초 내에 1평방센티미터당 40마이크로그램의 수은이 증가합니다. 즉 우리가 입 안에 아말감을 한 채 음식을 씹거나 이를 닦을 경우 수은의 양이 증가합니다. 스웨덴에서 실시한 연구도 있습니다. 신경질환을 앓고 있는 900명 이상의 환자에게서 아말감을 제거하고 3년 후에 다시 증상이 나아졌는지를 조사했더니, 70퍼센트 이상의 사람들이 증상이 급격히 사라졌거나 훨씬 나아졌다고 답했습니다.

제가 알고 있기로는 아말감에서 수은이 하루 24시간 배출되며 세포와 효소 내에 머물면서 신경질환 등을 악화시킵니다. 재미있는 실험이 있었어요. 얼마나 많은 양의 수은과 납으로 쥐가 죽는지 실험을 했습니다. 그들은 납 LD1의 20분의 1과 수은 LD1의 20분의 1을 혼합해서 쥐에게 주사했습니다(LD1은 100마리의 쥐 중 1마리를 죽이는 양이고 LD50은 100마리 중 절반인 50마리를 죽이는 양). 그들은 쥐 한두 마리 정도 죽을 거라고 생각했는데 결국 100퍼센트 모두 죽었습니다.

미국의 치과의사들이 독물학을 제대로 알지 못하고 있는 게 문제입니다. 만약 몸에 납이나 카드뮴 등 중금속이 많은 경우에는 아주 적은 양의 수은에 노출될 경우에도 심각한 병을 유발할 수 있는 겁니다."

아말감 치료를 할 때 언제 수은이 가장 많이 나오나요?

"처음 입 안에 넣었을 때 아주 많은 양의 수은이 밖으로 배출됩니다. 그리고 아말감 표면에 굉장히 많은 수은이 농축되어 있는데, 시간이 지난다 해도 계속 음식을 씹고 그러면 거의 50년 이상 계속 나오는 것으로 나타났습니다. 그런데 최악의 사태는 아말감을 제거할 때 발생합니다. 왜냐하면 치아 안에 있는 아말감을 드릴로 제거할 때 아말감이 아주 작은 조각들로 부서지기 때문이죠. 이것들이 몸 안으로 흡수되면 혈액 내의 수은 함량이 6~25배나 증가합니다."

아말감 위에 금을 덮어씌우면 수은이 더 많이 검출된다는데 사실인가요?
"아말감 위에 금을 씌우게 되면 더 문제가 생깁니다. 이때 전류가 발생해 수은을 용해시키거든요. 금과 수은을 함께 입 안에 넣는 것은 세상에서 가장 멍청한 인간들이 하는 짓입니다. 금 자체는 아무 상관이 없지만 수은과 금이 만나면 최악의 상황을 야기합니다."
　치과에서는 충치를 아말감으로 때우고 그 위에 금을 씌우는 경우가 흔하다.

아말감이 알츠하이머 병과 관련 있다는 말은 사실인가요?
"몸속에서 분해가 되지 않기 때문에 우리가 할 수 있는 것이라곤 배설하고 제거하는 것뿐입니다. 그런데 병이 들거나 늙으면 수은을 배설하는 능력이 줄어듭니다. 50~60대가 되면 몸에서 배설되는 수은의 양이 줄어드는데, 이것이 60대 이상의 노인들이 알츠하이머 병에 걸리는 원인 중 하나이지요."

　그의 말을 정리하면 혈관 벽은 수은 기체가 통과하는 것을 막지 못하는데, 입 안에 아말감이 있는 상태에서 호흡을 하면 수은이 뇌에 침투한다는 것이다. 수은이 뇌에 침투하면 뇌에 있는 단백질이나 효소가 수은을 산화시키고 매우 위험한 독성을 띠게 만든다. 수은 기체 자체는 독이 아니지만, 몸속으로 들어가서 독물로 변하여 뉴런 등 신경계가 제대로 기능하지 못하게 한다고 한다.

아말감 반대운동에 과학적 근거를 제공하고 있는 캐나다 캘거리 대학의 비미(Vimy)와 로샤이더(Lorscheider) 박사는 양과 원숭이의 치아에 아말감을 시술하고 일정 시간이 지나 안락사시킨 후 이빨 부분을 도려내어 검사를 했다. 그랬더니 전신의 장기에서 수은이 검출되었다. 결국 양과 원숭이가 갖고 있는 아말감 내의 수은이 빠른 속도로 몸 전체로 퍼져나간다는 사실을 실험을 통해 입증한 것이다.

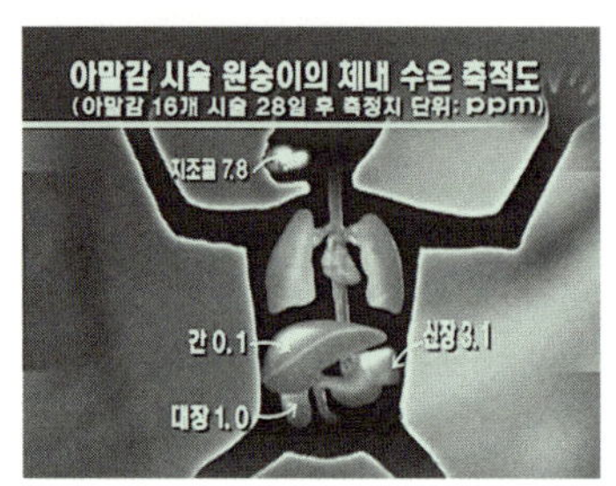

원숭이를 대상으로 한 비미, 로샤이더 교수의 실험 결과

나는 아말감에 대해 비판적 시각을 가지고 있는 학자들을 더 만나보기로 했다. 머릿속의 혼란이 정리되지 않기 때문이었다. 나는 30년 이상 치과를 열어왔고 조지타운 대학 교수 및 국제구강의학독물학회(IAOMT) 회장을 지낸 리처드 피셔 박사를 워싱턴에서 만났다. 그의 진료실 입구에는 수은을 걸러내는 정화장치가 설치되어 있었다.

이런 장치를 설치하지 않으면 불법인가요?

"의무조항은 아닙니다. 현재 2개 주에서 의무적으로 설치하도록 하고 있지만 버지니아 주는 아닙니다. 저희가 수년째 이 장치를 이용하는 이유는 수은이 사람들의 입으로 들어가는 것을 막기 위해서입니다. 입 안의 아말감을 제거할 때 하수도로 그대로 흘려보내면 결국 바다로 흘러 들어가 해산물을 오염시키게 되지요."

나는 그가 환자에게서 아말감을 제거하는 모습을 지켜보았다. 그와 간호사가 방독면 마스크를 꺼냈다. 그것은 수은 광산에서 일하는 사람들을 위해 만들어진 특수 마스크였다. 그들은 아말감을 제거할 때 발생하는 수은 증기를 흡수하

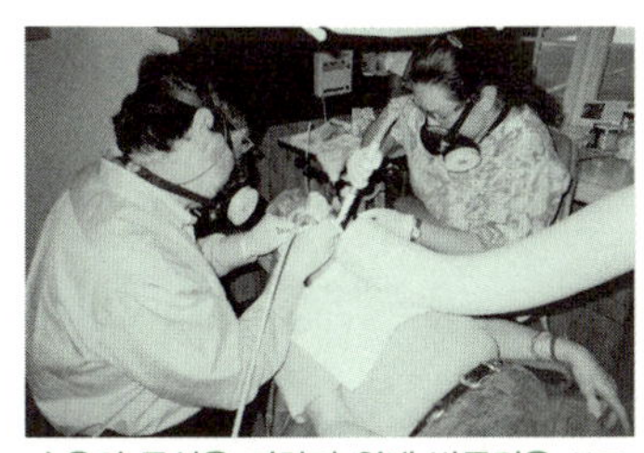

수은의 독성을 피하기 위해 방독면을 쓰고 아말감을 제거하는 피셔 박사

기 위해 진공청소기 같은 강력한 흡입장치를 환자의 입 바로 앞에 들이댔다. 치과에서 처음 보는 광경이었다.

왜 아말감 사용을 중단했나요?

"1980년대에 연구를 진행하면서 아말감의 수은이 30년 전 제가 치과대학에 다닐 때 믿었던 것처럼 치아 안에만 머물러 있지 않는다는 사실을 알았기 때문입니다. 아말감 속의 수은이 증발하면 환자가 수은을 흡입하게 되는데 수은은 지구상에서 가장 대표적인 독성물질이고 납, 카드뮴, 비소보다 훨씬 더 중독성이 강합니다."

아말감 사용에 반대하는 학자들과 미국치과의사협회 간의 의견 충돌이 여전한 것에 대해 어떻게 생각하십니까?

"저는 불행한 일이라고 생각합니다. 미국치과의사협회는 환자의 이익을 위해서 행동하지 않습니다. 수은에 의한 알레르기 현상이 없으면 건강에 문제가 없다고 얘기하지만 연구 결과는 다릅니다. 두 방울의 수은이면 충치를 때우는 일반적인 양인데, 호수 10에이커의 모든 물고기들을 오염시킬 수 있는 양이지요. 미국의 뉴욕 항, 워싱턴 주, 오대호 등에서 조사를 했는데 이곳에 있는 수은 중 14~75퍼센

트가 치과병원에서 나온 것으로 추적되었습니다.

아주 오랫동안 편두통을 앓아온 환자가 있었는데 아말감을 제거해달라고 해서 그렇게 해주었더니 편두통이 완전히 사라졌습니다. 액체 형태이든 아말감 조각이든 수은을 삼키면 흡수율이 1퍼센트이지만, 흡입하면 흡수율이 80퍼센트나 됩니다. 그래서 삼키는 것보다 흡입하는 것이 훨씬 더 위험합니다. 아말감을 제거할 때 러버댐(Rubber Dam, 아말감 제거시 입 안에 설치하는 고무 방어벽)을 입 안에 설치해서 수은을 삼키는 것을 막아주지만, 문제는 수은 증기를 코로 흡입하게 된다는 겁니다.”

피셔 박사는 미국에서 치과용 아말감 금지운동을 주도하고 있는 CDC(Consumers for Dental Choice)라는 단체를 소개해주었다. 나는 이 단체의 대표인 찰스 브라운 씨를 만났다. 그의 사무실 벽에 경고문이 붙어 있었다.

경고문

2003년 3월 9일부터 발효됨. 캘리포니아 주 치과병원에 붙일 것.

환자 경고문

65조 : 치과용 충전재로 많이 사용되는 아말감은 수은을 노출시켜 선천성 기형아 출산과 불임 피해를 주고 있다.

이 경고문은 뭐지요?

“미국치과의사협회가 17년 동안 저항해왔지만 결국 경고 메시지가 캘리포니아 전역에 전달되고 있습니다. 사실상 미국치과의사협회는 치과의사들에게 환자들에게 절대 수은의 위험성을 말하지 말라는 함구령을 내렸는데, 이는 의사들의 의무와는 정반대되는 것입니다. 의사들은 환자들에게 수은의 위험성을 경고해야 합니다. 우리는 치과용 수은 금지운동을 하는데 어린이와 임산부부터 시작하자고 주장하고 있습니다.

수은은 비방사능 물질 중에서 독성과 휘발성이 가장 강한 물질로 뇌가 발달 중인 아이나 자궁 속 태아에게 정말 위험합니다. 그런데도 엄마가 될 사람들에게 수은으로 이를 때우는 것의 위험성에 대해 제대로 말해주고 있지 않습니다. 미국치과의사협회는 이것을 은 충전재(silver filling)라고 하는데 거짓말입니다. 치과의사가 임산부에게 수은으로 이를 때운다고 말해보십시오. 치료용 의자에서 벌떡 일어나 밖으로 나가버릴 겁니다."

그는 다혈질적인 사람인 것 같았다. 갈수록 목소리가 높아지고 있었다.

"미국에서는 수은 온도계를 더 이상 사용하지 않고 있습니다. 콘택트렌즈 용액에도 수은이 들어갔는데 지금은 금지하고 있습니다. 상처 났을 때 바르던 머큐로크롬이라는 소독약도 수은이 들어가 있어서 금지되었죠. 하지만 미국치과의사협회의 정치적인 힘 때문에 치과의사들은 여전히 어린이들의 입 속에 수은을 사용하고 있습니다."

그런데 FDA는 안전하다고 말하고 있지 않습니까?
"FDA는 치과용 충전재는 약이 아니라 장치라고 생각해 1976년까지 규제하지 않았습니다. 그동안 연구에 연구를 거듭한 결과 아말감이 안전하지 않다는 연구가 많이 나왔음에도, 미국치과의사협회의 정치적인 힘 때문에 의회나 FDA에서 조치를 취하지 않고 있습니다. 하지만 우리는 곧 그런 조치가 나올 거라고 생각합니다. 노르웨이는 올해 1월부터 아말감을 없애겠다고 했고, 영국은 임신부에게는 아말감을 사용하지 않겠다고 했습니다. 일본도 주요 조치를 하는 것으로 알고 있습니다. 미국치과의사협회의 말을 듣지 말고 과학자들의 말을 들어야 합니다. 현재 민주당과 공화당 양당의 지원을 받으며 의회에 법안을 상정 중입니다. 인디애나의 댄버튼 의원, 캘리포니아의 다이앤 왓슨 의원이 법안을 상정하고 작년부터 청문회를 하고 있습니다.

샌프란시스코 시는 2개월 전에 치과에서 더 이상 수은을 하수도에 버리지 말고 최신 기술을 이용해서 걸러내라는 법령을 통과시켰습니다. 어떻게 이런 유독성 폐기물을 전 세계 어린이들의 입 속에 집어넣을 수가 있습니까? 올해 말 캘리포니아 주 최고법원에서 캘리포니아 주 치과의사협회를 상대로 소송을 할 예정입니다. 환자들에게 아말감이 수은 충전재가 아니라 은 충전재라고 말한 것, 환자들에게 수은의 위험성을 말하지 말라고 치과의사들에게 함구령을 내린 것 등이 그 이유죠."

누가 원고인가요?

"어린이오염방지협회가 주도하고 있고, 소비자 단체 등이 함께하고 있습니다. 환자 측에서 나선 경우도 있는데 가장 대표적인 것은 자폐증 아이들의 부모가 제기한 것입니다.

한국의 부모들에게 한 가지 메시지를 전하고 싶습니다. 임신을 했거나 임신 계획이 있는 젊은 여성이라면 아말감을 절대 해서는 안 됩니다. 정신지체아나 자폐증 아이를 출산할 수 있는 위험에 스스로를 빠뜨리는 것이기 때문입니다. 지난 수십 년 동안 자폐증 아이가 엄청나게 증가했습니다. 너무나 비극적이죠. 물론 다른 원인도 있지만 주 원인은 수은에 있다고 생각합니다."

아말감의 수은에 대한 이야기를 여기서 좀 정리하겠다. 일부 과학자들은 현재 아말감의 수은이 태반을 통과하여 태아의 간에 축적되고 출생 후 모유를 통해서도 아이에게 옮겨진다는 증거를 찾았다고 한다. 미국에서는 아말감 시술 후 2주 안에 입과 장 내에 항생제 내성균이 증가한다는 사실도 발견되었다. 뿐만 아니라 알츠하이머 병을 앓던 환자의 사체에서 일반인보다 많은 양의 수은이 검출되었다. 독일의 크라우스 무스 박사는 아말감을 갖고 있는 사람들이 면역력이 떨어진다는 연구 결과를 발표했다. 그후 그는 추가 연구에서 아말감뿐 아니라 다른 금속 보철물도 면역체계에 영향을 준다고 발표했다.

최근의 연구 중에서 가장 주목할 만한 것은 독일 뮌헨 대학의 독물학 교수인 구스타프 드라쉬 박사가 연구한 것인데, 사산된 아이의 몸을 조사한 결과 엄마가 아말감을 시술한 경우 일반 아이들보다 몸 속의 수은 수치가 높았다고 한다. 이 연구는 독일 정부가 임산부와 아이들에게 아말감 시술을 하지 못하도록 규제하는 데 결정적 역할을 했다.

나는 아말감에서 수은이 우려할 만큼 나오는지 아니면 걱정할 필요 없는 소량이 나오는지에 대한 혼란을 정리하기 위해 독일 뮌헨 대학으로 가서 그를 직접 만났다.

아말감에서 나오는 수은이 해로운가의 여부로 논란이 계속되고 있습니다.

"저는 사망한 100명과 사산된 50명의 아기를 대상으로 연구했습니다. 간, 신장과 뇌의 수은 수치를 측정해서 아말감을 한 어머니와 비교해보았습니다. 그래서 내린 결론은 어머니가 아말감 치료를 받은 사람일수록 아이 장기 안의 수은 수치가 더 높게 나타난다는 겁니다. 약 5 정도의 차이를 나타내는데, 문제는 우리의 뇌에 얼마만큼의 수은이 존재해도 되는지를 모른다는 겁니다. 단지 수치가 올라갔다고 말할 수는 있겠지만요."

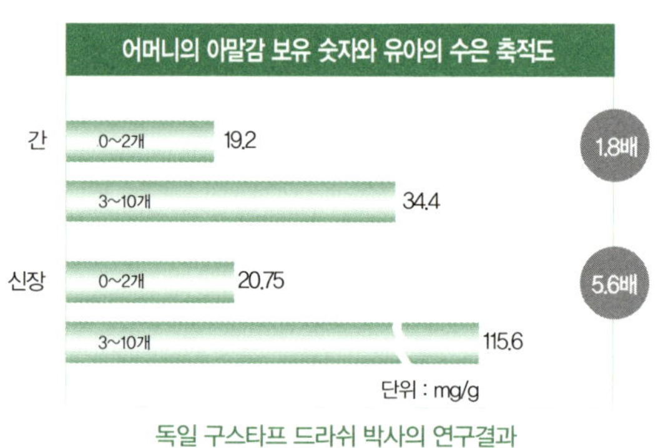

독일 구스타프 드라쉬 박사의 연구결과

하지만 많은 사람들이 실제로 아말감 때문에 고통을 받고 있다고 호소하고 있습니다.

"분명히 아말감 때문에 아픔을 호소하는 사람들이 존재합니다. 또 아말감을 제거한 이후에 그 고통이 없어진 경우를 보아왔습니다. 그래서 아말감에 문제가 있지 않나 생각해볼 수 있습니다. 하지만 아말감을 해도 어려움 없이 사는 사람들도 많이 있습니다. 수은은 개인적인 반응이 매우 다양하게 나타납니다. 두통, 피로, 불면증 등 다양한 증상들이 있는데 이런 것은 증거가 확실해야 하는 의학(evidence based medicine)으로서는 정리하기가 매우 어렵습니다. '머리가 아파요' 라고 했을 때 그 어떤 의사도 환자가 머리가 아픈지 않다는 것을 드러낼 수는 없는 겁니다. 확실한 인과관계를 요구하는 것이 의학이지요."

한국에서 이 방송을 하면 아말감을 한 많은 사람들이 불안감을 느끼고 의사들 사이에서 위험하다, 위험하지 않다 논란이 많을 것입니다. 이 점에 대해 어떻게 생각하십니까?

"장기적인 안목에서 생각하면 아말감을 사용하지 않는 것이 좋다고 생각합니다. 아말감 치료를 받은 어머니의 체내 수은이 태아의 수은 수치에 영향을 미치고 나중에 태어났을 경우에는 모유를 통해서도 아이에게 전달된다는 사실이 밝혀졌으니까요.

그렇다고 아말감을 사용하고 있는 모든 사람들이 내일 당장 전부 제거해야 한다고 생각하지는 않습니다. 아말감 때문에 문제를 겪는 것이 아니라면 굳이 아말감을 빼낼 필요는 없습니다. 하지만 누군가 아말감으로 인해 고통 받고 있다면, 그 고통이 아말감 때문이라는 확신이 있다면 제거해야 하겠지요. 또 하나, 임신기 혹은 수유기에 있는 여성들은 아말감을 빼지도 말고 새로 넣지도 말아야 합니다. 그 과정에서 수은에 노출될 수 있기 때문이지요."

매우 엄격한 환경 규정을 가지고 있는 유럽 국가들은 아말감 사용을 금지하는 추세를 보이고 있다. 스웨덴과 오스트리아도 각각 1997년과 2000년 이후 아말감 사용을 법으로 금지했다. 그러나 미국치과의사협회를 비롯해 미국 식품의약품안전청, 공중보건국 등은 과거 150년간 써온 아말감에 대해 아말감에서 나오는 수은은 아주 적은 양이고 드물게 나타나는 알레르기를 제외하면 관련된 질병이 아

직 없다고 주장한다. 아말감 반대운동 단체와 학자들은 미국치과의
사협회가 담배회사들처럼 집단소송을 당할 것이 두려워 진실을 감
추고 있다고 주장한다.

전 세계적인 흐름은 점차 임산부와 아이들에 대해 아말감 사용을
금지하는 쪽으로 가고 있다. 아말감에서 나오는 미량의 수은이라도
임산부와 아이들에게는 유해할 가능성이 있다는 학자들의 경고를
받아들이기 시작한 것이다. 납, 환경호르몬, 수은 등 보이지 않는 괴
물들에 대한 환경 기준은 이렇듯 과학의 발달에 따라 점차 엄격해지
고 있다.

생선의 수은이 당신의 아이를 노린다

몸 안으로 들어오는 수은의 주요 유입 경로는 음식물이다. 그중에서도 해산물을 통해서 들어온다. 신선한 생선은 동물성 단백질과 지방의 중요한 공급원이지만 동시에 바다 오염의 필터 역할도 하는 존재라는 사실을 잊어서는 안 된다. '오염 필터라니. 이 무슨 회 맛 떨어지는 소리인가' 할 수도 있겠지만, 실제로 물고기와 어패류는 바다 정화를 위해 매우 중요한 역할들을 한다. 오염된 바다에서 그런 역할들을 충실히 하는 물고기의 경우 오염이 더 심할 것이다.

몸집이 큰 물고기일수록 이런 오염은 더욱 심각하다. 왜냐하면 큰 물고기는 작은 물고기를 먹고 살기 때문이다. 작은 물고기의 오염물질 중에 수은같이 분해가 안 되는 것들이 큰 물고기의 지방조직을 점령한다. 그래서 미국에서는 생선을 일주일에 몇 마리 이하로 먹고 특정 지역에서 잡은 물고기는 먹지 말라고 권고하고 있다. 특히 임산부들은 다른 사람들보다 더 조심해야 한다. 수은이 태반의 방벽을 무사 통과해 태아에게 갈 수 있기 때문이다.

생태계의 수은 오염 수치가 날로 높아지면서 미국 정부 차원에서 수은을 특별 관리하고 있다는 자료를 접하고 미국의 워싱턴 주 환경부를 찾아갔다. 수은관리국의 마이크 겔리거 씨가 취재진을 반갑게 맞아주었다. 그는 워싱턴 환경보건 수은화합물 관리프로젝트를 맡고 있었다.

어떻게 수은의 확산을 막을 수 있습니까?

"수은을 포함하고 있는 물질들은 아주 독성이 강해서 어린아이와 임산부에게 무척 해롭습니다. 태어나지 않은 태아도 수은에 중독될 수 있습니다. 지난 100여 년 동안 산업화되는 과정에서 수은이 전 세계적으로 여러 가지 방법으로 배출되었습니다. 석탄을 연소시킬 때도 나오고 차량 연료에도 들어가 있습니다. 저희는 수은을 재활용하는 것이 최선의 방법이라고 생각합니다.

수은을 많이 함유하고 있는 형광등을 재활용하는 것이 중요합니다. 한 개의 형광등에서 나오는 양은 적지만 워싱턴 주에서만 1,000만 개의 형광등에서 매년 500파운드의 수은이 나옵니다. 형광등 외에 집에서 쓰는 체온계도 있습니다. 이것이 부서지면 약 1그램의 수은이 빠져나오게 됩니다. 그리고 자동온도조절계도 수은에 의해 조절되고 있습니다. 여기 수은 액이 흔들거리는 것이 보이십니까? 집을 보수한다든가 다른 전자식 온도계로 교체할 경우 이 자동온도조절계는 아무 생각 없이 버려집니다.

또 한 가지, 우리가 현재 주목하고 있는 것은 아말감을 제거했을 경우 제대로 관리하는 것입니다. 치과에서 나오는 엄청난 양의 수은은 배수관을 통해 폐수처리장으로 흘러가든가 아니면 하수구를 통해 바로 하천으로 흘러 들어가게 됩니다.

현재 워싱턴 주의 모든 치과에서 수은을 분리할 수 있는 아말감 분리기를 마련해두도록 하고 있습니다. 우리는 이 방법으로 1년에 400파운드 정도의 수은을 줄일 수 있다고 생각합니다."

치과에 분리기를 설치하는 것이 의무화된 건가요?

"2003년 8월에는 의무화되게끔 할 겁니다. 워싱턴 주 치과의사협회
와 합의한 내용에 따르면 그렇습니다."

주민들이 수은이 함유된 생선을 덜 먹도록 하는 조치를 취하고 있나요?
"5개 지역의 주민들에게 오염이 심한 특정 생선들의 섭취를 자제할
것을 권유하는 포스터를 붙여두고 있습니다. 환경부에서는 팸플릿
을 발행하고 있는데 왕고등어, 상어, 옥돔, 참치 등의 섭취를 제한하
고 있습니다. 슈퍼마켓에서 파는 참치통조림의 경우에도 어린아이
부터 임산부, 성인에 이르기까지 일주일에 어느 정도를 섭취해야 안
전한지 알려주고 있습니다. 최근 샌프란시스코에 있는 의사들의 연
구에 따르면, 어떤 환자에게 알 수 없는 건강상의 문제가 있어 그 원
인을 쫓아가봤더니 그가 이런 종류의 생선들을 많이 먹는 경향이 있
음을 발견했다고 합니다."

참치협회의 저항은 없었나요?

"참치업계에서는 FDA와 EPA(환경부)를 통해 자신들이 우려하는 바를 어필하고 있지만, FDA와 EPA는 물고기의 수은 문제를 주의 깊게 살펴볼 필요가 있다고 답변하고 있습니다. 수은은 우리가 감축프로그램을 통해 막으려 하는 첫 번째 물질입니다. 제가 알기로는 수은에 대해 이렇게 조치를 취하는 곳은 뉴햄프셔 주에 이어 여기가 두 번째일 겁니다."

영국 식품표준국(FSA)에서도 임신한 여성들에게 참치 섭취량을 일주일에 중간 크기 캔 2개로 제한하도록 당부하고 있다. 워싱턴 주에서는 수은이나 다른 생화학 독성물질을 영구적으로 줄이기 위해 20~25년의 장기 전략프로그램을 시행하고 있다. 그 독성물질들은 다이옥신, 수은, PCBs, 살충제 등이다.

워싱턴 주는 아말감 분리기를 치과에 설치함으로써 약 15~19%의 수은이 하수구로 흘러 들어가는 것을 막을 수 있었다. 그런데 우리는 아무런 조치도 취하지 않고 있다. 한 개의 아말감은 양이 얼마 되지 않지만 아말감 교체가 50~60년 동안 계속될 경우 그 양은 엄청나다. 워싱턴 주의 목표는 이것을 하수구로부터 분리해내는 것이고 그렇게 함으로써 훨씬 적은 수은이 자연환경으로 들어가게 하는 것이다.

나는 호주 시드니에서 아름다운 해변 맨리비치 근처에 사는 레베카 리딩턴(28세)이라는 미모의 여성을 만났다. 수상스포츠를 좋아하여 철인3종경기 국가대표였던 현재의 남편과 결혼한 그녀는 얼마 전 두 번의 끔찍한 유산과 사산을 경험했다. 그런데 그녀를 놀라게 한 것은 유산과 사산의 원인이 바로 자신이 그렇게 좋아하던 생선 속 수은이라는 사실이었다(그녀는 아말감 치료를 받은 적이 없다).

그녀의 수은 수치는 무려 기준치의 50배가 넘었다(기준이 6인데 그녀의 수은 수치는 300이 넘었다). 평소에도 생선을 좋아했고 임신 후에도 아이의 머리를 좋게 한다고 거의 매일 생선을 즐겨 먹었는데 몸 안에 수은이 쌓여갔던 것이다. 그녀가 주로 먹은 생선은 참치, 황새치 등 덩치 큰 것들이었다. 청정 바다로 유명한

즐겨 먹는 생선 속 수은 때문에 두 아이를 잃은 레베카 리딩턴 씨

호주에서 일어난 이 사건은 호주의 매스컴에서도 크게 다룰 만큼 충격적이었다.

그녀의 주치의는 수치를 보여주며 그녀가 생선의 수은에 의해 사산한 것이라고 말했다. 나는 그녀가 정말 생선을 먹고 수은에 중독되어 사산한 것인지, 그런 일이 있을 수 있는지를 알아보기로 했다.

나는 독물학자인 워싱턴 대학의 스티븐 길버트 교수를 찾아갔다. 그는 최근 납과 수은이 신경계에 미치는 영향에 대해 연구하고 있는데, 아주 적은 양의 노출이라도 특히 자라나는 어린이들에 어떤 영향을 미치는가에 대해 특별한 관심을 갖고 있다. 나는 그에게 레베카 리딩턴 씨의 경우에 대해 물어보았다.

시드니에 레베카라는 여성이 있는데 생선을 자주 먹고 두 번이나 유산, 사산을 했다고 합니다. 가능성이 있는 것일까요?

"그렇습니다. 충분히 가능합니다. 물론 생선의 나이와 크기에 따라 다릅니다. 참치나 상어같이 큰 물고기의 경우 근육에 수은을 축적하고 있습니다. 수은에 많이 노출된 생선을 선택해서 먹을 경우 일반적인 생선 소비자들에 비해 더 많은 수은에 노출될 수 있습니다. 수은이 몸 안으로 들어가면 세포를 망가뜨리고 세포 분열에 영향을 줍니다. 따라서 태아의 성장과 선천적인 기형에 영향을 주고 심하면 태아의 생명을 빼앗게 됩니다."

수은이 아이들에게 어떤 영향을 줍니까?

"아주 적은 양의 수은도 신경시스템 안으로 흡수되어버립니다. 그런데 발달기의 신경시스템은 매우 연약합니다. 사람은 태어날 때 신경시스템이 완전히 발달되어 태어나지 않습니다. 신경시스템은 사춘기에 이를 때까지 성숙해갑니다. 만약 수은 같은 것이 세포가 증식하는 부분이나 세포에 직접적으로 침투하게 되면 의사소통능력 저하와 기억력 감퇴 등이 나타날 수 있습니다. 물론 노출량에 따라 죽을 수도 있고 아주 심각한 피해를 입을 수도 있습니다."

수은이 납처럼 사람의 지적 능력에도 영향을 주나요?

"직접적으로 지적 능력의 저하를 경고하는 연구는 그렇게 많지는 않습니다. 물론 몇몇 연구 결과가 있기는 합니다만, 대부분의 연구들은 시각·청각과 같은 지각능력상의 영향에 대해 이야기하고 있습니다.

납은 IQ에 영향을 주는데 수은은 전반적인 의사소통능력에 영향을 줍니다. 만약 많은 양에 노출되었다면 확실히 학습능력과 기억력에도 영향을 줄 수 있습니다. 그리고 움직이거나 걷는 데도 영향을 줍니다. 하지만 적은 양에 노출되었을 경우 납과 비교하면 IQ에 그리 많은 영향을 준다고는 볼 수 없습니다."

그는 아말감에도 매우 부정적이었다.

"저는 개인적으로 아말감이 아이들에게 안전한 물질이라고 생각지 않습니다. 입 안에 아말감이 많으면 많을수록 수은에 더욱더 노출됩니다. 아이들은 신경시스템이 발달되는 과정에 있습니다. 또 몸집도 작습니다. 몸무게가 적은 아이들의 경우 낮은 수치의 노출이라 하더라도 훨씬 영향이 큰 법이죠."

제작진은 홍콩의 크리스틴 초이라는 산부인과 의사가 해산물을 자주 먹은 부부가 보통 사람들보다 불임이 될 확률이 높다는 연구결과를 발표했다고 해서 홍콩으로 그녀를 찾아갔다.

그녀가 해산물 소비가 많은 홍콩의 불임 부부 150쌍과 생식기능이 정상인 부부 26쌍을 대상으로 혈중 수은 검사를 한 결과에 따르면, 불임 부부의 혈중 수은 농도가 일반 부부보다 높았으며 불임 부부 중 남자는 3분의 1, 여자는 23%가 혈중 수은 농도가 비정상적으로 높게 나타났다고 말한다. 해산물은 오메가-3지방산 등 우리 몸에 꼭 필요한 여러 가지 유익한 영양소를 가지고 있는데, 이런 좋은 음식도 마음대로 먹고 살 수 없는 세상으로 변해가고 있는 게 냉엄한 현실이다.

나는 우리나라의 상황이 궁금해졌다. 한양대 박문일 교수와 서울 의과학연구소의 적극적인 협조를 받아 우리나라의 평범한 산모 100명을 대상으로 국내에서 처음으로 조사해보기로 했다. 검사 결과 기준치 10을 넘는 산모가 4명, 8 이상의 산모가 8명이었다. 그렇다면 이 산모들의 뱃속에 있는 태아의 수은 수치는 더 높을 수도 있다. 왜냐하면 산모는 소변을 통해 수은을 빼낼 수 있지만 태아는 수은을 배출하는 기능이 없어서 계속해서 몸에 축적되기 때문이다. 엄마가 섭취한 음식 속의 수은으로 인해 미래의 아이들이 사회에 공헌할 수 있는 잠재력을 소리 없이 빼앗기고 있는 것이다.

그런데 아이들을 노리는 유해물질은 수은 같은 중금속만이 아니다. 우리가 일상적으로 먹는 음식과 가정에서 사용되는 살충제, 각종 제품에서 나오는 환경호르몬 등 매우 광범위한 유해물질들이 우리 아이들을 포위하고 있다.

아이들의 영구치가 없다

일본 나고야의 치과의사인 나카자코 히로야스 씨. 그는 최근 어린이 환자 중에 영구치가 없는 경우가 점점 늘어나고 있다는 사실을 발견했다고 한다. 나는 정확한 원인을 찾지 못하고 있다는 그에게 영구치가 모자라는 아이들을 직접 만나게 해달라고 부탁했다.

엄마의 손을 잡고 진료실로 들어온 류이치는 올해 열 살이다.

"이 아이의 송곳니와 어금니 사이에 있어야 할 영구치가 없습니다. 이런 아이가 1998년 이전까지는 10퍼센트 전후였습니다. 1998년 조사에서는 14.3퍼센트로 영구치가 모자라는 아이들이 많아졌습니다. 그 뒤 해마다 조사하고 있는데 1998년에서 2002년까지 평균 11.2퍼센트의 아이가 영구치가 모자랍니다. 일본 소아치과학회의 자료에 의하면 50년 전에는 2.7퍼센트에 불과했습니다."

그는 한 명의 아이를 더 소개해주었다.

"마나베 미유키 양(12세)은 이 젖니 아래에 영구치가 있어야 하는데 없습니다."(X-레이 사진에는 아직 잇몸 밖으로 나오지 않은 영구치까지 모두 보인다.)

그는 한술 더 떠 영구치가 다섯 개나 없는 아이의 사진을 보여주었다.

"이 아이는 영구치가 무려 다섯 개나 없습니다. 뱃속에 있을 때 엄마가 어떤 것을 먹느냐에 따라 아이 영구치에 영향을 미친다고 생각합니다. 칼슘, 미네랄을 제대로 먹는가도 문제이지요. 지금 제가 가장 걱정하고 있는 것은 농약, 제초제, 유전자 조작식품입니다. 이외에 음식물에 들어 있는 식품첨가제, 합성보존제, 합성착색제의 영향도 검토하고 있습니다.

아직은 연구 중이고 추정하고 있는 단계이지만 5년, 10년 전부터 갑자기 영구치가 없는 아이들이 늘어나고 있는 것은 사실입니다. 아이들이 접하는 환경이 달라져서 그렇다고 봐야 하는데 예전보다 각종 화학물질과 농약, 제초제, 식품첨가물이 늘어났습니다. 그리고 어른이 먹을 때보다 아이들이 먹을 때, 엄마 뱃속에 있을 때 엄마가 먹어서 전달될 때 그 손상 정도가 훨씬 큽니다."

이러한 말은 일본 국립의약품식품위생연구소의 간노 독성부장을 만났을 때도 들었다. 신생아 시기에 노출된 동물과 생후 8주 어른이 된 다음에 노출된 동물을 비교한 실험이 있었는데, 노출된 화합물에 따라 다르지만 신생아 시기에 유해물질을 받아들이는 감수성이 2~3배 높은 것으로 나타났다고 한다.

좀더 일본 아이들의 실태를 알아보기 위해, 농업이 발달한 일본 군마 현의 아오야마내과에서 살충제 피해를 입었다는 부모와 아이를 만나기로 했다. 아이의 어머니는 농약 살포 때문에 그림을 잘 그리던 아이가 무슨 내용인지 모를 정도로 엉망으로 그리게 되었다며 과거의 그림과 현재 그린 그림을 보여주었다.

"산수도 잘해서 상장까지 받던 아이가 학년이 올라갔는데도 셈을 못해 0점을 받았습니다. 이 주위에 논이 있어 농약을 공중 살포하는데 그 농약이 3킬로미터나 떨어진 저희 집까지 날아온 것 같아요. 4월에 제초제를 뿌리는 시기에는 아이가 밖으로 나가기만 하면 머리가 아파 똑바로 걷지를 못했습니다. 말도 제대로 나오지 않고 그림도 엉뚱한 그림을 그렸어요. 갈수록 이런 증상이 점점 더 심해졌어요."

이 병원의 아오야마 요시코 원장은 원래 소아과의사였는데 지금은 천식 등 알레르기 환자들을 주로 본다고 했다.

"처음에는 진드기, 꽃가루, 먼지 등이 원인이라고 생각했습니다. 제가 화학가스를 의심하게 된 것은 근처에 종자 소독공장이 생기면서부터입니다. 그곳에서는 농약가스로 종자를 소독했는데 농약가스 배출이 의심되는 곳에서 천식 발작과 정신 이상 등이 생긴다는 것을 알았습니다. 그 다음부터 천식 환자를 보면서 농약가스 이외에도 톨루엔, 키실렌 같은 화학물질이 천식에 어떤 영향을 미치는지에 대해 관심을 갖게 되었습니다.

저희 병원에서는 가급적 새 화학제품은 구입하지 않으려고 합니다. 전기제품, 바닥재 등도 10년 이상 새것으로 바꾸지 않고 있습니다. 가급적 모두 천연 소재를 사용합니다."

농약도 화학물질과민증을 일으킵니까?

"임신 중에 태아가 화학물질에 노출되면 어른보다 훨씬 중증의 화학물질과민증에 걸립니다. 과민증을 넘어 정신질환, 집중력장애와 과잉행동증, 어린이우울증, 지능 저하 등 비극적인 상황으로 넘어갑니다. 지능과 뇌가 특히 손상을 입습니다. 문제는 당장 손쓰지 않으면 본래대로 회복이 안 된다는 겁니다.

이것은 비극입니다. 한국도 일본처럼 당하지 말고 예방하는 게 좋습니다. 특히 임신 6개월에서 10개월 사이 태아가 어머니 몸을 통해 농약을 비롯한 화학물질에 노출되면 여러 가지 증상이 나타납니다.

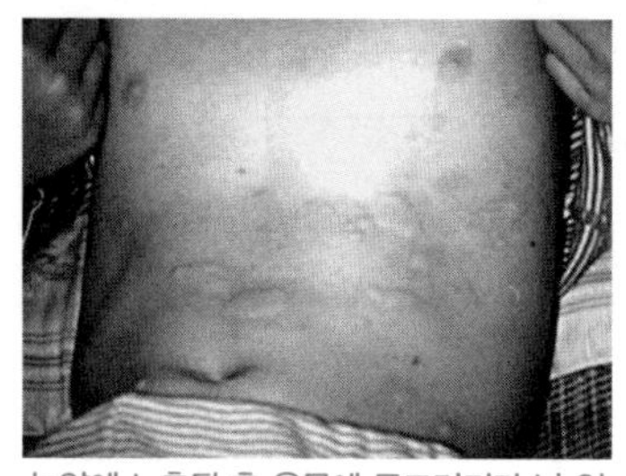
농약에 노출된 후 온몸에 두드러기가 난 일 본 어린이

그 아이의 일생이 망가지게 되는 거지요.

일본 학교의 정원에서 무분별하게 농약을 사용하고 있습니다. 학년에서 1, 2등을 하던 아이의 성적이 갑자기 떨어지고 글도 못 쓰고 읽지도 못하는 경우도 있습니다. 전신에 두드러기가 나타나고 면역체계도 손상됩니다. 특히 유기인제 농약(가장 광범위하게 사용되는 살충제)은 뇌를 손상시킵니다. 흰개미를 죽이기 위해 아이들의 지능을 떨어뜨리고 범죄를 저지르게 만들어서는 안 됩니다. 이런 바보 같은 짓을 한국에서도 하기 전에 당신이 막아주시기 바랍니다."

아오야마 원장은 민감한 아이들이 농약 등 화학물질에 피해 받는 것을 그 누구보다도 많이 보고 잘 알고 있었다. 서양에서 연구한 바에 따르면, 살충제의 약 18%와 살균제의 90%가 발암성을 갖고 있으며 인간의 호흡기에 영향을 준다. 그래서 살충제를 자주 사용하는 사람들은 천식, 기관지염에 걸릴 확률이 그렇지 않은 사람들(2%)에 비해 약 7배(15%)나 높다고 한다.

나는 미국에서도 같은 일들이 벌어지고 있다는 사실을 알게 되었다. 뉴욕 주에 살고 있는 티너 윌리엄스 여사와 세 딸 매건, 사라, 재클린 자매를 앞에서 소개했던 '건강한 학교 연대'의 소개로 만났다. 세 자매 모두 우리나라에서 지금도 사용하는 살충제 성분인 클로르피리포스에 의해서 학습능력에 문제가 생겼다고 한다.

클로르피리포스는 환경부가 내분비 교란 추정물질로 분류하고 있는 유기인제 살충제의 원료 물질로, 전 세계에서 사용되다가 아이들의 지능을 저하시키는 사례들이 계속 발표되자 미국에서는 농업 외 사용이 전면 금지되었다. 그러나 우리나라는 아직도 가정에서 살충제로 사용되고 있다. 그뿐 아니다. 유럽에서 안전성을 이유로 금지하고 있는 포스팜 등 72종의 살충제를 우리는 연간 수십만 킬로그램씩 뿌려대고 있다.

클로르피리포스 환경부에서 내분비 교란 추정물질(환경호르몬)로 분류하고 있는 유기인제 살충제의 원료 물질. 가정에서 흔히 쓰이는 바퀴벌레약, 개미약, 모기약 등에 들어 있으며, 과일 및 채소류의 해충 방제용으로도 많이 사용되고 있다. 최근 한국에서도 채소류에 대한 사용을 전면 금지하려는 움직임이 일고 있다.

세 자매는 티 없이 맑고 귀여운 아이들이었다. 윌리엄스 여사는 4학년인 큰딸 매건에게 제일 문제가 많다고 말했다. 나는 매건에게 쉬운 영어책을 주고 읽어보라고 했다. 매건은 연신 고개를 갸우뚱하며 한 단어 한 단어씩 힘겹게 읽어나갔다. 읽지 못하고 건너뛰는 단어도 많았다. '아, 이 발랄하고 예쁜 아이들에게 이런 일이 생기다니…….' 그러나 현실인데 어쩌겠는가. 윌리엄스 여사는 그래도 지금 이사 온 집에는 문제가 없어서 다행이라고 말했다.

전에 살던 집에서 어떤 일이 있었나요?

"롱아일랜드에서 살았었는데, 살충제에 노출된 지역이었어요. 그곳에서 3년간 살았더니 아이들에게 호흡기질환, 발열, 발진, 위질환 등이 생겼어요. 그 집에 사는 동안 항상 많이 아팠어요. 그후로 학교에서도 곰팡이, 살충제, 화학물질 등에 노출되기 시작했습니다. 아이들은 학교에 있는 동안 더욱 심해졌어요. 그래서 북부로 이사를 했고, 아이들의 건강을 지켜줄 수 있는 학교를 찾느라 애를 먹었어요. 살충제를 사용하지 않는 것은 물론 세제라 하더라도 화학물질을 조심스럽게 사용하는 학교를 찾고 있는 중이죠."

내가 판단하기에 아이들은 화학물질과민증까지 보이고 있는 듯했다.

아이들이 학교에서 나타냈던 증상은 어떤 것인가요?

"호흡기에 문제가 있었고 발진이 생기고 체중이 감소하고 천식 증상이 나타났어요. 사라는 아주 심한 편두통에 시달렸어요. 그래서 학교에서 사용하는 모든 화학제품에 대해 조심해야 했죠. 아이들이 스포츠를 좋아하는데, 축구나 소프트볼을 할 때 살충제에 노출된 곳에서 놀지 않도록 각별히 주의하고 있습니다."

지금 아이들 건강은 어떤가요?

"이사 와서 노출을 피한 이후로는 건강해졌어요. 특히 다른 것보다 호흡기가 정말 놀랍게 많이 좋아졌죠. 갑자기 열이 나고 두통이 생기던 증세도 이제 어떤 물질에 노출될 때만 나타나고 있어요. 지금은 정말 많이 좋아졌지만, 그래도 매일 노출되지 않도록 노력해요."

큰딸과 둘째딸은 비슷한 학습장애 징후를 보이고 있다. 기억력 감퇴와 집중력 감소 등이 나타났는데, 이 모든 것이 아이들이 살충제에 노출된 이후에 일어났다고 한다. 큰딸은 학교에서 특별 프로그램을 받고 있고, 나머지 두 딸도 도우미가 있어서 기억력과 집중력 문제 등에 대해 도움을 받고 있다. 나쁜 환경이 아이들의 학습능력에

악영향을 미친 것이다.

큰딸 매건은 18개월쯤 되었을 때 알파벳을 잘 외울 정도로 똑똑했다고 한다. 그런데 예전 집에서 3년간 살다가 유치원에 갔을 때 아이는 달라져 있었다. 선생님들도 아이의 학습 진도가 처진다고 말해주었다. 윌리엄스 여사에게는 청천벽력이 아닐 수 없었다.

자녀들의 증상을 알고 나서 남편과 어떻게 행동하셨나요?

"처음 그런 일이 발생했을 때 그 집에서 이사를 나왔어요. 4개월 동안 호텔에서 지냈어요. 그리고 월세 집을 구했고, 변호사에게 연락했죠. 제가 엄마로서 알아낼 수 있는 것은 뭐든지 알아내려고 뛰어다녔습니다. 제가 알아낸 사실들은 더욱 무서웠어요. 백혈병, 뇌 손상, 다양한 암, 학습장애 등이 나타날 수 있다고 했어요.

우리 아이들에게 나타난 증상은 살충제로 인한 것이 확실합니다. 의사들은 몇 가지 테스트를 거친 후 화학물질 노출이 원인이라고 결론을 내렸죠. 마운트 사이나이 병원의 필리 앤더슨 박사와 조 폴멘 박사에게 치료를 받았는데, 이분들 모두 살충제 노출이 아이들에게 많은 문제를 일으켰다고 하더군요.

제가 지금 이런 인터뷰를 하는 이유는 제 이야기를 듣는 사람들이 다시는 저와 같은 일을 겪지 않길 바라기 때문이에요. 사람들이 관심을 갖고 살충제를 사용하지 않음으로써 우리 아이들이 건강하게 살 수 있는 좋은 환경을 만들었으면 좋겠어요."

세계보건기구는 최근 미량의 농약이라도 장기간 섭취할 때 건강에 어떤 영향을 끼칠지 불확실하다는 우려를 표명했다고 한다. 그러나 우리는 아직도 농약, 살충제에 대해 매우 관대하다. 집집마다 모기약, 바퀴벌레약, 개미약 등 한두 개 정도는 살충제를 갖고 산다. 아파트에서는 정기적으로 벌레 소독을 하고 화단의 나무에 과할 정도로 약을 뿌려댄다. 심지어 2004년 7월 환경정의시민연대에서는 고속도로 휴게소와 식당에서 자동 분사되는 방향제가 실은 환경호르몬(퍼메트린)을 갖고 있는 살충제라는 충격적인 사실을 발표했다.

사람들은 작은 생물을 죽이는 약은 큰 동물에게는 영향을 주지 않는다고 확신하고 있지만, 당장의 생명에는 지장이 없더라도 호흡기로 들어와 아이들의 뇌를 교란할 수 있다는 것을 알아야 한다.

농작물에 뿌리는 농약의 경우 재배 기간 중 살포되는 것보다 수확 후 뿌리는 것이 더 위험하다. 농약은 정부가 적정량을 사용하면 괜찮다고 인정한 것들이지만, 규정대로 뿌리는지 감시가 불가능하다는 데 문제가 있다. 잔류 농약 검사는 그야말로 모래밭에서 유리조각 고르는 것처럼 극히 일부의 생산물만을 대상으로 행해지고 있는데, 이런 검사체계와 솜방망이 처벌로는 과다한 농약 살포와 수확 후 살포를 근절할 수가 없다.

농약이 덕지덕지 붙어 있는 채소를 집에서는 그나마 흐르는 물에 잘 씻어 먹지만 음식점에서도 잘 씻으리라는 보장은 없다. 어쩌면 매일 상당량의 농약이 그대로 우리 입으로 들어오고 있는지도 모른다. 2003년 10월에 공개된 식품의약품안전청의 국정감사 자료에 따르면, 시중에 유통 중인 깻잎을 비롯해 농약 잔류 기준 초과 농산물 중 95%에서 금지 농약이 검출되었다(253건 중 241건). 검출된 금지 농약 중 매건에게 영향을 준 클로르피리포스가 113건으로 으뜸이다 (그 외에 프로시미돈 111건, 엔도설판 83건, 다이아지논 50건 등). 그런데 문제는 이런 농약들이 사용 후 한참 세월이 흐르고 나서야 그 유독성이 검증되어 금지된다는 것이다.

살충제, 살균제, 제초제 등으로 구분되는 농약은 성분에 따라 유기염소제, 유기인제, 유기수은제, 유기비소제, 카바마이트제 등으로 나뉜다. 약한 유기인제 농약이라도 인체에 계속 쌓이면 손발이 마비되고 눈에 이상이 오며 설사·복통·뇌신경장애가 일어날 수 있다. 유기수은제는 종자 소독용으로 사용되었으나 지금은 사용이 금지되었다. 역시 사용이 금지된 DDT나 BHC 등은 유기염소제 농약으로 소화기관 이상, 간 및 신장장애 등을 일으키고 체내에서 분해가 잘 안 되며 장기간 지방조직에 축적되어 만성 중독을 일으킬 위험이 있다. 카바마이트제는 동물실험 결과 기형을 유발하는 원인으로 밝혀지기도 했다.

농약의 위험성은 그 잔류성에 있다. 잔류된 농약 성분은 화학적 변화를 일으켜 다른 물질로 변하기도 한다. 대표적인 잔류물질인 환경호르몬도 원인물질 67종 중 41종이 농약 성분이다. 농약은 곡식과 채소에만 뿌리는 것이 아니라 건어물에도 뿌리고 꽃에도 뿌린다. 농약을 남용하는 것은 벼룩 잡는다고 집을 태우는 것과 비슷하다.

생명의 그물을 이루는 기본 원리는 바로 '먹이사슬' 이라는 구조다. 농약을 뿌리면 땅 표면과 땅 속을 오가는 수많은 생명체가 죽고 이동이 중지되어 땅이 딱딱하게 죽어간다. 그 틈을 타 해충이 기형적으로 번식하고 병이 창궐하게 된다. 땅에서 먹을 것을 찾지 못한 생물들은 땅 위에 심어놓은 곡식, 채소, 과일을 향해 돌진한다. 그러면 사람들은 또 약을 뿌린다.

흙 속의 거미, 지렁이, 개미 같은 작은 생물들이 이 땅을 얼마나 기름지게 하며 식물이 뿌리내리고 커가는 데 중요한 역할을 하는지 땅 위만 보고 사는 우리는 알지 못한다. 과실수에 뿌린 농약의 약 70%가 땅에 떨어져 생물들을 살 수 없게 만들면 비옥한 땅이 딱딱하게 죽어버리고 만다. 농약으로 오염된 죽은 토양은 결국 지하수까지 오염시킨다.

게다가 장기적으로는 농약에 대한 저항력을 키워줘 유익한 천적만 죽이고 해충은 죽이지 못하는 결과를 가져온다. 병균 죽이려고 무분별하게 항생제를 사용하다 장내 유익한 균만 죽이고 항생제 내성균을 만들어내 결국 치유 불능 상태에 빠지는 이치와 같다. 모든 생명체는 괴롭힘을 당하면 더 강력한 무기로 저항하게 되어 있다. 그리고 그 해악은 가해자에게 고스란히 되돌아오는 것이다.

농산물의 수확량을 늘리기 위해서는 종자 개량과 농약 개발이 필수적이다. 그러나 비타민을 필요 이상으로 먹으면 흡수되지 못하고 배출되면서 몸에 오히려 부담을 주듯이, 농약의 과다 사용으로 땅이 죽고 화학비료의 남용으로 땅이 자생력을 상실하게 되었다. 그 대가는 모든 생태계가 감당해야 한다.

이것이 한쪽 면만 보고 달려온 과학이 치러야 할 대가다. 농약과 화학비료를 사용하면 토양 속의 유기물이 감소하고 토양이 산성화하고 수분 함유력이 떨어져 다시 비료를 주어도 비에 씻겨 나가고 만다. 토양이 산성화하면 토양 속의 중금속을 녹여 수질을 악화시킨다.

강으로 씻겨 나간 질소, 인산 등의 비료 성분은 물 속의 조류를 증가시켜 부영양화(강·바다·호수에서 미생물이 유기물을 분해하여 영양물질이 많아지며 악취와 독성물질이 생기는 현상)를 초래한다. 이런 물은 바다에까지 흘러들어 적조 현상을 일으킴으로써 해양생태계를 파괴한다. 농부가 수확을 늘리기 위해 뿌린 화학비료와 농약이 수백 킬로미터 떨어진 어촌을 황폐화시키는 적조를 만들어내는 것이다. 이것은 나도 모르게 난폭 운전을 하여 애꿎은 운전자들이 서로 부딪혀 사고가 났는데 나는 유유히 그 자리를 떠나는 것과 흡사하다.

자연계의 모든 생명이 나누어 먹어야 할 음식을 인간 혼자 먹겠다는 이기심에서 뿌려진 농약은 분해되지 않고 생태계에 잔류하다 먹이사슬과 물과 공기를 통해 우리 몸에 차곡차곡 쌓이게 된다. 결국 우리가 뿌린 화학물질 중에 분해되지 않는 해로운 성분들만 골라 우리가 모두 먹게 되는 것이다. 이렇듯 세상의 모든 생명은 자연의 거대한 시스템 안에서 서로 유기적으로 연결되어 있다.

아이들의 뇌를 공격하는 괴물들

산업화의 부산물인 납, 수은, 카드뮴 등은 몸 밖으로 빨리 배출되지 않으며 간, 콩팥, 뼈 등에 남아 우리 몸을 직접적으로 위협하는 유해 중금속이다. 각종 산업시설의 폐수와 폐기물, 자동차 매연에 많은 양의 중금속이 포함되어 있다. 이런 중금속은 토양(1992년 전국 토양 중금속 오염 실태 조사에 따르면 흙 1kg당 카드뮴 0.213mg, 수은 1.118mg)과 하천 그리고 가축의 몸에 들어가 있다가 다시 사람의 몸에 들어오게 된다. 생태계 내의 중금속은 일차적으로 식물에게 옮겨가 약 500배 정도로 농축되고, 다시 이것을 섭취하는 동물의 몸속에서 식물보다 2~6배 높은 농도로 2차 농축되며, 그 동물을 섭취하는 사람의 몸에서 다시 3차 농축된다. 뿐만 아니라 농약의 중금속은 피부와 호흡기를 통해 사람 몸속으로 들어오기도 한다.

납이 아이들 곁에 있다

어린이들의 혈액 내 납 수치는 지능 및 정신 발달과 매우 밀접한 관계를 갖고 있다. 납이 어린이 지능과 정신 발달에 미치는 영향에 대한 연구가 자꾸 나올수록 납 노출 허용 기준치는 1960년대 $60\mu g/dl$, 1970년대 $30\mu g/dl$, 1990년대 $10\mu g/dl$로 점점 낮아져왔다. 그런데 최근 미국 코넬 대학의 리처드 캔필드(Richard L. Canfield) 박사가 아이 172명을 대상으로 혈중 납 농도와 지능의 상관관계를 측정한 결과, 혈중 납 농도가 안전기준치(10μg/dl) 이내인데도 1μg에서 10μg으로 올라갈 경우 IQ가 평균 7.4점 떨어지는 것을 알아냈다. 아이들의 납 노출 정도가 기준치보다 낮아도 지능이 저하된다는 사실이 처음 밝혀진 것인데, 이로써 아이들에게는 중금속 안전기준치라는 것이 무의미함을 입증한 것이다.

우리나라 사람들은 휘발유에서 납을 제거한 이후 납이 잘 통제되고 있다고 생각한다. 그러나 미량의 납은 페인트, 세라믹, 작은 기계들, 배터리와 제련소, 산업시설 등에서 계속 배출되고 있다. 경희대 식품영양학과의 박현서 교수가 3~6세 어린이 273명을 상대로 모발 검사를 했는데, 그중 33%가 모발의 납 함유량이 정상치(2ppm 미만)의 2~3배였다고 한다. 알루미늄은 조사 대상의 26.8%, 수은은 8.8%가 정상치의 2배 이상으로 나타나 우리 아이들도 체내 중금속 함유량이 매우 높은 것으로 밝혀졌다.

로마제국을 멸망의 길에 들어서게 했던 납은 아직도 우리 생활 주변에서 위협을 가하고 있다. 납이 축적되는 경로를 보면 페인트, 휘발유 등에 있던 납이 토양과 물에 떨어졌다가 농작물과 어패류의 몸에 들어가 음식을 통해 우리 몸으로 들어온다. 체내에 흡수된 납은 대부분 뼈와 치아 등에 축적되고 적은 양만이 대소변으로 배출된다. 2003년 환경운동연합이 조사한 바에 따르면, 중랑천에서 잡은 물고기에서 납 농도가 기준치를 초과하는 것으로 나타났으며 수은의 농도도 아직 기준치에는 약간 미치지 못하지만 최근 몇 년 사이 빠르게 증가하고 있다고 한다. 그런데도 한강에서 잡은 민물고기를 강원도 소양호에서 잡았다고 속여 일부 유통하고 있는 게 현실이다. 이런 고기들은 수험생과 임산부, 어린이의 보양식에 사용되고 있다.

중금속은 좀처럼 분해되지 않고 생태계를 떠도는데, 최근의 조사에 의하면 경기도 고양시 일대의 하우스 단지에서 생산된 배추의 경우 덴마크와 핀란드의 규제치에 비해 납 농도는 29.6배(8.87ppm), 카드뮴 농도는 7.5배(0.75ppm)나 되는 것으로 나타났다. 의정부에서는 무 3.67ppm, 상추 4.18ppm을 비롯해 고추에서도 납이 6.78ppm 검출되었는데, 이는 납에 의한 토양 오염이 이미 위험 수위를 넘어섰음을 보여준다. 이외에 유아용 장난감, 놀이터의 페인트, 불고기판을 비롯해 한약재 등에서도 기준치를 초과하는 납이 검출되었다.

각종 오염물질에 취약한 아이들이 위기에 처해 있다는 사실을 알게 된 미국에서 최근 변화의 조짐이 보이고 있다. 1년에 27억 톤의 화학물질(이중 약 2,000만 톤이 유해 화학물질로 추정된다)을 사용하는 세계 최대의 화학물질 소비국인 미국에서 변화가 일게 된 것은 아이들의 학습능력이 점점 떨어지기 때문이었다. 클린턴 대통령은 재임시절 어린들을 위한 안전환경을 위해 대통령 직속 특별조사단을 구성하여 어린이 건강프로그램(Children Health Program)을 시작했다. 보건부장관과 환경부장관이 공동위원장을 맡고 있는데, 어린이 안전, 소아암, 천식 그리고 납 등 화학물질을 어린이들의 미래를 위해 시급하게 개선해야 할 4대 주요 과제로 설정하여 집중적으로 연구 및 투자하고 있다. 그들은 아이들을 위협하는 4가지 중 3가지가 환경으로 인한 것이라고 보고 있다.

나는 특별조사단의 위티 캐슬 박사를 만나러 미 보건부를 방문했다. 그는 공중위생국 부국장이자 소아과의사다.

특별조사단을 만들게 된 이유는 무엇입니까?

"어떻게 하면 어린이들이 최대한 건강을 유지하게 도울 수 있을까를 연구하기 위해서입니다. 미국 어린이들의 100만 일 결석의 원인은 천식입니다. 600만 명의 미국 어린이들이 천식으로 고통받고 있습니다. 어린이의 성장 발달에 영향을 주는 또 다른 요소는 납입니다. 휘발유에서 납을 제거한 이후로 납 문제는 상당히 줄어들었지만 아직도 많은 지역사회에서 주택에 사용되는 페인트로 인해 문제가 발생하고 있습니다. 페인트 먼지 속에 납이 들어 있기 때문이지요.

다른 분야로는 소아암이 있습니다. 1년에 8,000명에게 소아암이 발생하는데 주로 뇌종양과 백혈병입니다. 이런 질병에서는 강력한 환경적 요인들이 발견되었습니다."

구체적으로 어떤 활동을 하고 있나요?

"예를 들어 자동차를 타지 말고 걸어서 학교에 등교하도록 합니다. 걸어서 등교하면 환경에도 도움을 주지만, 더 중요한 것은 물질적·화학적·생물학적·사회적으로 여러 가지 이점이 있다는 것입니다. 미국에서는 지난 15년간 비만 인구가 세 배나 증가했습니다. 걸어서 등교하면 운동이 되어 건강도 좋아지지요.

또 한 가지 예로, 탐슨 보건부장관이 패스트푸드업계 사람들과 회담을 하여 패스트푸드에 샐러드 메뉴를 도입하도록 했습니다. 이런 다양한 노력이 아이들을 건강하게 만든다고 생각합니다."

미국이 늦게나마 특별조사단까지 만들어 아이들의 건강에 관심을 기울이는 이유는 우리가 사용하는 화학물질들에 복합적으로 노출되어서는 아이들의 몸이 더 이상 감당하기 어렵다고 판단하기 때문이다. 우리도 하루 빨리 아이들에 대한 대책을 세워 소 잃고 외양간 고치는 우를 범하지 말아야겠다.

머리를 나쁘게 만드는 환경호르몬

환경호르몬 생물체에 흡수되면 내분비계의 정상적인 기능을 방해하거나 교란하는 화학물질들을 일컫는 말. 생물체 내에서 호르몬처럼 작용하는 데서 '환경호르몬' 이라는 이름이 붙게 되었다. PCBs, 다이옥신, DDT, 엔도설판, 비스페놀 A 등이 그 대표적인 물질들이다. 극히 적은 양으로도 발육과 성장 및 각종 기능에 중대한 영향을 미치기 때문에 갈수록 심각한 문제로 인식되고 있다.

모든 생명체는 죽어서 흙으로 돌아가는 것이 자연의 이치다. 과거에는 이런 순환이 자연스러웠지만, 인간은 과학을 발전시키며 좀처럼 흙으로 돌아가지 않는 물건들을 양산해내기 시작했다. 흙으로 변하지 않고 자연계에 누적되었다가 먹이사슬을 따라 생명체에 들어와 호르몬체계를 교란시키는 물질이 있다. 이것을 서양 사람들은 '내분비 교란물질'(Endocrine disrupters)이라고 부르고 일본 사람들은 '환경호르몬' 이라고 명명한다.

환경호르몬은 극소량으로도 지금 당장만이 아니라 몸의 장기적 운명을 결정할 만큼 엄청난 위력을 가진 물질이다. 환경호르몬은 우리 몸에 들어와 호르몬 같은 역할을 하며 적은 양으로 우리 몸을 교란시킨다. 이런 물질은 장기적으로 영향을 주기 때문에 당장에는 그다지 위험을 느끼지 못한다.

환경호르몬은 체내의 지방에 쌓이는 지방 친화성 화합물로 극소
량으로도 몸에 변화를 초래할 수 있다. 인체 내에서 좀처럼 분해되
지 않고 축적되어 면역력 저하, 남성 생식력 감소, 전립선암, 고환
암, 유방암, 기형, 불임, 신경행동 이상 등 대부분 치료가 불가능한
치명적 영향을 준다. 일본 후생노동성에서는 무심코 쓰레기를 태울
때 발생하는 다이옥신을 비롯해 142종의 물질을 환경호르몬으로 분
류하고 있다.

플라스틱 같은 제품들은 700도 이상의 고온에서 완전 연소를 해
야만 유독가스가 방출되지 않는다. 그러나 쓰레기문제 해결을 위한
시민운동협의회에 따르면, 농가의 90%에서 쓰레기를 불법 소각하
고 있으며 아무런 문제를 못 느낀다고 응답한 농민이 무려 68%에
달한다고 한다. 또한 86%의 농민은 소각 후 남은 재(소각장 재에 비
해 납 20배, 수은 21배, 카드뮴 706배, 다이옥신 1만 배가 더 많다)를 거름
으로 밭에 뿌리고 있어 직접적으로 토양과 농산물을 오염시키고 있
다. 나 역시 취재 중에 농가 마당, 농지 주변에서 불법으로 플라스
틱, 비닐 등 쓰레기를 태우는 모습을 수도 없이 목격하였다.

지난 세기 동안 인체가 낯선 물질인 이들에 대한 방어수단을 발달
시키기도 전에 인간은 검증 안 된 물질들을 마구 만들어내었다. 환
경호르몬은 인체의 혈관을 돌아다닐 뿐 아니라 세계 각국 생물의 몸
속과 식탁을 돌아다닌다. 특히 출생 전 신체 발달기에 노출되면 아
이가 각종 불치병과 신경발달장애, 학습능력장애 등을 일생 동안 겪
을 수 있다. 호수에 떨어지는 물 한 방울처럼 적은 양의 호르몬으로
도 인생이 바뀔 수 있는 것이다.

환경호르몬의 문제가 처음 알려지게 된 계기는 미국에서 발생한 DES(Diethylstilbestrol) 사건이다. 1948년부터 1972년까지 미국에서 유산 방지에 탁월한 효과가 있다고 하여 무려 500만 명의 임산부가 DES라는 약을 사용했는데, 나중에 태어난 여자아이에게 질암이 발생하고 남자아이에게는 성기 기형이 다수 발생했다.

환경호르몬은 현재 일부 농약을 비롯해 컵라면 용기, 젖병, 우유, 모유, 장난감, 플라스틱, 컴퓨터, 가전제품, 프라이팬, 방염제 등 광범위한 생활용품에서 검출되고 있다.

대부분의 화학물질은 난분해성이기 때문에 체내에 축적되면 몸 밖으로 나가기 힘들다. 그래서 몇십 년 전에 사용이 금지되었어도 여전히 환경과 몸 안에 남아 있게 된다. 국내에서 사용하지 않는 화학물질이라고 해도 순환하는 대기를 통해 지구 전체에 떠돌아다니고 있기 때문에 직접적인 영향을 받을 수 있다.

어른들에게는 별 영향을 줄 것 같지 않은 양의 환경호르몬도 태아에게는 상상할 수 없을 정도의 영향을 미칠 수 있다. 이 교활한 적은 인체의 방어메커니즘을 혼란시켜 자신을 나쁜 물질이 아니라 명령에 따라야 할 메시지(정상 호르몬)로 받아들이게 만든다. 다시 말해 적군의 위장술에 속아 적의 명령에 따라 아군을 죽이는 것이다. 엄마의 몸에 축적된 환경호르몬은 혈관을 떠돌다 아이의 몸에 들어가고 태어난 아이는 다시 모유를 통해 화학물질을 보충받는다. 이것이 화학물질들이 우리의 몸과 공생하는 메커니즘이다.

독성을 가진 화학물질에 대한 생각을 이제는 바꾸어야 한다. 20세기에는 독성과 질병의 상관관계에 대해 매우 관대했었다. 독물학의 아버지로 불리는 스위스의 의학자 파라셀수스는 '용량이 독을 만든다' 는 공리를 세웠는데, 환경호르몬이라고 불리는 화학물질은 '많은 용량이 더 큰 피해를 입힌다' 는 이런 논리와는 전혀 상관없다. 인체를 복잡하게 통제, 운행하는 강력한 메시지인 정상 호르몬 흉내를 내며 극소량으로도 인체를 혼란 상태에 빠뜨리는 사이비 호르몬 물질을 우리는 매일 몸 안에 집어넣고 있다.

지금부터 환경호르몬의 대명사인 PCBs에 관해서 집중적으로 얘기하려 한다. PCBs는 절연, 내화, 내열 등 적용 범위가 넓어 전동기나 콘덴서 같은 전기시설의 부품으로 사용되었으며 윤활제, 페인트, 접착제, PVC, 잉크, 플라스틱 가공재, 내외장재, 내화재 등에도 광범위하게 활용되었다. 우리나라에서는 1983년 수입 금지 조치가 취해진 이후 더 이상 사용되지 않고 있지만 20여 년이 지난 지금에도 생물 속에 축적된 PCBs가 광범위하게 검출되고 있다.

PCBs에 의한 지속적인 식품 오염은 더욱 큰 문제다. PCBs는 폐기물이나 환경에 잠재되어 있다가 식물에 스며들거나 가축에게 옮겨 간다. PCBs는 동물성 지방질에 머무는데, 특히 연어와 같이 지방질이 많은 생선이나 육류, 유제품, 계란이 쉽게 오염될 수 있다.

PCBs 성분이 발암성이라는 사실은 점차 확실해지고 있다. 간, 내분비선, 면역, 신경장애를 일으켜서 성인의 생식조직과 어린이들의 성장을 지연시킨다. PCBs는 공기 중에도 포함되어 있으며, 큰 동물이 PCBs가 축적된 작은 동물을 먹으면서 먹

> **PCBs** PCB는 폴리염화 비페닐(Poly-chlorinated biphenyl)의 약자로, 절연성·내화성·내열성이 뛰어나 각종 전기제품 및 화학제품에 널리 사용되었다. 그러나 강한 독성과 잔류성·축적성이 있고 인간 몸에 들어가면 암 등 심각한 피해를 입힌다는 것이 밝혀져 현재는 제조 및 사용이 금지되어 있다.

이사슬의 위로 올라갈수록 그 수치도 올라간다.

PCB는 종류가 200여 가지나 된다. 그래서 PCBs로 표시되는데, 이 가운데 다이옥신과 유사한 구조의 PCB 계열이 있고 다이옥신과 다른 구조를 갖고 있는 PCB 계열이 있다. 그동안 전자가 훨씬 독성이 강하다고 알려져왔다. 그런데 최근의 연구 결과에 따르면, 다이옥신과 다른 구조를 갖고 있는 PCB 계열의 독성이 더 높은 것으로 나타나고 있다.

PCBs라는 환경호르몬이 최근 주목을 받는 이유는 아이들의 지능에 영향을 준다는 연구가 속속 발표되고 있기 때문이다.

만약 내 아이가 공부를 못하고 주의력 결핍 증세가 심하다면, 우리는 그동안 아이가 자궁 내에서 받은 환경호르몬의 영향일지도 모른다고 생각하기보다는 유전적 요인이거나 현재 먹고 있는 음식, 중금속 오염, 학습 열의 부족 때문인 것으로 생각해왔다.

자궁 내에서 에스트로겐(여성호르몬) 유사 화학물질에 노출된 아이가 태어나 성장할 때까지 약간의 주의력 결핍만 보이고 건강상 특별한 이상 없이 성장할 수도 있다. 그러나 실제로는 고환에 이상이 있을 수도 있고 성기가 유난히 왜소할 수도 있으며 임신이 불가능한 정자 수를 가질 수도 있다. 더 나아가 성년이 되어 특정 암에 걸릴 가능성이 높아질 수도 있다. 이런 것들이 환경호르몬이 우리의 미래 잠재력을 훼손하는 사례들이다.

사람은 출생 전에 환경호르몬에 노출될 뿐 아니라 전 생애에 걸쳐 체지방 내에 잔류 화학물질을 축적하게 된다. 어머니가 이들에 노출되는 환경에 살았다는 것은 자식들도 그런 환경에 살 가능성이 매우 높다는 것을 말한다. 그런데 우리는 PCBs와 같은 소수의 물질 외에는 우리가 일상생활에서 접하는 수천 종의 합성 화학물질이 우리 몸에 주는 영향에 관해 거의 아는 바가 없다. 우리 아이들이 일으키는 정신적·행동적 장애에 관해서도 그 원인을 거의 모르고 있다.

2003년 11월에 스웨덴 북부의 청정지역에서 성장한 마르고트 발스트롬 유럽연합(EU) 환경담당 집행위원이 자신의 혈액에 DDT, PCBs, PBDEs 등 무려 28종의 독성 화학물질이 들어 있다는 검사 결과를 공개하며, 자신의 혈액을 '화학물질 칵테일'이라고 불러 화제를 불러일으킨 바 있었다.

나는 서울 시내에 거주하는 여성 중에서 1980년대 이후 태어난 20대 여성 5명의 복부 지방을 조사해보기로 했다. 왜냐하면 PCBs나 DDT는 70년대에 사용이 금지된 물질이기 때문이다. 한 달가량의 검사기간을 거쳐 조사한 결과 PCBs, DDT를 비롯해 HCH(70년대에 금지된 농약)까지 당장 우려할 만큼 수치가 높지는 않지만 모든 여성에게서 나오지 말아야 할 물질들이 검출되었다.

이런 물질들은 어느 정도 위험할까. 나는 뉴욕주립대학 올버니 캠퍼스 보건환경연구소의 소장인 데이비드 카펜터 박사를 찾아갔다. 그는 환경호르몬 분야의 권위자다.

PCBs의 위험성이 최근 다시 조명되고 있습니다. 어느 정도 위험한가요?
"PCBs는 동물실험에서 발암성이 증명되었습니다. 인간 역시 PCBs에 지속적으로 노출되면 암에 걸릴 수 있음이 증명되었죠. 그러나 불행하게도 모든 인간은 다른 많은 화학물질에도 노출되고 있기 때문에 확실한 증거가 되기에는 부족합니다. 물론 PCBs가 동물뿐 아

니라 인간에게도 암을 유발시킨다는 확실한 증거들이 많이 있긴 합
니다만."

임신한 여성과 태아에게 어떤 영향을 줍니까?

"매우 위험합니다. 제 견해로는 태아에게 미치는 영향은 정말 확실
합니다. 중요한 것은 아이의 IQ가 떨어지는 것인데, 이는 여러 연구
에서 증명되었습니다. 특히 1970년에 대만에서 있었던 실험을 보
면, 산모가 쿠킹 포일에 함유된 PCBs에 노출된 경우 태어난 아이들
의 IQ가 5~7점 정도 낮게 나왔습니다. 게다가 행동에도 영향이 있
었죠. 동물실험에서 확연히 나타난 결과인데, PCBs에 노출된 동물
들은 과민한 행동을 보이고, 어려움을 해결하는 능력이 떨어졌습니
다. 저와 제 동료들은 이 실험 결과를 책으로 출판하기도 했지요.

또 호르몬시스템에 영향을 주면서 나타나는 현상들도 있습니다.
영아들에게 미치는 영향을 보면, 남자아이는 여성화하고, 여자아이
는 남성화합니다. 그러나 그 이유는 아직 확실하지 않습니다. 네덜
란드에서 행해진 연구를 보면, 태어나기 이전에 PCBs에 노출된 남
자아이들은 총이 아니라 인형을 가지고 논다고 합니다. 그리고 화학
물질에 포함된 여성호르몬의 영향으로 이들이 자라서도 성기의 크
기, 정자 수, 번식능력, 성적 선호도와 같은 것들이 변화한다는 증거
들이 있습니다."

카펜터 박사의 연구팀은 PCBs가 함유된 생선을 섭취한 쥐들에게
막대기를 밀어서 물을 먹는 과제를 주었는데, 불이 들어온 후 2분이
지나서야 물을 얻을 수가 있었다. 보통 쥐들은 항상 2분 이내에 성

공했다. 새끼 때부터 PCBs에 노출된 쥐들은 보통 쥐들보다 막대기를 훨씬 급하게 누른다. 이는 좌절을 해결하는 능력이 저하되었기 때문이다.

태어나기 전에 PCBs에 노출되었더라도 성장하면서 소량만 체내에 남기 때문에 괜찮다는 이야기가 있는데요.

"저는 동의하지 않습니다. PCBs와 DDT는 정말 나쁜 물질입니다. 제 사무실 바로 밖에 흐르고 있는 허드슨 강은 PCBs로 가득 차 있다고 해도 과언이 아닙니다. PCBs는 공기 중에 퍼져 있어서 우리는 공기를 통해서도 PCBs를 마시게 됩니다."

PCBs의 사용이 오래 전에 금지되었다 하더라도, 이 물질은 아직도 사람들에게 노출되고 있다. 북극 바로 아래의 알래스카 세인트로렌스 섬에 거주하는 원주민들을 조사한 결과, 청정지역에 살고 있음에도 매우 높은 PCBs 축적률을 보였다. 공기의 흐름에 따라 북극지방으로 이동한 PCBs가 비나 눈에 섞여 에스키모들이 섭취하는 식품에 들어가게 된 것이다.

카펜터 박사는 특히 아이들의 지능이 걱정이라고 말했다.

"저는 PCBs가 세계적인 문제라고 생각합니다. 암은 대부분 인생 말기에 나타나지만 태어나기 전에 PCBs에 노출되면 인생 전반에 영향을 받게 됩니다. 손상된 번식능력과 IQ가 결코 다시 회복되지 않는다는 확실한 증거가 있습니다. 그것이 사회에 미치는 영향은 엄청납니다. 어떤 사람이 원래 가져야 할 IQ보다 5점 낮은 IQ를 가지고 태어날 때 개인의 인생에서는 큰 문제가 없습니다. 하지만 사회적인

면에서 볼 때 모든 사람들이 5점 낮은 IQ를 갖고 태어난다면 이는
엄청난 문제가 될 겁니다."

PCBs가 당뇨병에 영향을 준다는 논문도 있던데요?

"당뇨병은 보통 비만, 운동 부족, 흡연 등과 관련된 것으로 알려져
있습니다. 하지만 임산부를 대상으로 한 연구에서 당뇨병에 걸린 임
산부가 그렇지 않은 임산부에 비해 PCBs 수치가 높다는 결과가 나
왔습니다. 우리가 뉴욕 주에서 실시한 연구에서도 PCBs에 노출된
사람들이 더 많이 당뇨병에 걸린다는 결과를 얻었습니다. 우리는 그
동안 PCBs로 인해 얼마나 많은 질병이 생길 수 있는지에 대해 과소
평가해온 겁니다."

**한국과 아시아, 아프리카 지역의 개발도상국들은 미국의 문명을 그대로
따르고 싶어합니다. 미국의 문명화를 따르기에 앞서 우리가 아이들을
보호하기 위해 해야 할 일은 무엇인가요?**

"나는 당신의 말에 전적으로 동감합니다. 불행하게도 미국의 라이프
스타일은 다른 국가들의 부러움을 사게 되었고, 많은 국가들이 우리
와 비슷한 생활을 누리고 있습니다. 미국은 이제야 오염으로 인한
피해가 얼마나 큰지를 깨닫고 있습니다. 그래서 현재 오염을 줄이려
고 노력하고 있습니다. 제 생각에는 당신이 만드는 프로그램 같은
것이 이를 깨닫게 하는 데 도움을 주리라고 생각합니다.

세계는 좁습니다. 한국에서 일어난 일이 미국에 영향을 주고, 미
국에서 일어난 일들이 한국에 영향을 주고 있습니다. 러시아, 한국,
중국에서 공기에 실려 날아온 오염물질들이 미국인들의 건강에 영

향을 미칩니다. 미국 동부해안의 대기 중 오염물질은 북부 유럽으로
흘러 들어갑니다. 한 국가에서 발생한 환경 오염이 다른 나라 사람
들에게도 확실히 영향을 미치고 있습니다."

**문제는 경제 개발을 늦추자고 그 누구도 이야기할 수 없는 상황이 된 것
아닐까요?**

"전적으로 맞는 말입니다. 경제 발전을 안 할 수는 없습니다. 그러나
우리는 기업들에게 오염물질을 줄이도록 제재를 가할 수는 있습니
다. 예를 들어 제가 생각하기에 미국에서 가장 성공적인 환경 법안
은 '깨끗한 공기 법'(Clean Air Act)입니다. 이것은 대기 오염을 강제
로 줄이기 위해 만들어진 조항인데, 그중 한 부분이 다이옥신에 관
한 것입니다. 최근까지 미국 내 다이옥신 오염의 주된 원인은 시립
소각장과 의학 폐기물 소각장이었습니다. 하지만 '깨끗한 공기 법'
에는 모든 소각장에서 다이옥신이 나오지 않거나 파괴될 수 있도록
충분히 높은 온도로 소각해야 한다고 명문화되어 있습니다. 이 법으
로 인해 첫 번째 다이옥신 오염원이었던 소각로가 이제는 열두 번째
오염원으로 밀려났습니다. 이제 소각로는 큰 문제가 아닙니다. 현재
가장 큰 문제가 되는 것은 농촌 사람들이 플라스틱 같은 것들을 마
구 불태우는 행위입니다. 하지만 불행하게도 그런 행위는 지방정부
를 제외하고는 어디서도 규제할 수 없습니다."

회의적 환경론자들(환경주의자들의 주장이 과장되었다고 주장하는
사람들)은 화학물질로 인해 병이 생긴다거나 지구 온난화가 심각하
다는 연구들이 과장되었다고 주장한다. 그러나 나는 그 말에 절대

동의할 수 없다. 그런 말을 하는 사람은 어느 산업체에서 연구 지원을 받는지 먼저 알아보는 게 중요하다. 기업들은 자신의 이익을 대변하기 위해 학자를 이용한다. 그러나 대부분의 환경학자들은 가난하고 돈을 받는 곳이 없으며 그들의 의견은 이익과는 아무 상관이 없다.

지금까지의 연구 결과들은 PCBs가 암을 유발하고 면역체계를 망가뜨리고 지능을 저하시킨다는 주장에 강력한 증거를 제공하고 있다. 심장병과 당뇨병에 관한 증거도 제시되고 있다. 정부나 기업은 늘 안전수치를 강조하지만 환경의학자들은 '안전수치란 없다'고 말한다. 각자 매우 다양한 유전적 조합을 가지고 있기 때문에 어떤 사람은 일반 사람들보다 취약한 유전자를 가질 수 있다. 우리의 책임은 평균적인 사람을 보호하는 것이 아니라 가장 취약한 사람들을 보호하는 것이다. 두말 할 것도 없이 가장 취약한 사람은 태아다.

아이들의 IQ에 영향을 미치는 대표적인 물질이 세 가지 있다. 첫번째가 납이다. 납은 PCBs와 거의 같은 영향을 준다. 두 번째 물질은 수은이다. 세 번째는 PCBs다. PCBs는 체내 지방에 녹아 있는데 불행하게도 우리의 뇌는 지방 함유율이 매우 높다. 그래서 뇌에 PCBs가 축적된다. 뇌에 직접적인 영향을 미치는 납은 구체적으로 프로테인 카이네이스 C(PKC)라는 세포의 특정 효소에 영향을 주는데, 흥미롭게도 PCBs의 매우 다양한 요소들 역시 납과 마찬가지로 이 효소에 유사한 영향을 준다. 즉 납과 PCBs가 갖고 있는 공통된 메커니즘이 뇌 활동의 둔화를 촉진하는 것이다.

만약 이 세 물질들 모두에 노출된 사람은 어떻게 될까. 요즘의 도시 아이들은 이 세 물질들에 의한 동시 피폭 가능성에 대해 그 누구도 자유롭지 못하다. 어느 한 물질이 기준치 이하라고 해서 안심할 수는 없다. 수은에 노출되어 5점의 IQ가 감소하고 다시 PCBs에 의해 5점, 납에 의해 7점이 낮아진다고 하면 우리 아이들의 IQ는 과연 몇 점이나 낮아질까. 단순히 17점이 낮아질지 아니면 20점, 30점이 낮아질지는 아무도 모른다. 과학자들은 요즘 이 점에 대해 연구하고 있다.

우리 주변에는 해로운 성분을 담고 있는 제품들이 판을 치고 있다. 요즘같이 컴퓨터 없이 살 수 없는 세상에 컴퓨터에서도 유해물질이 나온다. 컴퓨터는 방염성 재질로 만들어지는데 여기에는 PBDEs라는 환경호르몬이 들어 있다.

PBDEs는 화재가 났을 때 불에 타는 것을 억제하기 위해 각종 플라스틱과 전자제품 등에 첨가되는 성분으로 PCBs, DDT와 마찬가지로 장기간에 걸쳐 몸속에 축적된다. PCBs의 아들 격이라 할 수 있다. PCBs와 화학적으로도 유사하고 지속적이다. 이 물질이 미국 산모들의 모유에서 다량 검출됐다는 연구 결과가 2003년 미 환경단체인 환경활동그룹(EWG)에 의해 발표되었다. 아이를 처음 낳은 여성 20명을 대상으로 조사한 결과 모유에서 PBDEs가 평균 159ppb 정도 나왔다고 하는데, 이 수치는 유럽 여성의 75배에 달하는 것이다. 기억력과 주의력을 떨어뜨릴 수 있다는 이유로 유럽연합은 2004년부터, 미 캘리포니아 주는 2008년부터 PBDEs의 사용을 금지할 예정이다.

플라스틱을 가열하거나 세척할 경우 비스페놀 A 같은 화학물질이 나오지만, PBDEs는 플라스틱 표면이나 소비재 표면에서 그냥 퍼져나간다. 집 안의 공기에도 먼지에도 퍼져 있다. 컴퓨터에서는 이것만 나오는 게 아니다. 모니터가 가동 중일 때는 인체에 유해한 화학물질인 페놀도 방출된다. 독일에서 시판되는 17인치 일반 및 평면 모니터 8종을 조사해보니 페놀 방출 허용치를 초과하는 제품이 많았다고 한다. 이러한 물질들의 사용이 엄격히 금지되는 날이 언제 올지 아무도 예측하지 못하고 있다. 과학자들이 더 이상 사용하면 큰일 난다는 내용의 논문을 발표해 이를 국가가 공인할 때까지, 기업들이 대체 물질을 개발할 때까지 우리는 이런 물질들을 사무실과 가정에서 계속 마셔야 한다.

환경호르몬이 갖고 있는 다양한 문제에도 불구하고 정부와 기업들은 이에 대해 숨기려는 경향이 강하다. 최근 미국에서 논란이 되고 있는 PFOA라는 환경호르몬은 음식이 들러붙지 않게 만든 프라이팬이나 일회용 컵 등에 들어 있다. 이 물질은 동물실험에서 암과 신경독성을 일으키는 것으로 나타나 소비자들이 대규모 소송을 준비하고 있다. 2004년 대구가톨릭대 의대 양재호 교수팀의 연구에 따르면, 우리나라 사람들의 혈청에서 이 물질이 외국의 10배에서 30배까지 검출되었다고 한다. 그러나 구체적인 피해를 증명해내려면 10년 혹은 20년 이상이 걸릴지도 모른다. 그때까지 우리는 계속 사용해야만 할 것이다.

시장에서는 여전히 수많은 화학물질들이 우리가 우려하는 영향에

PFOA Perfluorooctanoic Acid의 약자. 프라이팬의 테플론 코팅재, 종이컵 및 1회용 음식 용기의 코팅재, 화장품 및 샴푸의 첨가제 등으로 사용되는 신종 화학물질이다. 체내에 다량 축적되면 간암, 태아 기형, 뇌세포와 신경에 부작용을 유발하는 것으로 추정되고 있다. 우리나라는 세계에서 이 PFOA를 가장 많이 수입하는 나라이다.

대해 어떤 검사도 받지 않은 채 출하되고 있다. 사실상 거의 규제가 없는 셈이나 마찬가지다. 제2차 세계대전 이후 플라스틱혁명을 겪으며 수억 종의 화학물질이 환경 속으로 쏟아져 들어오고 있고 북극에서부터 산모의 모유, 우리 아이들의 몸에 이르기까지 어느 곳에서나 화학물질들이 검출되고 있다.

우리는 어쩌면 아이들을 실험동물 삼아 대규모의 생체실험을 하고 있는 것인지도 모른다. 우리가 체험으로 그 해악을 알게 되기 전에 소비자들이 연합하여 정부의 통제 불능에 대해 문제를 제기해야 한다.

지난 50년간 인류가 발견한 가장 중요한 환경 업적 중 하나는 아주 적은 양의 오염물질도 인체에 특히 아이들에게 영향을 줄 수 있다는 사실이었다. 최근 《뉴잉글랜드 의학저널》에 게재된 연구 논문이 있다. 일란성 쌍둥이를 대상으로 일란성 쌍둥이가 잘 걸리는 암에 대해 연구한 것이다. 일란성 쌍둥이들이 모두 같은 암에 걸린다면 암이 유전이라고 확실히 믿을 수 있을 것이다. 그러나 결론은 그렇지 않았다. 이 논문의 저자는 암이 생기는 것은 90%가 환경적 요소 때문이라는 결론을 내렸다. 물론 유전적 요소가 중요하지 않다는 것은 아니다. 유전적 요소가 발암 요소에 몸을 취약하게 만들기 때문이다. 분명한 것은 모든 종류의 암이 날로 증가하고 있다는 사실이다.

인간은 눈에 보이는 세균을 박멸하는 데 능력을 발달시켜왔지만 환경호르몬 같은 지능적인 사기꾼들의 위장술을 알게 된 것은 최근의 일이다. 알게 모르게 인간의 뇌를 손상시키고 신체기관을 서서히

고장 내어 일생 전체에 심각한 영향을 준다. 그러나 인간은 그것을 감지하지 못한다. 이 사기꾼은 인간의 현재를 위협하는 것이 아니라 미래의 인간 잠재력을 파괴한다.

어느 날 멀쩡하던 사람이 갑자기 누군가 미워져 사람을 살해하는 사건이 발생했을 때 그 배후에 환경호르몬이 있다고 생각하는 사람은 없다. 그러나 영화 〈살인의 추억〉의 연쇄살인범이나 최근의 엽기적 연쇄살인범이 혹시 환경호르몬이나 화학물질에 피폭되어 정신과 마음이 파괴된 사람일지도 모를 일이다. 출생 전부터 자궁 안에서 그에게 영향을 준 미세한 호르몬의 변화가 수십 년이 지난 오늘날 그의 뇌를 혼란 속에 빠뜨려 끔찍한 살인에 이르게 한 것일 수도 있다고 말한다면 독자들은 이런 황당한 상상을 어떻게 받아들일까. 그런데 만약 그것이 사실이라면 얼마나 소름 끼치는 이야기인가.

아름다운 여인 다이앤 듀마노스키

나는 다이앤 듀마노스키를 만나고 싶었다. 그녀는 미국의 저널리스트이자 작가이다. 레이첼 카슨 여사가 『침묵의 봄』이라는 책으로 살충제의 위험성을 경고하여 수많은 인류의 생명을 구원한 것처럼, 그녀는 환경호르몬의 해악을 알리는 전도사가 되어 활동하고 있다. 그녀는 1996년에 환경호르몬의 해악을 알리는 명저 『도둑맞은 미래』(Our Stolen Future)를 테오 콜본, 존 피터슨 마이어라는 두 과학자와 함께 출판했다. 지금은 책을 쓰거나 강연, 컨설팅을 하면서 전 세계를 돌아다니고 있는데 다행히 연락이 되어 보스턴의 고택에서 그녀를 만났다.

50대 중년 여인의 온화함과 날카로운 지성을 동시에 겸비한 그녀를 만난 것은 나에게는 잊히지 않을 추억이다. 환경호르몬이 우리 일상 생활에 어느 정도 영향을 미치고 또 얼마나 깊숙이 침투해 있는지, 그녀와의 인터뷰 내용을 자세히 소개하려 한다. 독자들은 화학물질이 우리 인간을 공격하는 메커니즘에 대해 더 넓은 시각을 얻을 수 있을 것이다.

일상생활 속에 많은 환경호르몬들이 존재하고 있습니다. 플라스틱 용기라든가 캔음료의 코팅 막에 들어 있는 비스페놀 A라든가, 많은 논란에도 불구하고 우리는 이런 것들을 여전히 사용하고 있습니다. 이런 환경에서 우리 아이들이 안전하다고 보십니까?

"논쟁은 계속되고 있지만 저는 그렇지 않다고 말씀드리겠습니다.

『도둑맞은 미래』의 발간은 환경호르몬에 관한 거의 모든 연구에 불씨를 당겼습니다. 환경호르몬협회가 설립되었고 연례 회의가 열리는 등 연구가 계속되고 있고 새로운 연구보고서가 매일 매일 나오고 있습니다.

특히 비스페놀 A에 관한 연구에 따르면, 우리는 이미 우리 자손들에게 해가 될 만큼 비스페놀 A에 노출되어 있다고 생각합니다. 물론 연구실에 있는 실험동물들에게 해가 나타난 것이지 광범위한 임상실험의 결과는 아니라는 반론이 제기될 수도 있습니다. 하지만 화학 역사를 돌아봤을 때 플라스틱혁명 이후 정부는 소비자들 편이 아니었습니다. 제 생각에 우리의 규제시스템은 이미 파괴되었습니다. 그것도 선진국에서 말이죠.

최근 스페인에서 참치와 토마토 캔 안의 얇은 코팅 막(이 막 안에 비스페놀 A가 들어 있다)에 관한 연구가 진행되었습니다. 그 연구에 따르면 비스페놀 A의 양이 점차 늘어가고 있다고 합니다. 이것은 살아 있는 동물에 해를 입힐 수 있을 만큼 충분한 양입니다. 왜냐하면 이미 우리는 동물실험을 통해 그 해를 확인할 수 있었기 때문이죠.

저는 환경호르몬이 인간에 영향을 준다는 다양한 증거들이 있는 동물실험들을 검토했습니다. 저는 잠재적으로 인간에게도 낮은 농도에도 영향이 나타날 수 있다고 생각합니다. 이미 어린이들 사이에서 학습능력 저하와 집중력 저하 현상이 발견되었습니다. 생식능력을 저하시키는 것보다 훨씬 낮은 농도에서 뇌와 행동에 대한 영향이 나타나는 것을 볼 수 있었습니다.

> **비스페놀 A** 에폭시수지(접착제·페인트 등의 재료)와 폴리카보네이트(각종 제품의 몸체·헬멧·생수통·젖병 등에 쓰이는 엔지니어링 플라스틱)를 만들 때 사용하는 원료로, 대표적인 환경호르몬 중 하나다. 캔음료의 내부 코팅제로도 쓰이는데, 최근 미국에서는 캔음료의 코팅 막에 든 비스페놀 A가 남성 정자 수 감소의 주범이라는 연구 결과가 발표되기도 했다.

우리의 연구 대상인 아이들의 어머니는 특정 시기에 많이 노출된 사람들이 아니라 일반적으로 말하는 정도의 환경호르몬에 노출된 사람들이었습니다. 그런데 아이들에게서 독서장애, 학습능력 부족, IQ 저하, 집중력장애 등을 발견했습니다. 그 이후 네덜란드에서 이루어진 연구에 따르면, 연구진은 PCBs와 다이옥신에 노출되었던 어린이들 사이에서 뇌의 기능과 행동 그리고 면역시스템의 변화를 발견할 수 있었습니다. 환경호르몬이 어린이들에게 영향을 주고 있는 것은 분명한 사실입니다."

한국의 경우 실내가 플라스틱과 화학물질로 가득합니다. 사람들은 만성이 돼서 '다들 이렇게 사는데 뭘, 괜찮을 거야'라고 생각합니다. 이들에게 뭐라고 말해주고 싶으십니까?

"제가 해주고 싶은 말은 학교를 관찰해보라는 것입니다. 아마 한국의 학생들은 변하고 있을 겁니다. 많은 아이들이 학습장애를 가지고 있을 겁니다. 여러 연구들은 화학문명이 아이들에게 준 영향을 제시하고 있습니다.

음식 선택에 있어서도 전 세계적으로 고기 섭취가 늘어나는 쪽으로 가고 있습니다. 사람들은 부유해질수록 더 많은 고기를 섭취하게 되는데 오염물질은 동물 사료를 거쳐 사람 몸속으로 흘러 들어가고 있습니다. 소고기는 닭고기에 비해 오염물질을 더 많이 가지고 있습니다. 왜냐하면 소는 닭보다 많이 먹으니까요. 그래서 치즈와 버터 역시 다량의 다이옥신을 함유하고 있지요.

만약 당신이 유기농 음식을 먹기로 했다면 잘한 선택입니다. 먹이사슬에서 낮은 단계를 섭취하기로 한 것도 합리적인 선택입니다. 전통적인 식생활들은 미국이 전 세계로 수출해온 패스트푸드보다 훨씬 더 건강한 것입니다. 고기를 적게 먹고, 주로 야채와 과일 그리고 탄수화물을 섭취하는 것이 좋습니다. 이러한 식습관은 당신이 자식을 위해 당장 시작할 수 있는 것입니다. 또 집 안에서 살충제와 독성 세정제를 사용하지 않는 것도 중요합니다. 저는 이것을 '자기방어'라고 말합니다."

아이들의 학습장애에 대해 다시 얘기했으면 합니다. 그러니까 환경호르몬이 학습장애에 상당한 부분을 차지하고 있는 것인가요?

"단순히 환경호르몬만 있는 것은 아닙니다. 학습장애 문제는 일반적인 화학물질 노출과 관련이 있습니다. 환경호르몬은 아이들이 태어나기 전에 뇌의 구조에 영향을 미치기 때문입니다. 학교와 아이들이 노는 놀이터에서 다양한 화학물질이 사용되고 있고 점점 악화되고 있습니다. 아이들의 두뇌는 성인이 될 때까지 서서히 발달하는데 그 과정에서 화학물질에 노출될 경우 문제가 생길 수 있습니다.

각종 연구에 따르면 화학물질에 노출된 아이들의 경우 학습장애가 있으며 2년 정도 읽기능력이 떨어지고 심지어 다른 행동장애도 발견됩니다. 문제는 일반적인 수준의 노출이 문제를 만들어낸다는 것입니다."

이러한 변화들은 눈에 확 띄게 어린이들의 학습능력을 저하시킨다거나 하지 않을 수도 있다. 그대신 아이들이 원래 갈 수 있었던 대학에 갈 수 없다든지 혹은 학습에 있어 어려움을 겪는 정도로 나타날 수도 있다. 이런 일이 많은 아이들에게서 일어날 경우, 학교에선 엄청난 부담이 될 것이고 특별교육을 하기 위해 더 많은 교사와 예산이 필요할 것이다. 현재 이런 문제들이 우려에 그치지 않고 미국 내에서 실제로 나타나고 있다. 각 지역마다 학습능력장애협회가 생길 정도이다.

학교 교사들은 지난 30∼40년간 목격했던 문제들이 환경 오염물질 때문이 아닌가 걱정하고 있다. 물론 비디오게임 같은 것들이 아이들의 집중력을 저하시켰을 수도 있지만, 우리는 주요 요인 중 하나가 바로 환경호르몬이라는 학자들의 경고에 귀 기울일 필요가 있다.

마지막으로 화학문명에 대한 선생님의 생각을 말씀해주십시오. 우리는 정말 환경 위기에 직면해 있는 건가요?

"제가 생각하기에는 화석연료의 남용으로 인한 기후의 변화가 환경문제의 중심에 있습니다. 기후는 보스턴(온대기후지역)이 마이애미(열대기후지역)처럼 변하여 야자나무들이 늘어서듯이 그렇게 긍정적이고 보기 좋게, 그것도 서서히 변화하는 것이 아닙니다. 만약 멕시코만류가 흐름을 멈출 경우 유럽은 그린란드(한대기후지역)가 되어버릴 겁니다. 그렇게 되면 우리는 전 세계적으로 심각한 대공황을 맞게 됩니다. 왜냐하면 우리 모두는 경제적으로 깊게 연결되어 있기 때문입니다. 우리는 다가오는 세기에 직면할 수 있는 이런 불안에 대처해둘 필요가 있습니다.

제2차 세계대전 이후 화학혁명을 통해 만들어진 수많은 오염물질이 우리 몸속에 있는 화학 성분을 변형시키고 있습니다. 우리는 이미 우리가 안전하다고 생각해온 화학 성분으로 인해 오존층에 구멍이 나는 현상을 겪고 있습니다. 우리가 현재 하고 있는 이 실험들은 매우 위험한 일입니다. 우리는 우리 자손들이 태어나고 배우고 질병에 맞설 수 있는 능력을 바꾸어놓았습니다. 우리가 계속 이런 방향으로 나아가야 하는 건지요?……"

그녀는 눈을 동그랗게 뜨며 나에게 되묻고 있었다. 우리는 과연 지금까지 살아온 방식대로 언제까지 살 수 있을 것인가. 우리는 환경문제를 통제할 수 있다고 생각할지 모르지만, 수많은 재해를 만들어내고 있는 지구 온난화 문제를 전혀 해결하지 못하고 있다. 2003년 유럽을 강타한 대폭염으로 프랑스에서만 1만 4,000명, 유럽 전체에서 3만 5,000명이라는 엄청난 수의 사람들이 죽었다. 물론 죽은 사람들 대부분이 환경의 역습에 가장 먼저 피해를 받는 노약자들이었다. 본래 유럽은 남부를 제외하면 여름에도 시원한 곳이다. 이러한 이상 기온 현상은 여름에 시원하기로 유명한 일본의 홋카이도, 북한, 러시아, 만주에까지 확대되고 있다. 지구 온난화 문제는 이제 남의 일이 아니다. 우리나라에서도 바다의 수온이 올라가 적조가 심해지고 태풍과 폭염이 우리의 생명을 직접 위협하고 있다. 2004년 여름 이 글을 쓰고 있는 지금도 폭염으로 인해 농작물과 가축에 피해가 발생함은 물론 노약자들이 하나 둘 쓰러져가고 있다. 그런데도 세계 에너지의 40%를 소비하는 미국은 소비를 줄일 그 어떤 협약에도 가입하지 않고 오히려 석유를 안정적으로 확보하기 위해 명분 없는 전쟁을 일으키고 있다.

경제적 후퇴를 감수하면서 환경 재앙에 대비하자고 국민을 설득시킬 간 큰 지도자는 세계의 어디에도 없는 게 현실이다. 우리가 세상을 파멸로 이끌고 있는 문명의 패러다임을 버리지 못하면서, 세상의 평화를 위해 기도하고 산 속에서 도를 닦으며 아프리카에서 매일 벌어지는 기아의 참상을 알면서도 음식을 낭비하면서 사는 이런 모순은 아무리 생각해도 참 우스운 일이 아닐 수 없다.

한번 맛본 경제적 풍요는 마약보다 더한 중독성이 있어서 조금만 경제가 위축되면 못살겠다고 전 국민이 아우성을 치고 있다. 미국이 쉽게 기후협약에 가입하지 못하는 이유는 바로 미국인의 소비욕망을 자제시킬 힘이 세계 최고 권력자인 미국 대통령에게도 없기 때문이다. 인간의 환경 파괴적 소비욕망을 대체할 힘은 과연 무엇일까.

병에 걸려도 쓸 약이 없다

나는 미국 하버드 대학의 기숙사로 애슐리 멀로이(20세)라는 학생을 찾아가기로 했다. 애슐리가 나의 시선을 끈 것은 고교시절에 「하천에서의 잔류 항생제 오염과 대장균(흔히 O-157-H7로 불리는 균)에 대한 내성관계」(Correlating Residual Antibiotic Contamination in Public Water to the Drug Resistance of Escherichia coli)라는 연구논문을 숙제로 제출하여 정부로부터 상을 받은 바 있었기 때문이다. 고등학생이 이런 연구를 했다는 것이 우리 현실과 너무 동떨어진 이야기여서 나는 그녀를 꼭 만나고 싶었다.

그녀는 한국 학생과 같은 방을 쓰고 있는 앳된 3학년 학생이었다.

왜 이런 골치 아픈 주제를 숙제로 하게 되었지요?

"저는 고향의 농업과 축산업에 관심이 많았어요. 동물들이 병에 걸리지 않게 하고 성장을 촉진하기 위해 사람들이 항생제를 많이 쓴다는 사실을 잘 알고 있었죠. 그래서 그런 것들이 사람에게 영향을 주는지 아니면 전혀 영향이 없는지 궁금했어요."

결과는 어땠나요?

"웨스트버지니아에 있는 오하이오 강 근처 마을 네 곳을 조사했는데 결과를 보고 저는 깜짝 놀랐어요. 그렇게 많이 오염되었으리라고는 생각하지 않았으니까요. 그 주변에는 병원들도 많고 해서 아마 항생제가 새어 나온 것 같았어요. 일단 제 프로젝트에서 뭔가를 발견했다는 것에 흥분했죠. 강이 오염되었다는 사실이 좀 두려웠지만 사람들에게 알려줄 수 있어서 다행이라고 생각해요."

무슨 항생제를 발견했나요?

"제가 찾으려 했던 항생제는 페니실린, 테트라사이클린, 반코마이신이었어요. 무작위 추출을 통해 검사했는데 제가 하는 방법이 옳다면 뭔가가 발견될 거라고 생각했어요. 처음에 강의 오염도는 낮은 편이었는데 산과 농지에서 흘러나오는 지류의 경우는 무척 높았어요. 저는 강이 더 오염되었을 거라고 생각했는데 아마 물이 많아 희석된 것 같았어요.

또 제가 발견한 흥미로운 사실 한 가지는 연구를 하는 도중에 심각한 홍수 사태가 발생했는데 그때 오염도가 치솟았다는 거예요. 물들이 한꺼번에 내려오면서 항생물질을 씻어 내려온 거죠. 이 정도의 항생제가 있다면 인체에 영향을 줄 거라는 생각이 들었어요. 좀 두렵기도 했지만 저는 두 번째 단계의 연구를 진행해나갔죠.

저는 물의 샘플에서 항생제와 박테리아도 같이 측정했어요. 혹시 그 항생제가 박테리아의 내성을 기르고 있는 것은 아닐까 해서였죠. 조사 결과 거의 모든 샘플에서 박테리아 내성이 있었는데 강과 지류의 경우는 오염이 심할수록 내성이 훨씬 높았어요. 이것은 단순한 오염의 문제가 아니었어요. 사람들이 강에 뛰어들어 수영하고 오리도 강에서 헤엄치기 때문에 항생제 내성균으로 인해 건강상의 위험이 있을 수 있었던 거죠."

학생으로서는 대단한 발견이군요. 왜 그런 일이 벌어진다고 생각하세요?

"저는 항생제가 그렇게 남용되고 처방이 남발되는지 몰랐어요. 하지만 진짜 문제들은 소비자들에게 있어요. 사람들은 몸이 안 좋거나 하면 바로 의사에게 가서 약을 처방받는데 의사가 처방해주는 항생제 양에 만족하질 않아요. 그럼 의사들은 환자를 만족시키기 위해 더 많은 항생제를 처방해주게 되죠. 또 농업에 있어서는 처방전이 필요 없어요. 그냥 축산업 전문 가게에 가서 다량의 항생제를 구입하면 되거든요."

환경문제에 까다로운 미국이 이 정도이니 우리나라는 말해 무엇 하랴. 우리나라는 항생제 남용에 있어서 세계에서도 손꼽히는 나라다. 우리나라에서는 가축과 양식 물고기의 대부분에게 항생제를 사료에 타서 먹인다. 또한 대학병원, 개인병원 할 것 없이 병원에서는 항생제가 필요 없는 감기 환자에게도 항생제가 남

용되고 있다. 이 결과 항생제 내성률이 OECD 국가 중 1위, 전 세계에서는 베트남 다음으로 2위를 차지하고 있다.

식품의약품안전청에서는 더 이상 항생제 남용문제를 방관할 수 없는 상황이라 판단하여 2003년 대대적으로 항생제 내성 실태를 조사했다. 일반인들 몸에 항생제 내성균이 얼마나 들어 있으며 양식 물고기, 가축 등에 내성균이 얼마나 광범위하게 퍼져 있는지를 조사했는데, 그 결과는 담당 과장의 말대로 '인과응보'의 수준이었다.

아이들에게 메티실린이라는 고단위 항생제가 듣지 않는 내성균(MRSA) 보유율이 11.8퍼센트나 되었으며, 축사 주변뿐 아니라 농장 주인의 손, 농장에서 떨어진 논과 밭, 개천 등에서 다양한 항생제 내성균이 검출되었다. 이런 현상은 농촌에 국한된 것이 아니다. 서울 한복판의 중랑천에 이미 3, 4세대 항생제에 대해 내성을 가진 세균들이 출현하고 있다. 서울여대 환경생명과학부 이연희 교수의 연구에 따르면, 중랑천에서 3, 4세대 항생제인 세파계 항생제 내성균이 2000년 1ml당 8개에서 2003년 74개로 9배나 증가했다. 사람뿐 아니라 생태계 전체에 항생제 내성균이 퍼져 있는 것이다.

나는 분명 우리가 먹는 수돗물에도 항생제가 잔류해 있을 것이라 생각해서 조심스레 실태 조사를 해보기로 했다. 우리나라에서는 수돗물 검사에 항생제 잔류에 관한 항목이 없기 때문이었다. 그러나 전국 13개 지역 가정의 수도에서 받은 수돗물을 조사하려던 계획은 수포로 돌아갔다. 그 이유는 실험을 담당할 기관이 없기 때문이었다. 아무도 그 결과에 대해 부담을 지려 하지 않을 뿐 아니라, 어떤 기관도 한 번도 조사할 생각을 해본 적이 없고 따라서 그 실험 방법도 알지 못하고 있었던 것이다.

내가 수돗물 속의 항생제 잔류 상황을 조사하자고 제의했던, 세계
적인 학자로 평가받고 있는 모 교수는 나에게 매우 미안해했다.

"우리나라에서 이런 실험을 할 수 없다는 것이 과학자의 한 사람
으로 매우 부끄럽습니다."

얼마 전 수돗물에 바이러스가 있느니 없느니 하며 학계와 정부가
다투던 생각이 났다. 누가 민감한 사안
에 대해 나서서 부담을 감수하려 하겠는
가. 우리나라에서 무언가를 새롭게 해본
다는 것은 참 어려운 일이라는 사실을
다시 한 번 절감했다.

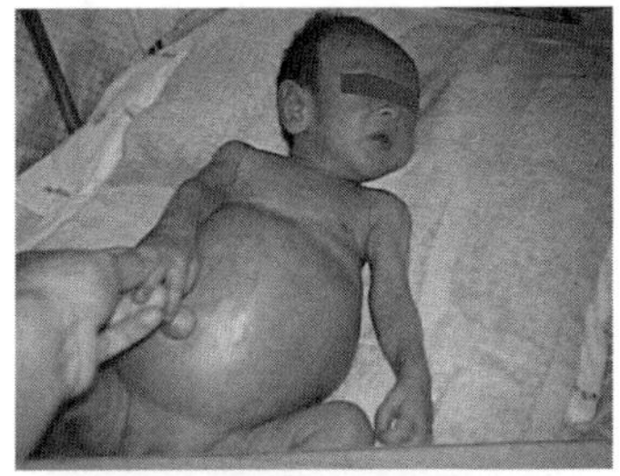

MRSA로 사망한 우리나라 유아

최근에 전남지역에서 MRSA로 사망한
유아의 부모를 직접 만났다. 병원 측과
소송이 걸려 있었는데, 아이의 부모는
병원에서 감염되었다고 하고 병원 측은
병원에서 감염된 증거가 없다고 했다.
나는 우리나라 병원에서 항생제 내성균
으로 인해 치료가 어렵거나 사망한 경우
를 취재하고 싶었으나 병원들은 하나같
이 사례가 없다며 공개를 거부했다. 그
런데 독일의 로스톡(Rostock) 대학병원
의 중환자실에서 MRSA에 감염되어 생
명이 위태로운 환자들을 어렵지 않게

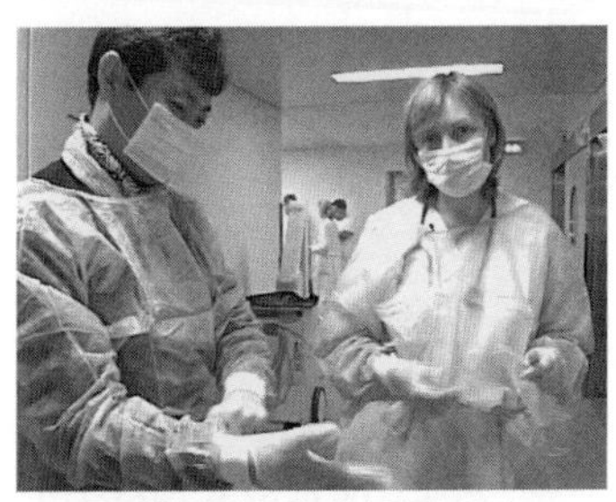

로스톡 대학병원 중환자실 앞의 저자

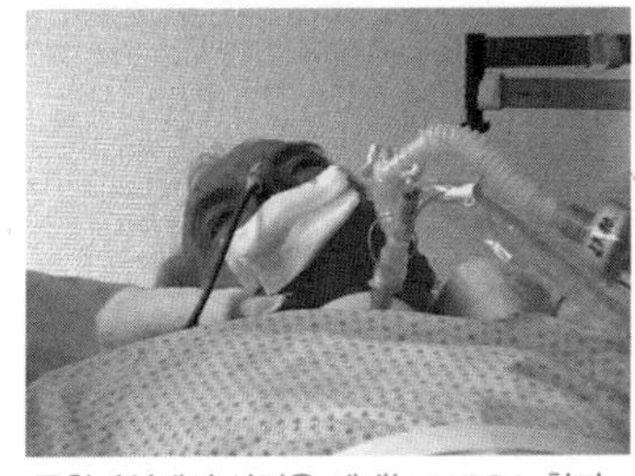

중환자실에서 사경을 헤매는 MRSA 환자

만날 수 있었다. 담당 주치의에 따르면 MRSA는 병원에서 감염되는 경우가 매우 흔하다고 한다. 로스톡 대학병원은 공개적으로 병의 원인을 추적하는 시스템이 되어 있어서 소송 문제도 없다고 한다.

나는 우리와 비슷한 일본의 상황을 알아보기 위해 준텐도 대학의 히라마쓰 교수를 만났다. 그는 항생제 분야의 권위자다.

MRSA Methicillin-Resistant staphylococcus aureus(메티실린 저항성 포도상구균)의 약자. 즉 메티실린이라는 항생제에 내성을 보이는 황색포도상구균이라는 뜻으로, 면역력이 저하된 사람이 이에 감염되면 죽음 등 치명적인 결과를 초래할 수 있다. 병원에서 감염되는 경우가 많다. 그 치료제로는 반코마이신, 테이코플라닌 등이 있다.

MRSA가 증가하고 있다는데 상황은 어떤가요?

"내성균 문제가 병원 내에서 큰 문제가 되기 시작한 것은 일본의 경우 1980년대부터입니다. 미국과 유럽에서는 1970년대부터였죠. 항생물질로 치료가 안 되기 때문에 병원 안에서 감염이 만연하고 있습니다. 1990년대부터 병원 밖에서도 내성균이 증가하고 있는데 폐렴구균, 인플루엔자균 등은 주로 아이들에게 중이염을 일으킵니다. 지금 중이염의 반 정도가 항생제로 낫지 않는 상황입니다."

아이들에게 어떤 내성균이 문제를 일으킵니까?

"제 전문이 MRSA인데 병을 일으키는 힘이 강해서 맹독균이라고 부릅니다. 도호쿠, 규슈, 교토의 세 지역에서 조사했더니 MRSA를 갖고 있는 아이가 2~5퍼센트란 수치가 나왔습니다. 저는 건강한 6세 미만의 아이들에게는 MRSA가 없을 거라 생각했습니다. 그런데 꽤 많은 수가 있었습니다. 더 놀라운 것은 아이들이 갖고 있는 표피포도구균 중 40퍼센트가 내성균이라는 사실이었죠. 표피포도구균은

MRSA보다 병을 유발하는 힘은 약하지만 거의 모든 건강한 아이들이 가지고 있는 균이거든요."

왜 아이들이 이런 균들을 가지고 있나요?

"일본의 경우 항생물질을 마음대로 먹는 일은 거의 없습니다. 하지만 보육원에 가는 아이들은 감기에 잘 걸리기 때문에 그때 항생물질을 처방받게 되죠. 6세 이하의 어린이용 감기약 90퍼센트에 항생물질이 들어 있습니다. 그것이 내성균 증가의 원인이라고 생각합니다. 건강한 사람의 30퍼센트가 코 안에 표피포도구균을 가지고 있는데 병원에서 실습하지 않는 의대생들을 조사해보니 약 37퍼센트가 표피포도구균의 내성균을 가지고 있었습니다. 유치원, 보육원과 같은 비율이었죠. 연령이 6세 이하이든 20세 이상이든, 나이에 상관없이 같은 비율의 내성균에 오염되어 있는 것입니다."

어떤 환자들이 MRSA를 가지게 됩니까?

"아토피성 피부염이 있어 항생제를 자주 먹는 사람이나 항생제를 늘 먹는 사람은 몸에 있는 황색포도상구균이 MRSA로 바뀔 확률이 아주 높습니다. 실제로 아토피성 피부염 환자 중 MRSA를 가진 사람이 많습니다. 요즘은 감염이 일어난 환자 2명 중 1명은 항생제를 투여해도 효과가 없습니다. 수막염의 경우 약이 잘 안 들어 사망하는 경우도 많습니다. 항생제가 듣지 않는 시대가 온 거죠."

내성균에 의한 사고는 어느 정도입니까?

"병원 내에서 자주 일어납니다. 병원 내외에서 감염증을 일으킨 사람들이 외래로 치료를 받으러 오는데 그중 MRSA가 원인인 경우가 늘고 있습니다."

가축의 경우는 어떻습니까?

"일본의 경우 소의 30퍼센트가 O-157균을 갖고 있습니다. 왜 소 안에 O-157균이 점점 증가하는가 하면, 인공적인 사료를 먹이면 소의 장에 상주하는 대장균이 변하게 됩니다. O-157균이 오히려 살기 좋은 환경이 되는 겁니다. 저는 최대한 싸고 많은 고기를 얻으려는 현대적인 방법에 문제가 있다고 생각합니다."

현재의 균은 다제 내성이라 하여 여러 가지 항생제에 잘 듣지 않는 경우가 많다. 균은 새로운 항생물질을 투여해도 바로 내성을 만드는 성질을 가지고 있다. 새로운 항생물질을 만들어도 1년이 못 가는 경우도 있다. 중요한 것은 내성균을 증가시키지 않기 위해서는 항생물질을 덜 사용하거나 제대로 사용해야 한다는 것이다.

내성균의 증가를 막는 또 한 가지 방법이 있다. 항생물질에 의존하지 않는 방법을 연구하면 되는데, 백신이 중요한 역할을 할 수 있다고 한다. 예를 들어 폐렴구균에 백신을 사용하여 중이염으로 발전하지 않게 할 수 있는데, 그렇게 하면 항생물질을 많이 사용할 필요가 없고 내성균도 점점 줄어든다고 한다. 결핵, 말라리아, 에이즈 균은 변화가 심해 백신을 거의 만들 수 없지만 폐렴구균은 변화가 심하지 않아 쉽게 백신을 만들 수 있다.

처음 균이 들어올 때는 수가 적기 때문에 이때 백신을 투여하면 좋은 효과를 볼 수 있다. 그러나 감염이 된 다음에는 수없이 많은 균에 대해 항생물질을 사용하는 것이기 때문에 이중 일부가 남아 내성균이 된다. 미국에서는 백신을 이용한 방법을 많이 쓰는데 일본이나 우리나라에서는 아직 사용하지 않고 있다. 그러나 일본에서는 양식 물고기 사료에 항생제를 사용하는 것이 금지되면서 백신을 이용한 방법이 신기술로 개발되고 있다(한국의 국립수산과학원에서도 연구중이다).

현재 사람과 가축, 양식 물고기의 사료에 남용되고 있는 항생제로 인해 내성균이 돌연변이를 거듭해 최후의 항생제라고 불리는 반코마이신마저도 듣지 않는 내성균 VRSA까지 출현하게 되었다. VRSA는 1996년 일본에서 처음 발견된 뒤 2002년까지 11개국에서 확인된 것만 모두 24차례나 된다. MRSA를 퇴치하기 위해 반코마이신이 만들어졌는데 이것이 듣지 않는 균이 발견된 것이다.

동물을 학대하면서 항생제를 먹여 대량 생산하는 가축산업의 근본체계를 우리는 심각하게 다시 생각해보아야 한다.

이제 병원에서 병의 원인을 찾더라도 약이 없어 치료가 불가능한 상황이 도래했다. 전 세계의 항생제 전문가들은 한결같이 박테리아와의 전쟁에서 인간이 완패했음을 인정하고 있다. 인과응보라고 말하고 넘어갈 수 없는 매우 심각한 상황인데도 지금도 병원과 농장에서는 통제받지 않은 항생제

VRSA 반코마이신내성 황색포도상구균(Vancomycin-Resistant Staphylococcus aureus)의 약자로, 슈퍼박테리아라고도 한다. 이것이 면역력이 약화된 인간 몸에 들어갈 경우 감염 부위에 따라 다양한 증세를 일으키며 결국 치명적인 패혈증을 일으켜 사망에 이르게 할 수 있다. 현재 지구상에 존재하는 그 어떤 항생제로도 치료가 불가능한 '죽음의 세균'이다.
VRSA가 출현하게 된 사연을 정리하면 이렇다. 유럽에서 반코마이신과 같은 성분의 항생제인 아보파신을 가금류의 사료에 넣어 사용하다가 반코마이신 내성 장구균(VRE)이 많이 발생했다. 그런데 이 VRE가 흔해지다 보니 병원에서 MRSA와 만나게 되었다. 결국 이 둘의 만남이 MRSA라는 치료 불능의 균을 만들어낸 것이다. 이제 아보파신은 전 세계적으로 사용이 금지되었지만 이미 때는 늦어버렸다. VRE가 병원 내에서 독립적으로 증가하고 있기 때문이다.

투여가 일상화되어 있다.

우리는 피부에서부터 내장기관에 이르기까지 온몸에 박테리아를 가지고 있다. 그런데 사람들은 이들을 죽이는 항생제를 남용할 뿐 아니라 항균제품을 생활 속에서 매우 많이 사용하고 있다. 그러나 이런 항균제품도 항생제를 모두 죽일 수 없다는 것을 알아야 한다. 불필요하게 항생제 내성을 촉진하게 된다. 만약 의사들이 손을 씻는 항균제품에 의해 내성균이 생긴다면 의사들이 이 제품으로 손을 씻어도 균이 그대로 환자에게 전달되게 된다. 그렇게 되면 병원 내에는 항생제 내성을 지닌 박테리아가 폭발적으로 늘어나게 된다.

모든 생명체는 서로 죽이는 관계가 아니라 같이 사는 관계이어야 한다. 미생물부터 큰 동물까지 모두가 지구의 오랜 역사에서 공존하도록 진화되어왔다. 박테리아는 땅을 기름지게 하고 우리가 음식을 소화시킬 수 있게 도와주는 존재다. 욕심을 채우기 위해 박테리아를 멸종시키려 했던 우매한 인간이 박테리아의 역습을 초래하고 있는 것이다.

소비가 오히려 환경을 살린다?

우리 지구는 표면을 이루고 있는 토양과 그 위의 동식물의 삶이 자연환경이라는 거대한 생태계를 이루며 수십억 년 동안 진화와 순환을 통해 조화를 이루어왔다. 그런데 그 조화를 인간이라는 약탈자가 태어나 아주 짧은 기간에 파괴해버렸다. 개발을 한다는 이유로 생태계의 생명선인 숲과 지하수와 강과 바다를 파괴해왔으며 남들보다 더 부자가 되기 위해 합성살충제로 다른 생명체의 먹을거리를 빼앗아왔다. 이러한 인간의 약탈 행위는 수천만 년 동안 서서히 형성된 안정된 먹이사슬의 구조를 단기간에 뒤바꾸어놓은 혁명적인 파괴 행위였다.

그러나 파괴된 자연은 결코 가만히 당하고 있지 않을 것이다. 우주와 지구를 지배하는 거대한 자연의 기운을 반역하는 인간의 불장난을 더 이상 용서하지 않을 것이다. 이 세상의 모든 생명체는 자신을 위협하는 행위에 대해 어떤 식으로든 본능적으로 반격을 가하도록 진화되어왔다. 그것이 종(種)을 유지시켜온 원초적 힘이다. 우리 이웃이었던 수많은 생명체들이 멸종이라는 극단적인 저항으로 이 시대에 위기의 역사가 도래하고 있음을 경고하고 있다.

이제 서서히 농축되어가는 자연의 반격은 얼마 지나지 않아 바로 환경의 총체적 역습을 통해 우리 앞에 어느 순간 갑자기 나타날 것이다. 이런 비극에 대해 우리는 어떤 대비를 하고 있는가. 당장 나의 일이 아니라고 우리 모두가 외면하는 사이 그 검은 구름은 이미 우리 머리 위에 와 있다는 사실을 깨달아야 한다. 그 먹구름을 만들고 있는 것은 바로 소비 문명이다.

　미국식 소비문명은 이미 돌이킬 수 없을 정도로 전 세계에 퍼져버렸다. 소비 위주의 자본주의 경제체제가 우리의 행동 하나하나에서부터 숨쉬는 공기까지 지배하고 있다. 이제는 그 누구도 소비를 멈추면 큰일 나는 상황이 된 것이다.

　만약 미국이나 중국, 일본이 자연 재앙을 만나 소비를 줄인다면 당장 우리나라는 대혼란에 빠질 것이다. 이미 세상은 풀어낼 수 없는 경제 사슬로 서로를 묶고 있어서 한 국가가 쓰러지면 모두가 차례로 쓰러지게 되어 있다. 이런 상황에서 환경을 위해 소비를 줄이라는 주장은 백번 해봐야 아무 소용이 없다.

　나는 오히려 현명한 소비를 통해 환경문제에 새롭게 접근해야 한다고 생각한다. 지금까지는 가장 소극적으로 보이는 방법이 궁극적으로는 가장 강력한 힘을 발휘할 것이라 생각한다. 유해물질이 덜 들어간 음식을 만들도록 끊임없이 감시하고 더 깨끗한 제품을 만들도록 기업에 압력을 넣고, 소비자들이 한데 뭉쳐서 '우리는 더 쾌적하고 안전한 집, 저공해 자동차, 안전한 골목길을 원한다'고 적극적으로 주장해야 한다.

　농약을 덜 사용하라고 외치는 방법보다 더 효과적인 것은 농약을 사용하지 않은 볼품없는 음식을 더 사주는 것이다. 이것이 바로 내가 주장하는 '환경 포지티브 전략'이다. 아이러니컬하게도 이 전략의 핵심은 환경을 망가뜨리는 주범인 소비로 환경을 되살리는 것이다.

소비 억제를 통해 환경을 되살리려는 전략은 우리 시대에는 실패할 수밖에 없다고 생각한다. 이런 책을 쓰면서 잘난 체하는 나나 냉장고를 버린 윤호섭 교수나 자동차는 버리지 못하고 있다. 왜냐하면 일을 빠르고 효과적으로 수행하기 위해서 당장 필요하기 때문이다. 그래서 소비 억제 전략은 한계를 가질 수밖에 없다.

이제 현명한 소비를 통한 환경운동을 시작해보자. 『잘먹고 잘사는 법』이나 이 책이나 바로 이 점을 강조하기 위해 쓴 것들이다. 이것이 더 인간의 욕구와 시대의 흐름에 맞는 것이 아닐까 생각한다. 기업들이 안전하지 않은 방법으로 상품을 만들고 독물 쓰레기들을 마구잡이식으로 버리도록 방치하면 소비자들이 그 모든 피해를 보게 된다. 그렇다고 기업에 가서 농성을 할 수도 없는 노릇이다. 현명한 소비자들은 그대신 살충제를 사용하지 않은 안전한 음식을 원하고 있다는 사실을 소비로 증명해내면 된다. 환경에 부담을 주지 않는 자동차, 냉장고를 만들라고 요구해야 하고 어느 기업이 친환경적으로 발상의 전환을 하면 그 기업을 키워주어야 한다.

그렇게 하면 소비자들은 손 하나 대지 않고도 우리나라 환경 수준을 업그레이드하는 데 결정적 역할을 하는 환경운동가들이 될 수 있다. 우리 아이들은 집 안의 청소세제부터 자동차에 이르기까지 안전한 물질을 사용하고 환경 부담을 최소화한 제품들을 이용할 수 있게 될 것이다. 자유경제체제의 비판에 머무르기보다는 그 시장경제 논리를 환경에 접목시키는 것이 효율적인 환경운동이다.

생산자들은 앞다투어 소비자들이 원하는 제품을 생산하려고 노력할 것이다. 그러면 방바닥을 깔 때도 유해물질이 나오지 않는 접착

제를 사서 쓸 수 있게 되고 환경호르몬을 방출하지 않는 장판을 구
입할 수도 있을 것이다. 세상은 이미 그렇게 변해가고 있지 않은가.
현대적인 라이프스타일을 영위하면서도 세상을 환경친화적인 공동
체로 만들 수 있는 막강한 힘을 가진 유일한 주체가 소비자라는 사
실을 명심해야 한다.

그래서 우리가 할 수 있는 일은 너무나도 많다. 상품의 성분을 자
세히 표시하고 유해물질에 대해 경고성 메시지를 의무적으로 부착
하도록 법제화하는 일에서부터 그 상품으로 유발될 수 있는 피해 사
례를 상품 설명서에 표시하도록 하는 것, 유해물질을 사용하는 제품
에 대해서는 불이익을 주는 제도를 만드는 것 등등.

소비자들의 압력으로 구미 각국의 주요 페인트회사들은 유해물질
함유량이 매우 적은 페인트를 판매하고 있다. 물론 다른 것보다 가
격은 좀 비싸지만 원하는 소비자들이 많아지면 가격도 떨어질 것이
다. 나는 우리 사회가 최소한 이런 상식이 통하는 사회가 될 수 있으
리라 확신한다.

다시 말하지만 미국이 만들어 퍼트린 소비문명을 한탄하며 이것
을 되돌리려는 노력이나 소비자들에게 극기를 요구하는 환경운동은
반드시 실패할 것이라 생각한다. 누구도 대중의 욕망을 억제시킬 수
는 없기 때문이다. 친환경 소비문화가 우리 생활 깊숙이 자리 잡게
만드는 것이 더 효과적인 환경운동이며, 그 운동의 효과는 머지않은
장래에 반드시 우리 사회 전체의 이익으로 되돌아올 것으로 나는 확
신한다.

지난 50년간 지속되어온 인류 번영이라는 소비 중심의 이데올로

기는 냉전시대의 낡은 이데올로기가 마감되었듯이 과감히 환경친화
적 진보를 향해 변화해야 한다. 이제 화학회사들도 환경친화적 제품
생산이 얼마나 기업의 브랜드 가치에 기여하며 동시에 공공의 이익
에 부합하는지에 대한 인식의 대전환을 이뤄야 한다.

　진보란 무엇인가. 진정한 진보는 현실에 맞지 않는 이상을 논하여
세대를 분리시키는 것이 아니라 우리의 다음 세대를 위해 미래지향
적인 시스템을 준비하는 것을 말한다. 이 운동을 최전선에서 우리
건강한 소비자들이 주도하자. 기업이 환경친화적 제품을 생산하도
록 압력을 행사하는 데 소비자의 구매력만큼 강력한 압력 수단은 존
재하지 않는다. 지금까지 지방조직에 축적된 환경호르몬, 화학물질
들을 우리가 다음 세대에 자랑스럽게 물려줄 유산이라고 할 수 있을
것인가.

4

기본을 소홀히 하는 사회 속에서 자라는 아이들은
불행하다. 우리는 기본을 잘 지키고 있는가,
아니면 기본에서 점점 멀어지고 있는가. 미래를
위한 행복의 조건은 과연 우리가 '아이들의
행복한 미래'를 만들어가고 있는가 하는 것이다.

기본으로 돌아가자

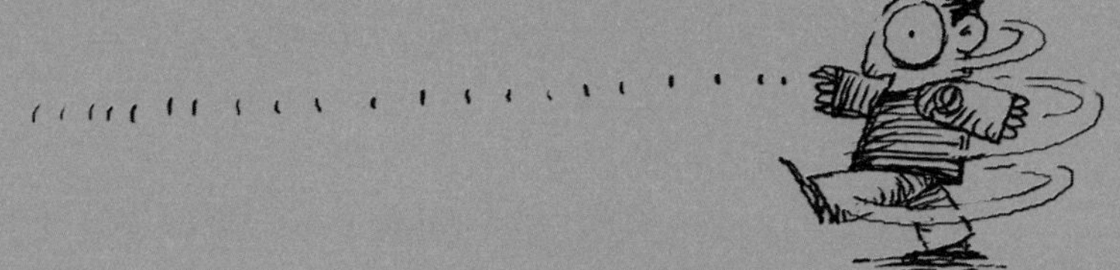

Back to the Basis!

나는 Back to the Basis!(기본으로 돌아가라)라는 말을 좋아한다. 여기에는 문명이라는 인위적 환경 속에 있는 우리 삶을 본래의 자연환경 속으로 되돌리자는 뜻도 포함되어 있다. 이 말은 내가 〈생명의 기적〉을 제작했던 1999년부터 나의 화두가 되었다. 21세기 문명은 결코 첨단기술이 해결하지 못할 다양한 생명·건강·환경문제를 양산할 것이라고 생각하기 때문이다. 과학이 발달하면 그동안 문제가 되었던 일들이 한순간에 해결될 것이라는 생각은 매우 위험하다.

앞으로는 우리가 추구하는 행복이라는 것도 물질적인 만족감을 통해서가 아니라 마음의 행복을 통해서 궁극적으로 충족될 수 있을 것이다. 개인의 건강과 안전, 평화 같은 추상적인 것들이 우리를 행복하게 하는 결정적 요소가 될 것으로 생각한다. 물질적 풍요라는 마약을 잊지 못하고 달려온 인류가 환경적 자각을 통해서 그 중독의 사슬을 끊을 문명 반동적 문화의 기운이 반드시 일어날 것인데, 우리 생존환경의 악화, 즉 환경으로부터의 역습이 그 동기를 제공할 것이다. 지금의 환경을 보면 나의 예측이 어느 정도 적중해가고 있지 않나 생각한다.

우리나라에는 독실한 종교인들이 많은데 나는 이분들의 가능성에 희망을 걸고 있다. 전 인구의 절반을 차지하는 종교인들이 환경에 관심을 갖게 된다면 종교인의 열정으로 획기적인 환경 전환이 이루어질 수도 있기 때문이다. 그렇게 되면 인간과 환경과의 다툼의 역사가 종식되고 화해와 공생의 새로운 역사가 펼쳐질 것이다. 예수님도 부처님도 그 누구보다 뭇 생명들을 사랑했던 생태주의자들이었다.

이제 우리는 숲으로 찾아가 회개하고 반성해야 한다. 땅의 수많은 미생물과 벌레와 토끼와 고라니와 멧돼지와 가재들에게 사죄해야 한다. 동물들을 지옥에서 사육하는 잔인한 환경을 혁파해야 한다. 이런 환경 회복의 염원이 전국의 교회와 사찰에서부터 활활 타올라야 한다. 이 아름다운 지구별에 태어나는 혜택을 받고도 무엇이 더 모자라 그렇게 자꾸 달라고만 하는가.

나의 염원이 현실화된다면 산과 강, 바다 속의 생명체들은 모두가 빠르게 스스로 다시 살아날 것이다. 그리고 그들이 앞다투어 우리가 마시는 혼탁한 공기와 물을 정화시켜줄 것이다. 이것이 진정한 종교의 상생정신이 아닐까.

물질적 풍요가 인간을 궁극적으로 행복하게 할 수 없는 것은 일차적으로 지구는 하나뿐인 유한한 존재이고, 그 안에 우리와 후손들이 지속적으로 살아야 하기 때문이다. 지구라는 거대한 메커니즘의 유한성은 일면 종교적 내세주의나 신비주의를 강화시킬 수 있지만, 물질문명이 자행하는 환경 파괴는 갑자기 그리고 매우 빠르게 진행될 것이므로, 위기감의 공감대가 형성될 수 있을 것으로 생각한다.

나는 이러한 세계의 흐름을 우리나라가 주도해야 한다고 생각한다. 그 이유는 우리나라가 이런 위기감을 가장 먼저 현실로 겪게 될 것으로 예측하기 때문이다. 나는 우리나라 국민들의 역동성을 믿고

존경한다. 그 힘을 이용해 제도들을 하나 둘 고치고 만들어가면 우리는 세계의 그 어느 나라도 이루지 못한 환경 선진국으로 빠른 속도로 진입할 수 있을 것이라는 희망을 가지고 있다. 문제의 핵심은 이런 잠재력을 가진 국민을 이끌어갈 공권력의 기획력 부족과 목표를 추진하는 열정의 부재에 있다.

이제 우리는 사회 전반에 걸쳐 환경친화적 시스템을 구축하는 데 국력을 모아야 한다. 이것은 분배의 정의를 실현하라는 노동자의 목소리보다도, 경제 위기를 극복해야 한다는 경제계의 주장보다도, 정치개혁을 앞당겨야 한다는 정치권의 구두선보다도 더 우선적으로 고려되어야 하는 당면 과제다. 분배, 성장, 정치개혁은 해당 전문가 그룹이 부지런히 토론하며 지속적으로 추진하면 개선될 수 있지만, 친환경적 시스템을 사회 전반에 안착시키는 것은 전 국민이 같이 동참해야 가능한 일이다. 이것은 매우 어려운 일이지만 환경 재앙이 눈앞에 와 있는 상황을 온 국민이 공감하도록 한다면, 전시 상황에서 국론이 쉽게 통일되듯이 하기에 따라서는 어렵다고만 할 일도 아니다.

나는 대한민국이 세계에서도 가장 열악한 환경 평가를 받는 현실이 위기가 아니라 절호의 기회가 될 수 있다고 생각한다. 만약 우리가 중간 정도의 환경 수준에 있다면 아마 우리에겐 아무런 자극도 되지 않을 것이다. 얼마 전 자동차 정지선을 위반하면 범칙금을 내야 하는 제도를 도입하자 자동차문화가 하루 만에 점잖아지는 풍경을 목격했다. 수십 년간 정지선을 지키자고 아무리 외쳐도 듣지 않던 사람들 사이에서 하루라는 짧은 시간 만에

횡단보도를 침범하지 않는 것이 상식이 되어버렸다. 이것은 제대로 된 제도가 얼마나 중요한지를 단적으로 보여주는 사례이다.

환경 관련 각종 처벌 법규를 지금보다 훨씬 가혹하게 하여 환경을 해치는 사람들이나 기업은 존립이 불가능하게 해야 한다. 예를 들어 보호 야생동물을 잡는 사람들에게 인간을 죽인 살인 범죄에 버금가는 수준의 처벌을 한다고 하면, 당장 야생동물을 잡아 팔고 사 먹는 무지한 행위는 이 땅에서 영원히 사라질 것이다. 야생동물을 인간보다 경시하는 풍조가 법으로 보장되는 한 그동안의 관행으로 볼 때 밀거래는 절대 근절되지 않을 것이다. 이렇게 말하는 것은 처벌이 만능이어서가 아니라 다른 방법이 없기 때문이다.

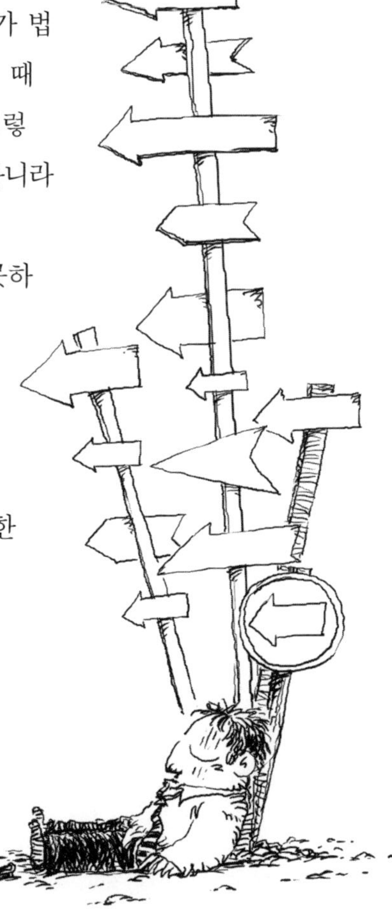

자연을 지키는 법을 제대로 만들지 못하고 사람들의 욕심에 손을 들어주는 법이 존속되는 한 전국의 산하는 앞으로 더 황폐해질 것이다. 환경개혁이 정치개혁보다 더 시급한 과제이며 이에 대한 혁명적 발상의 전환이 이루어져야 한다. 모두가 기본으로 돌아가기 위해서다.

어느 교장선생님

얼마 전 터진 불량 만두 사건으로 나라 전체가 온통 벌집 쑤셔놓은 것같이 시끄러웠다. 나는 그 사건을 보고 우리나라 사람들은 흥분을 해도 참 불공평하게 한다는 생각이 들었다. 불행히도 더러운 재료로 음식 만드는 일은 우리 사회에 매우 만연되어 있다. 그나마 만두는 아무리 재료가 더럽더라도 고열에 찌거나 튀겨 먹기 때문에 인체에 직접적인 해를 주지는 않는다. 그 안에 중금속이 들어 있는지, 요리 후 독소가 남아 있는지가 더 중요하다.

사실 우리가 먹는 음식물과 숨쉬는 공기가 불량 만두보다 훨씬 우리 몸에 좋지 않은데도 우리는 그런 현실에 대해 흥분하지 않는다. 아무튼 불량 만두 사건은 수많은 피해자를 만든 채 곧 사람들의 기억 속에서 사라질 것이다. 만두업계를 단죄하기 전에 우리 주변에 문제가 된 만두보다 깨끗한 먹을거리가 얼마나 있는지, 내 아이들이 도대체 무슨 음식을 먹고 있는지 한번 돌아볼 일이다.

일본 군마 현 야나카 중학교의 이케다 다츠노리 교장선생님. 작년에 〈환경의 역습〉을 취재하다 만난 잊을 수 없는 분이다.

야나카 중학교에 취재하러 간 것은 이 학교가 점심시간에 학생들에게 유기농 음식을 제공한다는 기사를 봤기 때문이었다. 나는 아침 일찍 서둘러 학교 주변의 밭에서 무농약으로 키워 수확한 채소와 과일을 당일 아침에 배달받는 과정을 촬영하기로 했다.

　그런데 정작 촬영이 시작되자 나의 호기심은 다른 곳에 쏠리기 시작했다. 촬영하느라 학교 식당 주방에 들어가는 과정부터가 병원 중환자실에 들어가는 과정보다 더 까다로웠기 때문이다.

　학교 식당 주방에 들어가는 모든 사람은 가운과 모자, 마스크를 쓰고 손을 씻고 신발을 갈아 신고서야 입장할 수 있었다. 학교 식당을 비롯해 국내의 각종 식당 주방에 들어가 취재를 해봤지만 이렇게 까다로운 곳은 본 적이 없었다. '취재진이 와서 일부러 그러나?' 하는 생각이 들었지만 곧 그런 의심을 거두게 하는 풍경이 눈앞에 펼쳐졌다. 각 조리대를 옮겨 다니며 음식을 만드는 모든 사람들이 한 장소에서 다른 조리대로 이동할 때 반드시 세면대에 들러 알코올로 손을 씻고 있었다(치과의사가 환자를 옮겨 다니

위생 관리가 철저한 일본 야나카 중학교의 조리실

며 진료를 할 때를 연상시켰는데, 솔직히 치과의사들은 대부분 그냥 물로만 씻는다. 비누로 씻어도 손에 묻은 세균의 60% 정도밖에는 제거하지 못한다). 조리하는 음식의 온도를 측정할 때는 실험하는 과학자의 엄숙함을 떠올리게 했다. '이럴 수가!'

　그러나 정작 내가 놀란 것은 그 학교 교장선생님의 모습을 보고 나서였다. 점심식사 30분 전. 교장실에 들어가 인사를 하려던 나의 눈에 들어온 것은 학생들이 먹을 음식 맛을 보고 있는 교장선생님의 모습이었다. 탁자 위에 장부를 올려놓고 음식 하나하나를 맛보며 그 맛을 기록하고 있는 그의 모습은 나에게 순간 감동으로 밀려왔다.

TV 사극에서 왕이 수라상을 받기 전에 시종들이 먼저 먹어보는 모습을 본 적은 있지만, 연로하신 교장선생님이 아이들이 먹을 음식을 미리 점검해보는 것은 그 어디서도 상상하지 못했었다. 글쎄, 요즘은 청와대에서나 볼 수 있는 풍경이 아닐까. 호기심에 자꾸 물어보고 촬영하는 나에게 아이들을 왕처럼 모시는 교장선생님은 뭘 당연한 걸 찍고 그러느냐며 쑥스러워했다.

음식의 질을 꼼꼼히 점검해 기록하는 야나카 중학교 교장선생님

환경호르몬이 나오지 않는 식기에다 현미 잡곡밥, 그리고 학교 근처의 농장에서 재배된 최고의 신선한 음식을 먹고 있는 야나카 중학교 아이들. 이들의 행복한 식사 모습과 우리 아이들의 불만 가득한 급식 풍경. 그리고 심심치 않게 급식 비리로 잡혀가는 우리 교장선생님들의 처참한 모습들. 이런 컷들이 내 눈앞에 어지럽게 오버랩되었다. '아, 이 절망감을 어찌할 것인가. 정말 우리에겐 희망이 없는가.'

그러나 나는 희망이 있다고 생각한다. 우리나라에서도 '생태유아공동체'라는 곳이 있음을 알게 되었다. 부산대학의 임재택 교수를 중심으로 학부모들이 아이들을 좋은 환경에서 키우기 위해 유아교육시설에서 친환경 먹을거리를 제공하고 아이들을 자연친화적 환경에서 교육시키려는 선구자적인 발상전환이 이루어지고 있다. 또한 『잘먹고 잘사는 법』을 출간한 이후 전남의 광양제철남초등학교에서는 박보영 교장선생님이 직접 전화를 걸어와 책을 읽고 교사, 학부

모들이 혼연일체가 되어 유기농산물 급식과 탄산음료 없는 학교를 만들었으며 아이들을 안전한 환경에서 키우기 위해 남다른 노력을 하고 있다고 전해 왔다. 나는 이렇게 깨어 있는 부모들이 있는 한 우리에게 희망이 있음을 종종 확인하고 있다.

환경 지속성 지수 세계 135위의 대한민국. 우리나라는 분명 환경 후진국이고 우리는 여기에서 태어나 자라왔다. 그러나 나는 135위라는 절망의 숫자 이면에 희망이 숨죽이고 있음을 느끼고 있다.

우리가 세계 10대 환경 선진국이 되는 방법은 무엇일까. 그것은 올림픽 메달에 목숨 걸어 단번에 세계 10위 안에 들고, 단번에 월드컵 4강 안에 드는 폭발적 저력을 가진 대한민국의 힘을 다시 한 번 환경 회복에 쏟아붓는 것이다. 망가진 환경을 회복시킨다는 것은 결코 거창한 것이 아니다. 지금부터라도 야나카 중학교의 교장선생님처럼 깨어 있는 어른들부터 나서서 아이들이 행복할 수 있는 기본적 환경을 만드는 일을 시작해야 하지 않을까. 그 일 중 가장 쉬운 게 다시 한 번 강조하지만 친환경 소비를 하는 것이다.

오염을 극복하는 대안이 있다

생활 주변에서 인간에게 노출되는 독성 화학물질은 포름알데히드, 톨루엔, 벤젠, 살충제, 담배연기를 비롯해 납 등 중금속까지 실로 다양하다. 이런 물질들이 모든 암 원인의 약 80%를 차지한다고 주장하는 학자들도 있다.

오늘날 미국에서 사용되고 있는 화학물질은 8만여 종에 이른다. 이중 약 8,000종이 발암물질로 분류되고 있다. 매년 약 500만 명이 암으로 인해 사망하는데, 미국에서만 해도 1970년에 33만 1,000건이었던 암 사망이 1992년에는 52만 1,000건으로 증가하였다. 중요한 것은 이중 약 3만 명이 화학물질로 인해 사망한 것으로 추정되고 있다는 점이다. 미국 코넬 대학의 피멘텔(Pimentel) 교수에 따르면, 미국의 화학물질 사용량이 1941년에 1인당 3,500kg이었는데 1995년에는 1만kg으로 증가하였다고 한다. 환경 오염물질이 우리 주변을 포위하고 있는 것이다.

자, 그렇다면 이런 오염시대를 살고 있는 우리가 취할 수 있는 가장 쉽고 효과적인 방법은 무엇일까. 나는 그 대답을 찾고 있는 사람을 찾아가기로 했다. 음식들 속에 들어온 환경호르몬, 중금속 등을 우리 몸속에서 빼내는 방법을 연구하고 있는 일본 세츠난 대학 약학부의 미야타 히데야키 교수. 그는 특히 다이옥신의 배출에 대한 연구를 하고 있다.

오염을 줄이는 방법은 무엇입니까?

"다이옥신이 일단 몸에 들어오면 소장에서 흡수되어 간으로 들어갑니다. 내장에서 순환이 이루어져 거의 배출되지 않습니다. 그런데 식물성 섬유를 먹으면 다이옥신이 섬유질에 붙어서 같이 배출됩니다. 임산부가 식사를 하면 오염물질이 소화·흡수되어 태아에게 가는데, 아이의 세포는 계속 분열을 하기 때문에 염색체에 직접 영향을 미칠 수 있습니다. 태아가 오염되는 것을 막아야 합니다.

여러 가지 식물성 섬유로 오염물질을 몸에서 배출시키는 실험을 했습니다. 쥐에게 다이옥신을 투여하면 태아가 죽어서 나옵니다. 그런데 식물성 섬유가 들어 있는 음식을 주었더니 사산하는 수가 줄었습니다. 식물성 섬유를 넣지 않았을 때는 6마리 모두 죽었는데 식물성 섬유를 넣었더니 6마리 중 4마리만 죽었습니다. 식물성 섬유를 먹으면 다이옥신이 대변으로 나가는 양이 늘어납니다. 그래서 어미 몸의 혈액, 자궁, 간 등에 다이옥신이 축적되는 양이 적어지고 태아에게 역시 적게 축적됩니다."

사람들은 하루 20~25g의 식물성 섬유를 섭취해야 하는데 최근에는 섭취량이 15g 이하로 떨어졌다. 고기를 많이 먹게 된 결과다. 고기를 적게 먹으면 괜찮지만, 많이 먹으면 기름도 많이 먹게 되어 이를 소화시키느라 간에서 담즙이 많이 나오게 된다. 담즙이 많이 나와 대장으로 가면 암을 일으키는 발암물질로 바뀌는데 이런 물질은 빨리 변으로 내보내야 한다. 식물성 섬유를 많이 먹으면 대변의 양이 많아져 배변이 빨라진다. 변의 배출이 늦어지면서 동양 사람들에게도 대장암이 급격히 늘어나고 있는 것이다.

요즘 한국에서도 아토피성 피부염, 꽃가루 알레르기 등이 많이 생겼는데 그 원인 중 하나가 아이가 태어나기 전에 화학물질로 인해 면역 기능이 이상하게 변했기 때문이다. 따라서 산모들은 식물성 섬유가 많이 든 자연식품들을 많이 섭취해 몸을 정화시켜야 한다.

섬유질이 풍부한 식품은 모두가 좋지만 해독제로 좋은 자연식품 한 가지를 추천하면, 농약과 화학비료를 쓰지 않고 재배된 매실이다. 얼마 전 매실 명인 홍쌍리 여사의 집을 방문했는데, 섬진강 하류가 바라보이는 수만 평의 야산에 농약 치지 않은 자연 상태의 매실들이 탐스럽게 열려 있었다. 홍쌍리 여사도 류머티스 관절염으로 고생하다가 매실을 먹고 회복되었다고 할 정도로 매실은 오염시대의 자연 해독제로서 추천할 만하다. 매실은 '3독을 없앤다'는 말이 있다. 3독이란 음식물의 독, 핏속의 독, 물의 독을 말하는데 특히 해독 공장인 간의 해독에 좋다.

식물성 섬유는 다이옥신뿐 아니라 다른 환경호르몬과 중금속도 흡착할 수 있다. 미야타 히데야키 교수는 다이옥신이 구순열(언청이)에 미치는 영향에 대해서도 연구했다. 그는 다이옥신과 식물성 섬유를 쥐에게 동시에 주었을 경우 그렇지 않은 경우(100%)보다 구순열 발생률이 65%로 떨어지는 것을 발견했다.

그런데 이렇게 좋은 섬유질을 우리는 백미, 흰 밀가루 등으로 가공하면서 거의 제거해버리고 먹고 있다. 다시 한 번 강조하지만, 농약 치지 않은 양질의 식물성 섬유를 자주 섭취하는 것이 오염환경을 극복하는 가장 손쉬운 방법이다.

사람들은 21세기 유망 직종을 말하라고 하면 단연 컴퓨터나 화학,

자동차, 로봇 산업 등을 떠올리는데, 나는 환경농업이야말로 21세기에 가장 유망한 직종이라고 생각한다. 환경농업에 첨단기술을 접목해 각 작물이나 고기의 안정적인 생산시스템을 개발하는 사람은 아마 떼돈을 벌게 될 것이다. 환경 오염시대에는 안전한 먹을거리를 공급하는 사람이 각광받을 수밖에 없기 때문이다.

그런데 지금 우리의 농촌은 그야말로 피폐할 대로 피폐해져 있다. 젊은 사람들은 다 도시로 가버리고 심지어 칠팔십대 노인들이 상여를 멜 정도로 노인들밖에 없는 실정이다. 나이가 든다는 것은 지혜는 늘어가지만 힘이 없고 건강이 좋지 않다는 것, 그리고 뭔가 새로운 것을 개발하거나 이루려고 하는 욕심이 젊은 사람들에 비해 떨어진다는 것을 의미한다. 그런 노인들이 대다수를 차지하고 있는 농촌에서 일손이 많이 가고 연구를 많이 해야 하는 환경농업이 발달할 수 없는 것은 자명하다. 취직도 잘 안 되는 대도시에 무작정 몰려드는 농촌 젊은이들을 붙잡아 친환경 첨단농업을 추진하게 하는 정책을 쓰지 않으면 우리 농촌에는 희망이 없다.

그러나 반갑게도 요즘 농촌으로 돌아가 의욕적으로 환경농업에 뛰어들고 있는 사람들이 적지만 하나 둘씩 늘어가고 있다. 자연농업, 유기농업을 하는 분들 중 상당수가 젊은 사람들인데 그들이 환경농업에 새로운 물결을 일으키고 있다. 그분들이 환경농업에 매진할 수 있게 된 것은 현명한 소비자들의 수요가 날로 늘어가고 있기 때문이다(환경농산물 출하량은 연 평균 47% 이상 급격히 증가하고 있다). 도시에 사는 소비자들이 이제 무엇을 어떻게 소비해야 하는지 다시 설명하지 않아도 이 책을 읽는 현명한 독자들은 잘 이해하시리라 믿는다.

한국 도시의 삶, 무엇이 우리를 슬프게 하나

1996년 4월 프랑스 파리.

〈송지나의 취재파일—세상속으로〉라는 프로그램 첫 편을 촬영하기
위해서 9명의 스태프와 함께 파리까지 날아왔건만, 가족들의 출연
허락을 못 받았기 때문에 촬영할 수 없다는 고집 센 파리 망명자 홍
세화 선배와 기 싸움을 벌이고 있는 중이었다(지금은 한겨레신문사 논
설위원으로 재직 중이다). 방송 날짜는 3주 앞으로 다가왔는데 낭패가
아닐 수 없었다. 주인공인 홍세화 선배의 허락은 받았지만 두 아이
의 허락까지 받아야 한다는 사실을 간과했던 것이다.

　내가 흔들리면 스태프들이 불안해하니, 그래 이 시간을 즐기자.
그래, 카르페 디엠(carpe diem, 주어진 여건에 만족하며 적극적으로 현
재를 즐기라는 뜻의 라틴어)이다! 마음을 바꿔 먹으니 비로소 이국적
인 풍경이 눈에 들어오기 시작했다.

　오늘 하루 한번 쉬어볼까. 스태프들과 먼저 루브르 박물관에 갔
다. 입이 딱 벌어지는 건축미…… 내친김에 몽마르트 언덕으로 올라
갔다. 예술가들이 어우러져 있는 광장 안 사람들의 표정이 무척 밝
았다. 해외 취재를 주로 미국이나 일본의 대도시 위주로 다녔던 나
로선 언덕 아래로 보이는 아기자기한 파리의 시가지가 기묘한 느낌
으로 다가왔다. 거리 악사들의 음악소리와 행위예술가들의 공연.
우리와 다른 문화와 다른 생각을 가지고 있는 사람들. 그래, 그들의

여유를 부러워하지 말자. 우리는 이들보다 가난한 나라 아닌가. 부러워한다고 파리의 이 건물들이, 이 문화가, 사람들의 자유로움과 여유가 우리 것이 될 수는 없는 것이었다.

그리고 밤이 찾아왔다. 그러나 나는 더 이상 참을 수가 없었다. 파리의 야경은 나에게 한마디로 울분을 느끼게 할 만큼 충격적이었다. 미라보 다리 위를 혼자 산책하다 다른 나라에서는 느껴보지 못한 느낌에 휩싸였다. 이런 XX들. 이렇게 만들다니…… 쓸쓸한 웃음이 새어 나왔다. 내 입에서는 계속 '아, 서울이여, 한국이여……,' 라는 탄식이 중풍 걸린 노인네의 타액처럼 자꾸 흘러내렸다.

대로변을 걸어도 한국의 시골처럼 신선한 공기(실제로 그렇지는 않을 테지만)가 얼굴을 간질이고 조용하기만 한 거리는 시끄러운 내 주거지와 비교되어 나를 더 우울하게 했다. 길가에 나란히 주차되어 있는 작은 자동차들. 더 자세히 들여다보니 건축물의 자태와 인도와 도로의 폭과 도로 바닥의 질과 차의 크기와 상점의 간판과 글자의 색채와 조명…… 이 모든 것이 우리 것과 달랐다. 이런 것들이 어우러진 전체의 모습은 너무나도 달랐다. 처음에 그저 조명의 눈속임이려니 했는데 그 안에 더 큰 세계가 있었다. 그 세계는 파리지앵 그들만의 문화 상식이 만들어낸 독창적 미학의 세계였다. '그래, 도시는 상식이다.' 그날 밤 홍세화 선배도, 프로그램도 나의 안중에 없었다. '나는 앞으로 뭘 하며 어떻게 살아야 하는가?'

제작비 압박 때문에 파리에서 가장 싼 폐차 직전의 택시를 빌려 개선문 주변에 매연을 뿌려대며 하루 종일 돌고 돌아 촬영을 마쳤다. 촬영이 모두 끝나자 홍세화 선배는 나를 어느 포도주집으로 안내했다. 창고같이 허름하고 간판도 없는 그 집 안으로 들어서자 새로운 세계가 펼쳐졌다. 동굴처럼 만든 실내에 200년 전 건물이 가지고 있던 뼈대를 그대로 살리고 현대의 미를 가미한 조화가 나를 압도했다. 벽에 걸린 반사 조명이 은은한 분위기를 만들고 사람들이 그 아래 삼삼오오 마주앉아 오크통 속에서 직접 포도주를 따라 마시고 있었다. 은은한 조명 사이로 구겨진 레인코트를 입고 있는 홍 선배가 유독 멋있게 보였다.

"코트가 참 잘 어울리시네요. 홍 선배님 분위기와 딱 어울려요."

멋쩍게 웃던 그가 말했다.

"파리의 날씨는 하루에도 열두 번이나 변합니다. 그래서 이런 코트를 입지 않으면 이 변덕스런 날씨를 감당 못합니다. 그런데 날씨만큼이나 파리 사람들은 참 자유스럽습니다. 파리에서 살면서 상식과 관용(똘레랑스)이 통하는 사회가 얼마나 우리의 삶에 중요한 것인가를 느끼고 있습니다……."

이방인인 나의 눈에 비친 파리의 상식은 노란 조명 빛과 안개비에 자태의 일부를 살짝 감추고 있는 그 우라지게 잘생긴 도시를 만들어내고도 아무런 내색 없이 비를 맞으며 걷고 있는 파리지앵들의 무표정한 모습이었다. '아, 이런 느낌이 바로 문화 콤플렉스요, 사대주의인가. 나의 고향인 서울을 어디서부터 다시 생각해야 하나. 내 아이들도 지금의 대한민국, 앞으로 더 망가질 서울에서 이대로 살게 해야 하나.'

외국의 도시들과 다르게 우리가 거리에서 마주치게 되는 것은 네

모난 건물과 무질서한 간판들이다. 어떤 건물은 간
판들이 전면을 모두 가리고 있다. 이런 현상은 주거
공간에 가까워질수록 심해진다. 직사각형 아파트, 상업
용 빌딩을 도배한 원색적인 간판들은 시각공해의 주범이
다. 이것이 한국의 도시 모습이다. 과연 이런
곳에 외국 사람들이 얼마나 관광을 오겠는가.
부가가치는 공장에서만 만들어지는 것이 아니라
도시 전체에서 만들어내는 것이다.

창피한 얘기지만 한강변을 따라 자랑스럽게 늘어
선 직사각형 아파트 군락은 우리의 도시 수준을 대변
해준다. 그런데도 직사각형 아파트를 보려고 사람
들은 비싼 돈을 주고 유람선을 탄다. 나는
건축에 대해 문외한이지만, 도시
를 설계하는 것은 현재의 삶뿐 아
니라 미래의 희망을 설계하는 것이
라고 생각한다. 그런데 우리는 과연
현재와 미래에 희망을 주는 건축물들
을 만들고 있는가를 한번쯤
돌아볼 필요가 있다.

건축물은 사무용 공간이건 주거공간이건 간에 그 도시가 갖는 엄청난 부가가치를 창출하는 상품이다. 우리가 비싼 돈 들여 외국 어디를 관광할 때 대부분 그 도시의 건축물들을 구경하고 다닌다. 공원과 유적지, 도로의 형태나 도로 주변의 각종 업무용·주거용 건물들의 조화를 보기 위해 그곳을 찾는 것이다. 뉴욕의 맨해튼은 오로지 조화된 고층빌딩군으로 세계의 관광객들을 끌어 모으고 있다. 그야말로 아무것도 아닌 자유의 여신상 하나로 얼마나 많은 부가가치를 올리고 있는가. 시드니는 오페라하우스와 그 옆의 다리(하버브리지) 하나로 오염물질 하나 배출 안 하고 대대손손 엄청난 돈을 벌고 있다. 파리는 건축물의 조화와 아름다운 조명, 에펠탑 등으로 매년 수백만 명이 스스로 몰려들어 돈주머니를 풀어놓고 간다.

최고의 환경산업은 굴뚝이 필요 없는 관광산업이다. 부가가치가 높을 뿐 아니라 동시에 그 도시에 살고 있는 사람들의 세계화에도 기여한다.

500년 역사의 서울을 세계인들이 오고 싶어하는 아름다운 도시로 만들어 1년에 수백만 명이 관광을 온다면 일자리도 훨씬 늘어날 것이고, 공부 못하는 사람들이 기를 쓰며 공부 안 하고도 얼마든지 서울이라는 관광상품을 팔아먹으며 살 수 있을 것이다. 이 쉬운 길이 있는데도 우리는 모두가 영어책, 수학책 들고 소모적인 경쟁만 하고 있다. 경주나 제주도 같은 곳도 찾아오는 사람들 입 쩍 벌어지게 하는 환경친화적 설계가 가능하다. 돈이 들어 하루아침에는 안 되겠지만 노력하면 5년이고 10년이고 우리는 결국 해낼 수 있다.

삭막한 도시에서 자라는 우리 아이들이 과연 무엇을 보고 느끼면서 자랄 것인가를 생각만 하면 두려워진다. 도시 주변에 새로운 주택지역이 형성되면 인근의 상가는 너도 나도 행여 질세라 간판과 글씨의 크기가 커지고 자극적인 색으로 도배되기 시작하는데 이런 간판들 대부분이 불법이다. 그런데도 시민단체도 지자체도 이런 시각공해에 대해 심각하게 문제 삼는 곳이 없으며, 그 누구도 이런 무질서를 근본적으로 없애는 행정력을 발동하지 않는다. 아파트 창문에 네온사인 불빛이 반사되어 잠 못 이루는 밤을 보내는데, 그것을 규제해야 할 공무원들은 이미 어쩔 수 없다며 두 손 놓고 있는 현실이 소름 끼친다.

가장 시급한 환경문제

마지막으로 환경 이야기를 조금 더 넓혀 우리가 처한 국제환경에 대해 부연하려 한다. 어떻게 보면 자연환경, 실내환경, 대기환경만이 환경이 아니고 우리가 처한 대외환경이야말로 우리의 생존권과 직접 연결된 중요한 환경이라고 할 수 있다.

백인들이 지난 수세기 동안 만든 문명관은 지속적 환경 파괴와 인간 정의의 종말을 예고하는 것이었다. 햇볕이 부족한 유럽에서 창백하게 살아온 그들은 문학과 철학, 예술을 꽃피웠고 또 다른 한편으로는 좁은 땅을 서로 차지하기 위해 한국인의 시련의 역사보다 더 심한 굴곡을 겪어왔다. 그들은 온갖 침탈의 역사와 가혹한 전염병 그리고 중세적 신권사회의 엄혹한 반이성주의를 견뎌내고 극복해야만 했다. 그런데 이런 암흑기를 구원해준 것은 다름 아닌 과학이었다. 지역적 한계를 벗어나지 못하고 좁은 대륙에서 싸우는 데 열중하던 백인들에게 과학은 더 넓은 세계로의 진출을 가능하게 했다. 바야흐로 탐험과 식민지 개척시대가 열린 것이다.

그것은 그동안 자연의 질서에 순응하며 평화롭게 살아온 여타 민족들에게는 비극의 시작이기도 했다. 백인 우월주의자들이 그렇게 칭송하는 신대륙의 발견이나 제국주의시대의 식민지 확장사만 보더라도, 당하는 사람들의 입장에서 보면 역사의 파괴이자 인간성 말살의 과정에 다름 아니었다. 인간의 보편적 상식을 과학으로 무장해 무력으로 침탈해온 백인들의 역사는 오늘날에도 미국에 의해 반복되고 있다.

70년대 초로 기억하는데 한국의 TV에서 〈보난자〉라는 미국 드라마 시리즈가 방영되었다. 그 시리즈는 아메리카 인디언과의 싸움을 주로 다루며 미국 개척사를 미화한 작품인데, 어린 나는 아무 생각 없이 그 영화를 백인 아이 입장에서 보았다. 인디언들이 습격을 하면 분노했고 백인이 인디언들을 마구 죽이면 환호했다. 어린 시절 나의 뇌리에 남아 있는 미국 백인들은 정의로운 인간상의 모델이었다. 잘생긴 배우들이 불의에 분노하고 정의를 위해 싸우며 가족을 지키기 위해서 목숨을 바치는 모습은 정말 어린 나의 가슴에 미국인에 대한 환상을 심어주기에 충분하였다. 당시 내 의식에 각인된 인디언들의 이미지는 더럽고 지저분하고 피도 눈물도 없이 잔인하고 무식한 종족일 뿐이었다. 그렇다면 인디언들의 진짜 실체는 무엇인가.

아메리카 대륙에는 우리와 조상을 같이하는 몽골리언의 후예인 인디언들이 평화롭게 살고 있었다. 그들의 삶의 터전은 몽골리언들의 이주 루트를 따라 아시아에서 이주하여 정착한 북미대륙 전체와 남미대륙 전체를 망라하는 광대한 지역에 뿌리를 두고 있다. 그들은 자연을 자신들과 분리하지 않고 살아왔으며 자연을 정복하지 않고 자신들이 일부가 되어 공존해온 순수한 사람들이었다. 생존을 위한 사냥을 제외하고는 그 어떤 생명도 울타리 안에 구속하지 않았고 풀한 포기도 자기 집 안마당에 옮겨 심지 않은 자연주의자들이었다.

그런데 어느 날 백인들이 느닷없이 들이닥쳐 이들의 평화를 깨기 시작했다. 심지어 이들의 가죽을 벗겨 죽이며 괴롭히더니 결국엔 씨를 말려버리려고 남은 일부 인디언을 일정 지역에 모아놓고 알코올 중독자, 마약 중독자 등 폐인으로 만들어버리는 정책을 썼다. 그리고 그 장대한 땅을 혼자 독차지하고서 오늘날 세계를 마음대로 주무르고 있다(영국에서 호주로 이주한 백인들도 호주 원주민 애보리진에 대해 이와 비슷한 만행을 저질렀다).

서부 개척시대 때부터 줄곧 이어져온 '내가 곧 법이고 진리'라는 백인들의 뿌리 깊은 우월주의와 무력이 오늘날의 세상을 공포의 도가니로 몰아넣고 있다. 그들이 찾은 선과 정의가 그들만의 선이요 그들만의 정의는 아닌지 우리는 이 시대의 정신을 향해 질문을 던져야 한다. 미국이 벌이고 있는 이라크나 북한 등에 대한 정책은 아직도 식민지 개척시대의 오만을 그대로 드러내고 있다. 북한과 이라크가 아무리 비민주적이고 주민들의 인권이 보장되지 않는 사회라 하더라도 그 사회의 오랜 생존방식을 마음대로 해석해 평가해서는 안 된다.

그들의 문제는 언젠가 그들이 풀어나갈 것이다. 다만 시간이 걸리겠지만 그것 역시 이라크나 북한 민중의 역량이요 운명이요 역사이다. 그것을 우리식 기준으로 붕괴시켜 압제에서 해방시키려 한다면 그것은 옳지 못한 것이다. 왜냐하면 그 과정 중에 반드시 아무 죄 없는 수많은 생명의 희생이 전제되어야 하기 때문이다.

백악관에서 명령을 내리는 부시 대통령이나 국방장관은 아무런 정신적 육체적 상처를 입지 않지만 현장에서 뛰어야 하는 군인과 마른하늘에 날벼락 떨어지듯이 쏟아지는 폭탄을 맞고 죽거나 장애를 입어야 하는 일반인들의 입장에서 보면 전쟁은 정말 무모하고 어리석은 짓일 뿐이다. 속내는 석유 확보에 있으면서도 있지도 않은 대량 살상무기를 근거로 이라크를 침공한 미국의 행위가 정당화되어서는 안 된다.

물론 북한이 핵무기를 개발하는 것은 시대착오적 행위임에 분명하다. 그러나 북한을 궁지에 몰아붙여 군사적 으름장을 놓기 이전에 미국은 강자의 양보와 화해와 평화의 메시지를 먼저 보내야 한다. 미국이 한반도에서 계속 긴장 유지 정책을 지속하는 것은 전문가들도 지적하듯이 한반도의 평화를 지켜주기 위해서가 아니다. 한반도의 위기가 끝나면 미국은 군사물자 수출로 인한 이득과 중국을 견제해온 한반도의 역할을 동시에 잃게 될 것이고, 그렇게 되면 동북아시아에서 영향력이 감소하여 미국의 이익이 줄어들기 때문이라는

것이다. 미국이 한반도에서 화해와 평화보다는 긴장을 고조하는 정책을 견지하고 있는 것은 그 때문이다. 위협이 상존해야 일본도 한국도 자기들 손안에 넣고 마음대로 할 수 있는 것이다.

한 사회의 정체성을 파괴하고 인명을 살상하며 자본주의적 자유를 선물할 권리는 세상의 그 누구에게도 없다. 미국과 북한은 평화 약속을 하고 북한은 핵무기를 완전 포기해야 한다. 대한민국은 남는 쌀, 비료를 적극적으로 지원해주고 남북한 왕래와 경제 협력을 더 늘리면서 민족 공존의 길을 모색해야 한다. 그러다 보면 북한 민중의 생활 수준도 올라갈 것이고 인터넷과 휴대폰 사용도 자유화될 것이고, 그러다 보면 점차 생각의 수준이 비슷해지게 될 것이다. 북한 주민들의 삶의 질이 높아지면 저절로 내부에서 개방을 요구하는 분위기가 생길 것이다. 그러나 이런 변화는 북한 사회가 자체적으로 선택하게끔 해야 한다. 이것은 시간과 인내를 필요로 하는 문제다. 나는 세상에서 가장 어려운 일은 생각이 다른 사람들을 설득하는 것이고, 가장 쉬운 일은 나와 다른 생각을 가진 사람들을 비난하는 것이라고 생각한다.

이산가족 왕래나 금강산 여행뿐 아니라 학생들의 수학여행도, 신혼여행도, 부유층의 골프 여행도 평양으로 가도록 추진해야 한다. 그러면 다양한 계층에서 북한에 대한 이해와 포용의 분위기가 늘어날 것이다. 이렇게 해야 하는 이유는, 한편으로는 같은 동포요 형제라고 얘기하면서 다른 한편으로는 총칼을 겨누고 서로 비난하는 이 정신 분열적 상황을 우리 세대에서 끝내야 하기 때문이다. 우리에겐 이것이 가장 시급하게 해결해야 할 환경문제이다.

해방 이후 지금까지도 우리는 정치·경제·군사적인 측면에서 미국의 영향력에서 독립하지 못하고 있다. 미국이 1950년 물에 빠져 허우적대고 있던 우리를 자국민의 목숨을 던져가며 물 밖으로 구해준 생명의 은인임에는 틀림없다. 그러나 그렇다고 해서 평생 대물림하며 굽실거리고 비굴하게 살아간다는 것은 독립국가로서 있을 수 없는 수치다. 과거의 은혜는 은혜로 갚되, 우리의 현실과 미래는 우리가 스스로 풀어가야 한다.

60년이 다 되도록 군사적 독립도 이루지 못하고, 외국 군대가 철수한다고 으름장 놓으면 벌벌 떠는 독립국가가 이 지구상에 우리 말고 또 어디 있는가. 자주국방의 능력을 키워서 이 불합리한 환경부터 하루빨리 바꾸어야 하지 않을까.

이제는 바꾸어야 할 때

저의 예상은 이렇습니다. 만약 인류가 환경 파괴적인 소비를 지향하는 현재의 생활방식을 수정하지 않는 한 머지않아 우리가 예상치 못한 재앙이 닥칠 것입니다. 그 재앙은 아마 이런 것들이 될 것입니다.

지구 기온의 변화에 따른 태풍, 한파, 혹한, 폭설, 황사 등의 형태로 재앙의 전주곡이 연주될 것입니다. 이미 이런 현상은 조금씩 시작되고 있지요. 그후에는 숲의 파괴로 인해 숲 속 생명체에 잠복해 있던 전례가 없는 불치의 바이러스들이 우리를 위협할 것입니다. 지구 온난화로 모기, 진드기 등 해충이 창궐할 것입니다. 이 문제도 이미 시작되었습니다.

공기와 음식에 노출된 중금속으로 인해 아이들의 뇌기능이 퇴화할 것입니다. 농약, 살충제 등의 약제 남용으로 태아와 아이들이 신경계에 혼란을 겪고 면역력이 떨어져 각종 질병에 노출되어 아프게 될 것입니다. 비닐과 플라스틱의 남용으로 호르몬계에 혼란이 와서 지능과 생식기능이 저하될 것입니다.

대기 오염으로 폐질환, 조산, 유산이 급증하고 각종 화학물질을 방출하는 실내 공기 오염과 음식 오염으로 아토피 등 각종 알레르기 질환이 증가할 것입니다. 항생제의 남용에 따른 내성균 증가로 질병 퇴치 불능 상태가 전개될 것입니다.

무절제한 소비문명이라는 통제 불능의 지휘자는 희망의 신세기 교향곡을 인류의 종말을 위한 레퀴엠(장송곡)으로 변주시키고 있습니다. 우리는 과연 언제까지 버틸 수 있을까요? 그렇다면 과연 우리는 무엇을 위해 이렇게 치열하게 사는 것일까요?

이제 희망은 깨어 있는 독자 여러분들밖에 없습니다. 환경문제의 가장 확실한 대안은 바로 깨어 있는 여러분입니다. 여러분이 행동으로 나서야 합니다. 그리고 아이들에게 여러분의 생각을 가르쳐주십시오. 희망의 불씨가 한반도 전체에 번져나가도록 합시다. 그리고 감시하고 발언하고 압력을 행사합시다. 행동으로 옮깁시다. 이렇게 환경을 망쳐놓은 우리가 후손을 위해 참회하는 길은 과거의 생활방식을 조금이라도 환경친화적으로 바꾸는 길밖에는 없습니다. 그것은 기존 우리의 삶을 지배해왔던 인생의 목표들을 수정해야만 가능합니다. 정치환경을 바꾸는 것은 투표 몇 번 하면 가능하지만 망가진 환경을 바꾸는 것은 투표로도 하지 못합니다.

지금은 이 세상의 약자들이 당하고 있는 단계입니다. 그러나 곧이어 건강한 사람들의 몸도 감당하기 어려운 상황이 오고 말 것입니다. 그때는 누구도 세월을 거꾸로 되돌릴 수 없을 것입니다. 몸이 아파도 약을 쓸 수 없고 창문도 못 열고 음식 하나 마음대로 먹을 수 없는 세상, 숲과 물가에 병균이 두려워 가지 못하고 조산아와 저체중아와 기형아가 급증하는 세상, 자식의 IQ가 부모의 IQ보다 계속 낮아지는 상황에서 당신의 사랑하는 자녀들이 살게 될지도 모릅니다.

이런 저의 경고가 과장되었다고 생각하는 분들을 위해 조금만 더 부연하겠습니다. 저는 어떤 한 가지 유해물질로 인해 사람의 몸이 결정적으로 망가지지는 않는다고 생각합니다. 그러나 여러 가지 오염 요소들이 결합해 몸의 일부분들을 조금씩 공격한다면, 천식 환자가 일반 도로의 배기가스로도 발작을 일으키듯이 우리의 몸이 지금은 아무 문제도 일으키지 않는 아주 적은 양의 오염물질조차 감당하지 못하는 상황이 오게 됩니다. 그런 예가 앞에 기술한 화학물질과 민증 환자들의 이야기입니다. 제가 화학물질의 노출을 최대한 피하며 생활해야 한다고 거듭 주장하는 것은 농약, 포름알데히드, 배기가스, 환경호르몬 등 일상생활에서 접하는 수많은 화학물질들이 우리 몸속에서 장기간 복합 반응을 일으켜 나타나는 결과가 피로감이 될지, 재채기가 될지, 암이 될지 아무도 모르기 때문입니다.

제가 이 책을 쓴 가장 근본적인 이유는 이 책의 주장에 공감하는 독자들께서 분별없이 마구 화학물질을 배출하고 소비하는 도시 생활의 반환경적 실태를 개선하는 데 앞장서는 전도사의 역할을 해주셨으면 하는 바람에서입니다. 많이도 말고 조금씩, 내가 실천할 수 있는 행동 하나하나부터 아주 조금씩 바꾸려는 노력이 중요하다고 생각합니다. 도시 생활을 하면서 우리들 중에 과연 누가 환경친화적으로 완벽하게 살 수 있겠습니까. 쓰레기 하나 분리 수거하는 것조차 완벽하게 하지 못하며 살고 있지 않습니까.

저는 조금씩 바꾸며 살겠다는 생각을 가지고 있는 사람들이 우리 사회의 대다수를 차지하는 날, 우리의 환경은 획기적인 전환점을 맞을 것이라고 확신합니다. 정부가 추진하는 각종 환경정책도 힘을 받을 것입니다. 소수만이 과소비하고 좋은 것 먹고 좋은 차 타고 다니던 시절에는 분배의 정의를 실현하는 것이 가장 큰 이슈였지만, 지금은 이미 모두가 절제하고 협조해야 살 수 있는 세상이 되었고, 그것을 우리 아이들에게도 철저히 가르쳐야 하는 시대인 것입니다.

이 아름다운 금수강산과 천혜의 바다를 불과 수십 년 만에 황폐화시키고, 전 국민이 더러운 공기를 마시고 오염된 음식물을 각종 가공기술과 화학물질로 범벅하여 먹게 한 이 세상의 잘못된 습관을 바꾸어야 합니다. 그것이 우리가 경제적으로 풍요롭게 잘사는 세상을 아이들에게 물려주는 것보다 훨씬 더 중요한 것 아니겠습니까.

끝까지 읽어주신 독자 여러분께 삼가 머리 숙여 감사드립니다.

2008년 8월

박정훈 배상